程序员软件开发名师讲坛 • 轻松学系列

轻松学 Vue.js 3.0 从入门到实战

案例 • 视频 • 彩色版

刘兵 / 编著

中国水利水电出版社
www.waterpub.com.cn

• 北京 •

内容提要

《轻松学Vue.js 3.0从入门到实战（案例·视频·彩色版）》是基于作者20多年教学实践和软件开发经验，从Vue.js 3.0（本书以下简称Vue 3.0）初学者容易上手的角度，用通俗易懂的语言、丰富实用的案例，循序渐进地讲解Vue 3.0的基础知识，全书共11章，主要内容包括Vue 3.0项目的生成及相关开发环境的建立、Vue 3.0开发所必须要掌握的ECMAScript 6.0相关知识、Vue 3.0的基础、计算属性与侦听属性、基础知识综合案例——制作影院订票系统前端页面、路由配置及相关程序设计、Vue 3.0的组件与过渡、生命周期、组合式API、第三方插件、项目实战——制作网上商城前端页面等。

《轻松学Vue.js 3.0从入门到实战（案例·视频·彩色版）》根据学习Vue 3.0技术所需知识的主脉络搭建内容，采用"案例驱动+视频讲解+代码调试"相配套的方式，向读者提供Vue 3.0技术开发从入门到项目实战的解决方案。扫描书中的二维码可以观看每个案例视频和相关知识点的讲解视频，实现手把手教读者从零基础入门到快速学会Vue 3.0项目开发。

《轻松学Vue.js 3.0从入门到实战（案例·视频·彩色版）》配有112集同步讲解视频、88个案例源码分析、11个综合实验、2个综合项目实战、11个思维导图，并提供丰富的教学资源，包括PPT课件、程序源码、课后习题答案、实验程序源码、在线交流服务QQ群和不定期网络直播等。本书既适合有一定HTML、CSS和JavaScript脚本基础的Web前端开发读者自学，也适合作为高等学校、高职高专、职业技术学院和民办高校计算机相关专业的教材，还可以作为相关培训机构Vue 3.0技术开发课程的教材。

图书在版编目（CIP）数据

轻松学 Vue.js 3.0 从入门到实战 : 案例 · 视频 · 彩色版 / 刘兵编著 . —北京 : 中国水利水电出版社 , 2021.8

ISBN 978-7-5170-9737-2

Ⅰ . ①轻… Ⅱ . ①刘… Ⅲ . ① 网页制作工具—程序设计 Ⅳ . ① TP393.092.2

中国版本图书馆 CIP 数据核字 (2021) 第 135842 号

书　　名	程序员软件开发名师讲坛 · 轻松学系列 轻松学 Vue.js 3.0 从入门到实战（案例 · 视频 · 彩色版） QINGSONG XUE Vue.js 3.0 CONG RUMEN DAO SHIZHAN
作　　者	刘兵　编著
出版发行	中国水利水电出版社 （北京市海淀区玉渊潭南路 1 号 D 座 100038） 网址：http://www.waterpub.com.cn E-mail：zhiboshangshu@163.com 电话：（010）62572966-2205/2266/2201（营销中心）
经　　售	北京科水图书销售中心（零售） 电话：（010）88383994、63202643、68545874 全国各地新华书店和相关出版物销售网点
排　　版	北京智博尚书文化传媒有限公司
印　　刷	河北华商印刷有限公司
规　　格	185mm×260mm　16 开本　18.75 印张　511 千字
版　　次	2021 年 8 月第 1 版　2021 年 8 月第 1 次印刷
印　　数	0001—5000 册
定　　价	89.80 元

前　言

编写背景

随着网络技术的飞速发展，各种前端开发技术层出不穷，其中Vue、Angular和React是三大Web前端主流框架技术，Vue 3.0技术目前的受欢迎程度更为突出，全面掌握该技术可以提高Web前端开发的效率，制作出更酷炫的网页，降低开发复杂度和成本。

目前市场上Vue技术开发的图书并不是很多，而且多数都是以介绍Vue 2.0为主，或者是先介绍Vue 2.0，再用很小的篇幅对Vue 3.0进行简单说明，这对于读者今后项目实战和前端开发工作作用不大。主要原因是今后Vue的主流框架技术是2020年9月28日正式发行的Vue 3.0，而且Vue 3.0和Vue 2.0之间有很大的差别，特别在响应式数据的处理方式、生命周期函数，以及第三方插件的支持程度方面都各不相同。本书是针对有HTML、CSS和JavaScript基础的读者，先提升读者学习Vue 3.0的语言基础，以达到能读懂本书后续章节的能力要求，然后用大量翔实的示例讲解Vue 3.0的各种技术，再结合作者20多年的教学与软件开发经验，本着“让读者容易上手，做到轻松学习，实现手把手教你从零基础入门到快速学会Vue 3.0程序开发”的总体思路编写本书，希望能帮助读者全面系统地学习Vue 3.0的主要技术，快速提升Web开发技能。

内容结构

本书共11章，分为4个部分，分别是前置篇、基础篇、进阶篇和实战篇，具体结构及内容简述如下。

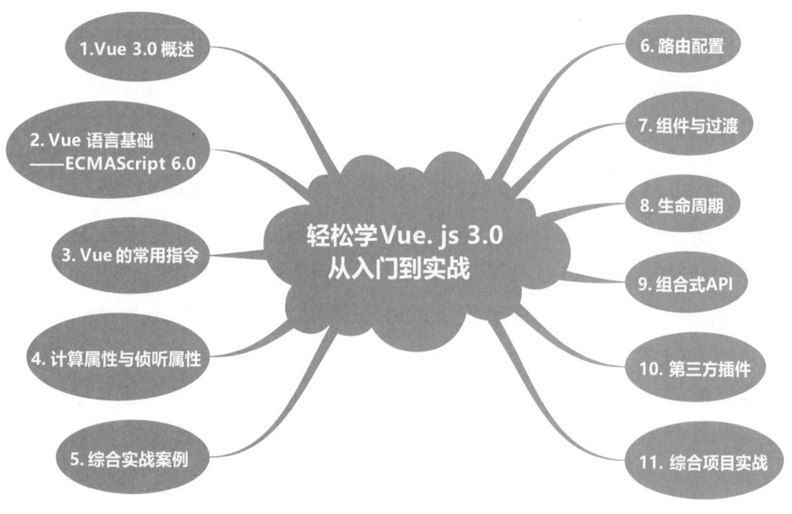

第1部分　设置开发环境　掌握前置技能

包括第1章和第2章。掌握Vue 3.0项目开发的前端框架以及储备开发前的技能，包括能够使用Vue-cli 4脚手架搭建项目环境，整合开发工具，最简单的Vue 3.0项目在脚手架上的运行过程，厘清脚手架中的文件和目录的生成机制，以及学好Vue 3.0之前必须要掌握的一

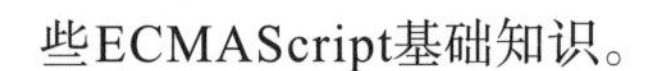

些ECMAScript基础知识。

第2部分　学习Vue 3.0基础　掌握初步能力

包括第3~5章。介绍Vue 3.0的基础语法知识。这一部分主要介绍Vue 3.0的基础知识，包括插值表达式、数据的双向绑定、常用指令（v-once、v-if、v-else、v-show）、数组和对象在网页中的遍历方法、事件种类及相关处理方法、表单输入绑定、计算属性与侦听属性，最后通过“影院订票前端页面”综合案例对以上Vue 3.0的基础知识进行灵活运用。

第3部分　掌握Vue 3.0进阶　构建响应式网页

包括第6~10章。介绍使用Vue 3.0框架进行Web程序设计的方法。这一部分主要介绍Vue 3.0的进阶知识，包括路由概述、编程式导航、动态路由、组件基础与进阶、组件之间数据的传递方法、生命周期、自定义指令、响应式数据的基本概念及其实现方法，最后介绍支持Vue 3.0的用于从服务器端读取数据的第三方插件Axios和能进行页面UI设计的第三方插件Element Plus。

第4部分　实操综合项目　提升开发技能

本部分（第11章）通过“网上商城”综合项目实战的讲解，教会读者使用Vue 3.0及Vue-cli 4脚手架进行网站项目设计的流程，并对页面进行逐一分析，提升综合运用Vue 3.0各种知识的能力，掌握使用Axios插件请求服务器数据的方法、使用Element Plus插件进行页面UI设计的综合运用技巧，理解Vue 3.0的数据驱动与组件化，快速提升Web开发综合技能。

主要特色

1. Vue 3.0技术全，知识点分布合理连贯，方便初学者系统学习

本书基于作者20多年的教学经验和软件开发实践的总结，从初学者容易上手的角度，用88个实用案例循序渐进地讲解了Vue 3.0的基础知识（包括双向数据绑定、常用指令、计算属性与侦听属性、自定义指令、组件间的数据传递、路由基础、响应式API、生命周期、第三方插件等），方便读者全面、系统地学习Vue 3.0的核心技术，快速解决网站设计中的实际问题，以适应Web前端工作岗位对Vue 3.0的需求。

2. 采用“案例驱动+视频讲解+代码调试”相配套的方式，提高学习效率

书中所有实用案例都是从基本的Vue项目脚手架结构开始，通过不断加深案例难度来完成最终的实际任务，让读者在学习过程中有一种“一切尽在掌握中”的成就感和程序员所拥有的控制能力，激发读者的学习兴趣。全书重点放在如何解决实际问题而不是语言中语法的细枝末节，以此来提高读者的学习效率。全书案例分为3种：第一种是讲解知识点的案例；第二种是应用知识点的综合案例；第三种是项目实战案例。案例的复杂度也是层层递进，对于知识点的讲解都是通过案例进行的，一个知识点对应一个或多个案例，让读者不仅明白是什么，更能明白为什么以及怎么用。讲解知识点的都是短小精悍的案例，通过88个最简单的案例讲透知识点的本质，然后结合稍微复杂的3个综合案例，讲透知识点的用法，最后通过比较复杂的两个项目实战案例讲透知识点的实际应用场合。经过这样层层递进的学习，读者不仅可以牢牢地掌握知识点，还能做到举一反三，灵活应用。书中所有案例都配有视频讲解和代码调试，真正实现手把手教你从零基础入门到快速学会Vue 3.0开发技术。

3. 考虑读者认知规律，化解知识难点，案例程序简短，实现轻松阅读

本书根据Vue 3.0开发所需知识和技术的主脉络进行内容搭建，不拘泥于语言中语法的细节，注重讲述Web开发过程中所必须知道的一些核心知识，内容由浅入深，循序渐进，结构科学，并充分考虑读者的认知规律，注重化解知识难点，案例程序简短、实用，易于读者轻松阅读。通过两个综合项目实战案例的实操，提升读者Vue 3.0开发的综合技能。

4. 强调动手实践，每章配有大量习题和综合实验，益于读者练习与自测

每章最后都配有大量难易不同的练习题（选择、填空、问答、程序设计等）和综合实验，并提供参考答案和实验程序源代码，方便读者自测相关知识点的学习效果，并通过自己动手完成综合实验，提升读者运用所学知识和技术的综合实践能力。

5. 提供丰富优质的教学资源和及时的在线服务，方便读者自学与教师教学

（1）配套112集视频讲解（用手机扫描书中的二维码可以观看），提供所有案例程序源代码和教学PPT课件等，方便读者自学与教师教学。

（2）创建了学习交流服务QQ群，在群中作者与读者互动，并不断增加其他服务（答疑和不定期的直播辅导等），分享教学设计、教学大纲、应用案例和学习文档等各种实时更新的资源。

6. 融入思维导图，梳理知识点成结构树，帮助读者加深理解和快速记忆

每章提供的学科思维导图，帮助读者将零散知识加工归纳为系统的知识结构树，益于读者加深对本章知识点的理解和快速复习记忆，发现各知识点内在的本质及规律，提高学习效率，培养创新思维能力。

本书资源浏览与获取方式

（1）读者可以用手机扫描下面的二维码（左边）查看全书微视频等资源。

（2）用手机扫描下面的二维码（右边）进入“人人都是程序猿”服务公众号，关注后输入qsxv3发送到公众号后台，可获取本书案例源码和习题答案等资源的下载链接。

（视频资源总码）

（人人都是程序猿）

本书在线交流方式

（1）为方便读者之间的交流，本书特创建“轻松学Vue 3.0技术交流”QQ群（群号：577269958），供广大Web前端开发爱好者在线交流学习。

（2）如果你在阅读中发现问题或对图书内容有什么意见或建议，也欢迎来信指教，来信请发邮件到lb@whpu.edu.cn，作者看到后将尽快给你回复。

本书读者对象

- 有一定HTML、CSS和JavaScript基础的Web前端开发者。
- 从未使用过Vue.js或者对Vue 2.0有初步了解的读者。
- 想利用Vue.js构建功能丰富、交互性强的专业应用程序的读者。
- 热衷于追求新技术、探索新工具的读者。
- 高等学校、高职高专、职业技术学院和民办高校相关专业的学生。
- 相关培训机构Web前端开发课程培训人员。

本书阅读提示

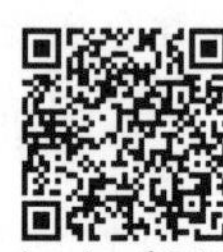
扫一扫，看视频

（1）对于没有任何Vue开发经验或者对JavaScript知识掌握不是很牢固的读者在阅读本书时一定要按照章节顺序阅读，尤其在开始阶段要反复研读第1章和第2章的内容，这对于后续章节的学习非常重要；同时重点关注书中讲解的理论知识，然后收看与每个知识点相对应的案例视频讲解，在掌握其主要功能后进行多次代码演练，特别是要学会Vue 3.0代码程序的调试。课后的习题和练习用于检测读者的学习效果，如果不能顺利完成，则要返回继续学习相关章节的内容。

（2）对于有一定Vue 2.0基础的读者可以根据自身的情况，有选择地学习本书的相关章节和案例，书中的案例和课后练习要重点掌握，以此来巩固其相关知识的运用，特别要注意Vue 3.0与Vue 2.0在书写语法和生命周期等基本概念上的变化，达到举一反三的能力要求。特别是通过对本书中综合案例和第三方插件的学习，能够使网页制作的能力适应前端相关岗位的要求。

（3）如果高校老师和相关培训机构选择本书作为培训教材，可以不用对每个知识点都进行讲解，这些知识可通过观看书中的视频完成。也就是说，选用本书作为教材特别适合线上学习相关知识点，留出大量时间在线下进行相关知识的综合讨论，以实现讨论式教学或目标式教学，提高课堂效率。

本书的最终目标是不管读者是什么层次，都能通过学习本书的内容达到Web前端岗位对于Vue 3.0的基本要求。本书所有的案例程序都已运行通过，读者可以直接采用。

本书作者团队

本书由武汉轻工大学刘兵教授负责统稿及定稿工作，其中，刘兵主要编写第1～7章，刘冬主要编写第8～11章，谢兆鸿教授认真审阅全书并提出了许多宝贵意见。参与本书案例制作、视频讲解及大量复杂视频编辑工作的老师还有：向云柱、刘欣、欧阳峥峥、贾瑜、张琳、蒋丽华、徐军利、管庶安、李禹生、丰洪才、李言龙、张连桂、李文莉、汪济祥、李言姣等。另外，全书的文字资料输入、校对及排版工作得到了汪琼女士的大力帮助，中国水利水电出版社智博尚书分社雷顺加编审为本书的顺利出版提供了大力支持与细心指导，责任编辑宋俊娥女士为提高本书的版式设计及编校质量等付出了辛勤劳动，在此一并表示衷心的感谢。

在本书的编写过程中，采用了很多Vue 3.0技术方面的网络资源、书籍中的观点，在此向这些作者一并表示感谢。限于作者时间和水平，尤其是Vue技术的发展十分迅速，书中难免存在一些疏漏及不妥之处，恳请各位同行和读者批评指正。作者的电子邮件地址为lb@whpu.edu.cn。

作　者

2021年4月于武汉轻工大学

目　录

第1部分　设置开发环境　掌握前置技能

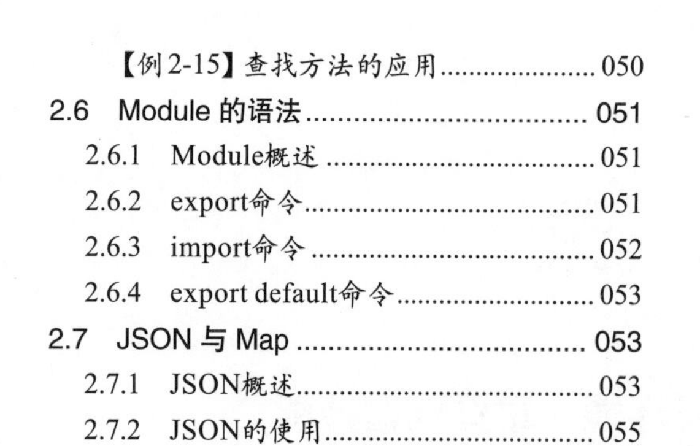

第2部分 学习Vue 3.0基础 掌握初步能力

第3部分 掌握Vue 3.0进阶 构建响应式网页

第8章 生命周期............179

第9章 组合式API............195

第10章 第三方插件............212

第4部分 实操综合项目 提升开发技能

1 设置开发环境 掌握前置技能

第 1 章

Vue 3.0 概述

学习目标

本章主要讲解 Vue 3.0 框架的基本概念，重点阐述 Vue 发展的历史、设计模式、项目创建的基本方法以及开发工具的使用。通过本章的学习，读者应该掌握以下主要内容：

- Vue 3.0 的基本概念。
- Vue 3.0 的项目创建。
- Vue 3.0 的开发工具。
- Vue-cli 脚手架程序的运行机制。

思维导图（用手机扫描右边的二维码可以查看详细内容）

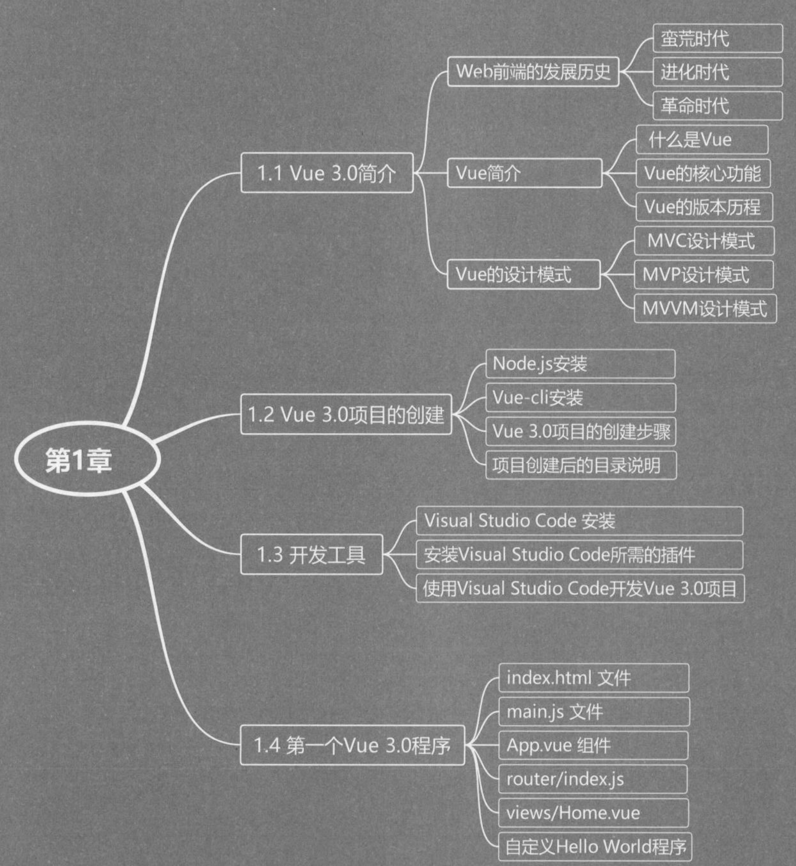

1.1 Vue 3.0简介

1.1.1 Web 前端的发展历史

在学习Vue 3.0框架之前，先说明一下Web前端的发展历史，了解今天的Web前端究竟都是些什么。

Web前端简单来说是指基于HTML（Hyper Text Markup Language，超文本标记语言）、CSS（Cascading Style Sheets，层叠样式表）、JavaScript这一套技术体系发展而来的业务技术。Web前端技术的发展历史大体上可以分成以下几个主要阶段。

1. 蛮荒时代

20世纪90年代，Web前端的主要工作就是在浏览器上展示一些文字和图片，以及提供一些注册表单。那时的网站以浏览为主，使用HTML的标签元素来显示网页内容，CSS以元素的行内样式出现，少量的JavaScript代码起客户端验证、表单验证的作用。

2. 进化时代

Ajax的出现是Web前端的第一次大型进化，以Gmail为代表的一系列规模更大、效果更好的Web程序的出现，促使网页中的JavaScript比例越来越大。

随着JavaScript代码量的上涨，促进了JavaScript库概念的出现，当时最有名的就是prototype、moottools等JavaScript库，这两个库都是基于面向对象的方式组织，并整合了大量的业务代码，如枚举、数组、字符串、DOM（Document Object Model，文档对象模型）、BOM（Browser Object Model，浏览器对象模型）、表单、Ajax等，这些整合好的方法库减少了前端工程师的开发难度。

这个时代最耀眼的明星就是jQuery，jQuery的重点放在了DOM操作上，极大地简化了页面元素操作的难度，链式调用的出现也减少了前端工程师需要编写的代码量。

3. 革命时代

Flash的没落和HTML 5技术的崛起，使Web前端的业务内容短时间爆发了，在线游戏、在线应用、动态网站等新兴业务极大地拓展了前端的技术边界。

Web前端工程师们开始考虑这样一些问题：如何更好地模块化开发、业务数据如何组织、界面和业务数据之间通过何种方式进行交互。

在这种背景下，出现了一些前端 MVC、MVP、MVVM 框架，把这些框架统称为 MV*框架，这些框架主要是为了解决上面这些问题，具体的实现思路各有不同，主流的有Vue、AngularJS和React等。

读者可能会发现，在进化时代和革命时代出现的两个代表技术一个叫作库，而另一个叫作框架。库与框架的说明如下。

（1）库（插件）：是一种封装好的特定方法集合，对项目的侵入性较小，提供给开发者使用，控制权在使用者手中，如果某个库无法完成某些需求，则可以很容易切换到其他库实现需求。

（2）框架：是一套架构，会基于自身特点向用户提供一套相当完整的解决方案，而且控制权在框架本身；对项目的侵入性较大，使用者要按照框架所规定的某种特定规范进行开发，项目如果需要更换框架，则需要重新架构整个项目。

根据上面的分析可以知道，一个框架的存在就是为了解决企业的业务开发问题的，而企业的需求和问题是不断在优化和升级的，所以框架本身也在不断地快速升级，这就给广大Web前端工程师的学习带来了极大的困难。

其实无论是什么框架，采用的是哪种MV*模式，其内部的代码都是由原生的JavaScript、CSS等构成的。

设计模式其实并不直接用来完成代码的编写，而是描述在各种不同情况下、要怎么解决问题的一种方案。像框架这类高级业务所需考虑到的业务场景几乎涵盖了作为一门语言所需要实现的所有功能，这就必然要求拥有足够柔性且高效的代码来应对众多的业务。

1.1.2 Vue 简介

1. 什么是Vue

Vue（读音 /vjuː/，类似于view）是一套构建用户界面的渐进式框架，Vue采用自下向上增量开发的设计，其核心库只关注视图层，易于上手，同时Vue完全有能力驱动采用单文件组件和Vue生态系统支持的库所开发的复杂单页应用。

Vue不强求一次性接受并使用其全部功能特性，用户可以使用想用的或者能用的功能特性，其他的部分可以暂时不用，这就是Vue所提倡的渐进式。例如，Web项目中用了Vue中的部分功能，但随着项目的进展想逐渐实现代码组件化以实现代码的复用，或者是基于组件原型的跨项目的代码复用，那么这时可以再引入Vue的components组件功能。

2. Vue的核心功能

（1）响应式的数据绑定：当数据发生改变时，视图也可以自动更新，可以不用关心DOM操作，而专心数据操作。

（2）可组合的视图组件：把视图按照功能切分成若干基本单元，组件可以一级级组合整个应用形成倒置组件树，可维护、可重用、可测试。

（3）前端路由：更流畅的用户体验、灵活地在页面切换已渲染组件的显示，不需与后端做多余的交互。

（4）状态集中管理：在VVM响应式模型基础上实现多组件之间的状态数据同步与管理。

（5）前端工程化：结合Webpack等前端打包工具，管理多种静态资源、代码、测试、发布等整合前端大型项目。

3. Vue 的版本历程

（1）2013年在Google工作的尤雨溪，受到Angular的启发开发出一款轻量框架，最初命名为 Seed。

（2）2013年12月更名为 Vue，图标颜色是代表勃勃生机的绿色，版本号是 0.6.0。

（3）2014年1月24日，Vue 正式对外发布，版本号是 0.8.0。

（4）2014年2月25日，Vue 0.9.0发布，有了自己的代号：Animatrix，此后，重要的版本都会有自己的代号。

（5）2015年6月13日，Vue 0.12.0发布，代号Dragon Ball，Laravel 社区（一款流行的 PHP 框架的社区）首次使用Vue，Vue在JavaScript社区也打响了知名度。

（6）2015年10月26日，Vue 1.0.0 Evangelion的发布是Vue历史上的第一个里程碑。同年，

Vue-router、Vuex、Vue-cli相继发布，标志着Vue从一个视图层库发展为一个渐进式框架。

（7）2016年10月01日，Vue 2.0.0的发布是第二个重要的里程碑，其吸收React的虚拟DOM方案，还支持服务端渲染。自从Vue 2.0发布之后，Vue就成了前端领域的热门话题。

（8）2019年2月5日，Vue 2.6.0发布，这是一个承前启后的版本，在它之后将推出Vue 3.0.0。

（9）2019年12月5日，尤雨溪公布了Vue 3.0源代码，此时Vue 3.0处于Alpha版本。

（10）2020年9月18日，发布了Vue 3.0的正式版本。

1.1.3 Vue的设计模式

1. MVC设计模式

MVC全称为Model View Controller，其设计模式如图1-1所示。是1970年被引入到软件设计领域的。MVC设计模式致力于关注点的切分，这意味着Model和Controller的逻辑是不与View挂钩的。因此，维护和测试程序变得更加简单容易。其具体说明如下。

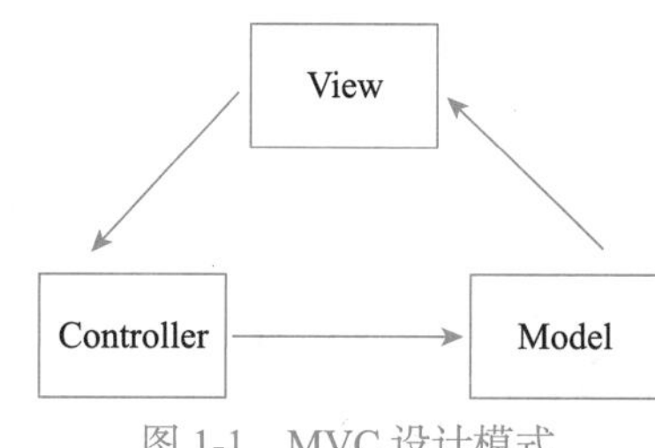

图1-1 MVC设计模式

- Model层：模型（用于封装业务逻辑相关的数据以及对数据的操纵）。
- View层：视图（渲染图形化界面，也就是所谓的UI界面）。
- Controller层：控制器（Model与View之间的连接器，主要处理业务逻辑，包括显示数据、界面跳转、管理页面生命周期等）。

标准MVC的工作模式是当有用户行为触发操作时，控制器（Controller）更新模型，并通知视图（View）和模型（Model）更新，这时视图（View）就会向模型（Model）请求新的数据，这就是标准MVC模式下Model、View和Controller之间的协作方式。

2. MVP设计模式

MVP全称为Model View Presenter，其设计模式如图1-2所示。MVP是由MVC演变而来的，和MVC的相同之处在于：Controller / Presenter都是负责业务逻辑，Model管理数据，View负责显示。不过在MVP中View并不直接与Model交互，它们之间的通信是通过Presenter（MVC中的Controller）进行的，即使用 Presenter 对View和Model进行了解耦，让它们彼此都对对方一无所知，沟通都通过Presenter进行。

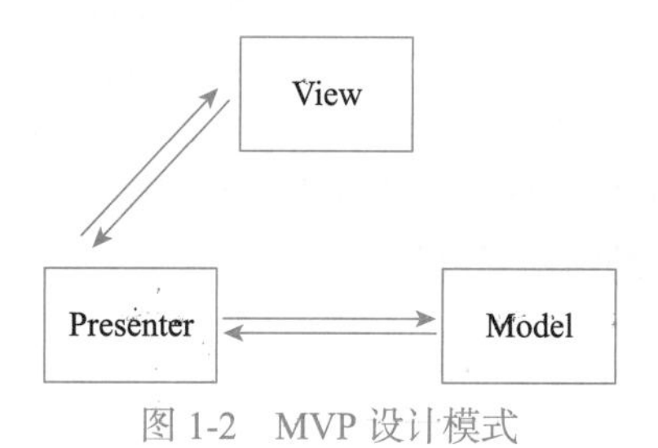

图1-2 MVP设计模式

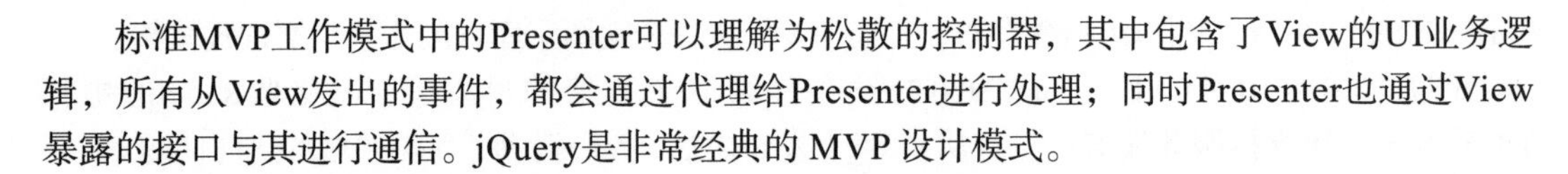

标准MVP工作模式中的Presenter可以理解为松散的控制器，其中包含了View的UI业务逻辑，所有从View发出的事件，都会通过代理给Presenter进行处理；同时Presenter也通过View暴露的接口与其进行通信。jQuery是非常经典的 MVP 设计模式。

3. MVVM设计模式

MVVM全称为Model View ViewModel，其设计模式如图1-3所示。这个模式提供对View和ViewModel的双向数据绑定。这使得ViewModel的状态改变可以自动传递给View。典型的情况是ViewModel通过使用观察者模式将ViewModel的变化通知给Model。其具体说明如下。

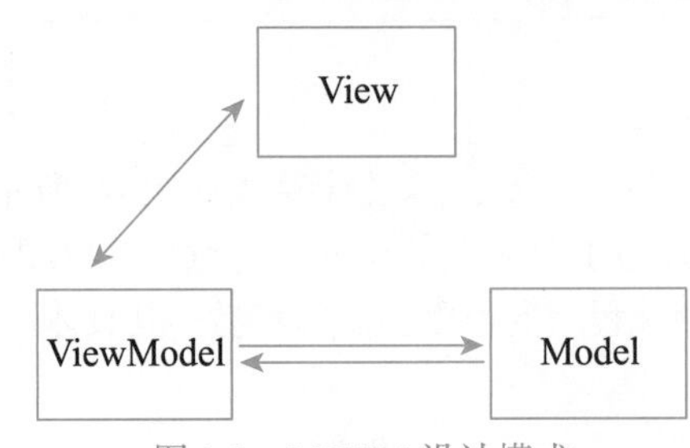

图 1-3　MVVM 设计模式

- Model层：Model层代表了描述业务逻辑和数据的一系列类的集合。它也定义了数据修改和操作的业务规则。
- View层：View层代表了UI组件，如CSS、jQuery、HTML等，只负责展示从Presenter接收到的数据，也就是把模型转化成UI。
- ViewModel层：ViewModel层负责暴露方法命令，其他属性用来操作View的状态，组装Model作为View动作的结果，并且触发View自己的事件。

MVVM的核心是数据驱动（即ViewModel），是View和Model的关系映射。View Model类似中转站，负责转换Model中的数据对象，使得数据变得更加易于管理和使用。MVVM的本质就是基于操作数据来操作视图进而操作DOM，借助于MVVM无须直接操作DOM，开发者只需完成包含声明绑定的视图模板，编写ViewModel中的业务，使得View完全实现自动化。

在MVVM中，View和Model是不可以直接进行通信的，它们之间利用ViewModel这个中介充当观察者的角色。当用户操作View时，ViewModel会感知到变化，然后再通知Model发生相应改变；反之亦然。ViewModel向上与视图层View进行双向数据绑定，向下与Model通过接口请求进行数据交互，起到承上启下的作用。

ViewModel所封装出来的数据模型包含视图的状态和行为两部分，Model的数据模型只包含状态，这样的封装使得ViewModel可以完整地去描述View层。MVVM最标志性的特性是数据绑定，MVVM的核心理念是通过声明式的数据绑定来实现View的分离。

Vue一定意义上算是React和Angular的集大成者，吸取了MVVM的数据管理思想，同时应用了React的Virtual DOM算法，使用了双向数据绑定来满足开发的便捷，但是不同组件之间又使用单向数据流来保证数据的可控性。Vue使用了很多Angular的指令语法，但是革新了Angular的脏数据检查机制，使用数据劫持的方法来触发数据检查机制，又借鉴了React的组件化思想，大大增加了前端工程的结构规范化。

1.2 Vue 3.0项目的创建

1.2.1 Node.js 安装

在进行Vue 3.0项目创建时，需要使用npm包管理器，而npm包管理器是Node.js软件的DOS命令，所以必须要先安装Node.js。本书使用的Node版本是node-v12.16.1-x64，这个版本软件的下载网址为https://nodejs.org/zh-cn/download/，在浏览器中打开该网址，如图1-4所示。

图 1-4　Node 官网

需要说明的是，尽量下载Node官网左边的长期支持版本，另外，也可以在该网页的下方找到以前版本的下载链接。

双击下载的安装文件进行安装。如果安装完成，则可以通过附件中的命令提示来查看安装的版本。Windows 10操作系统中的操作方法：选择开始→Windows系统→命令提示符选项，打开“命令提示符”窗口。在该窗口中输入命令node -v检查node的安装版本，如图1-5所示。

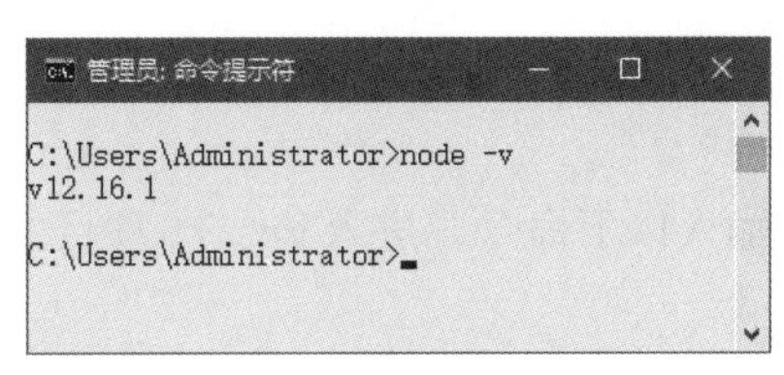

图 1-5　检查 node 的安装版本

1.2.2 Vue-cli 安装

搭建Vue 3.0的项目，必须依赖 Vue-cli 3.0 或以上的版本。打开“命令提示符”窗口，通过以下方法进行安装和查看版本号。

（1）如果之前安装过Vue 2.0版本，就需要把Vue 2.0相关安装文件先进行卸载；否则请忽略此步骤。打开“命令提示符”窗口，用以下命令进行卸载：

```
npm uninstall vue-cli -g
```

（2）如果之前没有安装过Vue 2.0，直接在“命令提示符”窗口中输入以下命令（见图1-6）：

```
npm install -g @vue/cli
```

其中，参数-g表示全局安装；@vue/cli表示安装Vue-cli的最新版本。

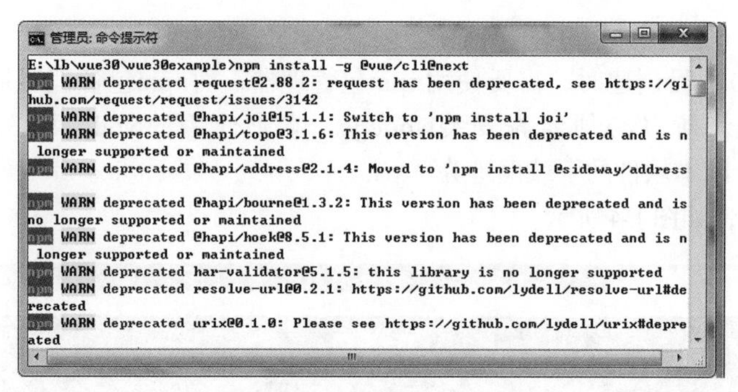

图 1-6　安装 Vue-cli

（3）安装完成后，可以在“命令提示符”窗口中输入以下命令来检查安装成功的版本号，如果能看到如图1-7所示的响应，则说明Vue-cli安装成功。

```
vue -V
```

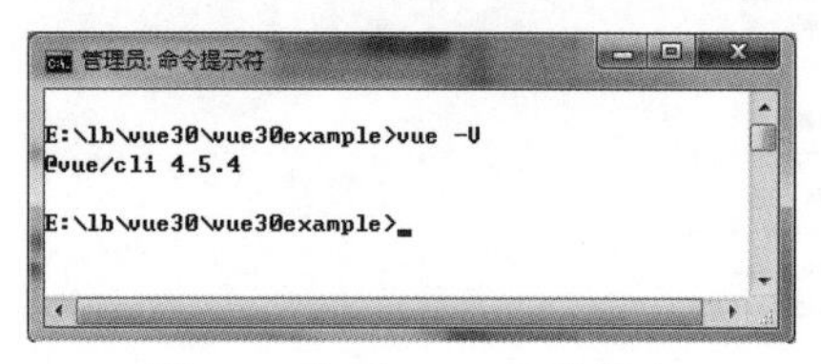

图 1-7　查看 Vuc-cli 的版本

1.2.3　Vue 3.0 项目的创建步骤

通过以下步骤进行Vue 3.0项目的创建。

（1）新建一个用于存放Vue 3.0 项目的文件夹，此处在E盘新建一个文件夹：E:\lb\vue30\vue30example。

（2）在“命令提示符”窗口输入以下命令，进入新创建的目录。

```
cd e:\lb\vue30\vue30example
```

（3）在“命令提示符”窗口输入以下命令，进入Vue 3.0项目的创建向导，如图1-8所示。

```
vue create 项目名称
```

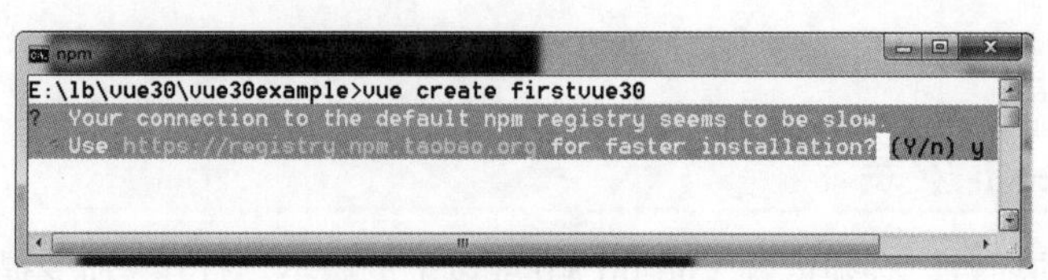

图 1-8　创建 Vue 3.0 项目

图1-8中所创建的项目名称为firstvue30，然后询问用户是否用更快的链接地址生成Vue 3.0项目，此处输入字符 y 并按Enter键，打开如图1-9所示的页面。

(4)在图1-9中询问用户选择项目是以什么模板方式进行安装，模板方式如下。

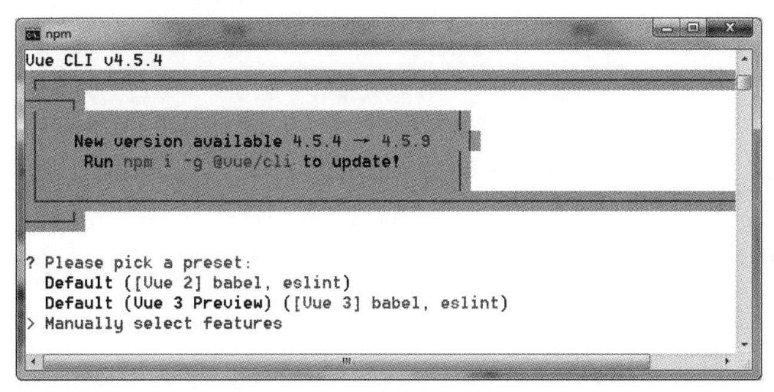

图1-9　选择安装方式

- Default（[Vue 2] babel，eslint）：默认的预设配置，会快速创建一个Vue 2.0项目，提供了babel和eslint的支持。
- Default（Vue 3 Preview）（[Vue 3] babel，eslint）：默认的预设配置，会快速创建一个Vue 3.0项目，提供了babel和eslint的支持。
- Manually select features：手动进行项目配置创建，可以根据项目的需要选择合适的选项，具备更多的选择性。

此处通过上、下箭头键选中手动方式创建项目，按Enter键确定并显示如图1-10所示的页面。

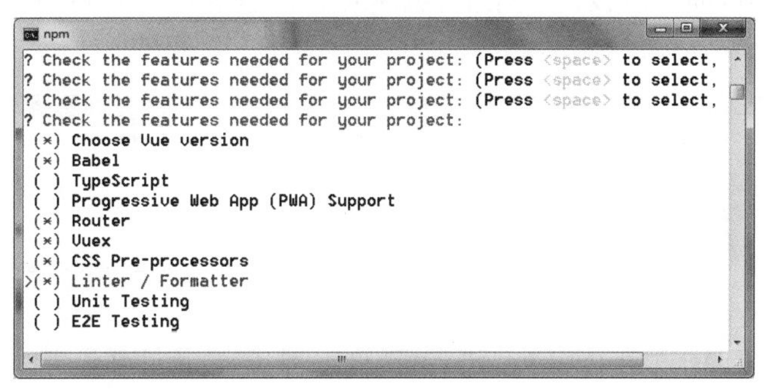

图1-10　生成项目的配置项选择

(5)在图1-10中，Vue-cli提供以下特性供用户选择，用户可以根据项目需要选择添加的配置项。通过上、下箭头键进行配置项切换，对需要选择的配置项使用空格键进行选中/反选。

- Choose Vue version：是否进行Vue版本的选择。
- Babel：使用Babel将源代码进行转码（把ES6=>ES5）。
- TypeScript：使用TypeScript进行源码编写。使用TypeScript可以编写强类型JavaScript，对开发有很大的好处。
- Progressive Web App（PWA）Support：使用渐进式网页应用（PWA）。
- Router：使用Vue路由。
- Vuex：使用Vuex状态管理器。
- CSS Pre-processors：使用CSS预处理器，如Less、Sass等。
- Linter/Formatter：使用代码风格检查和格式化。
- Unit Testing：使用单元测试。
- E2E Testing：使用E2E Testing，End to End（端到端）是黑盒测试的一种。

选择相应的配置选项后按Enter键，打开如图1-11所示的页面。

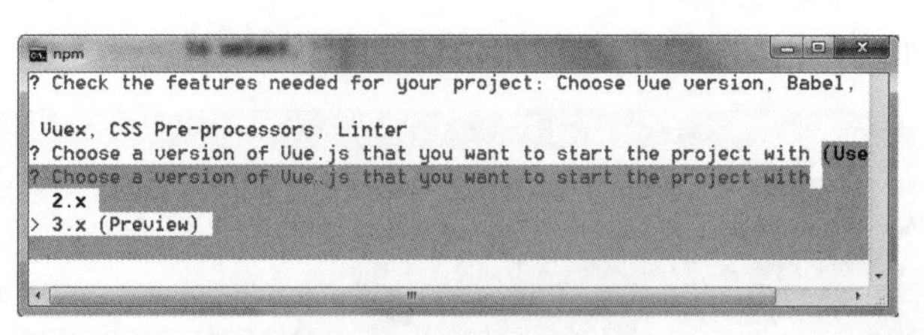

图 1-11　选择项目版本

（6）在图1-11中，提示用户有Vue 2.x和Vue 3.x两种项目类型，可以通过上、下箭头键进行选择。此处选择Vue 3.x并按Enter键，打开如图1-12所示的路由模式选择页面。

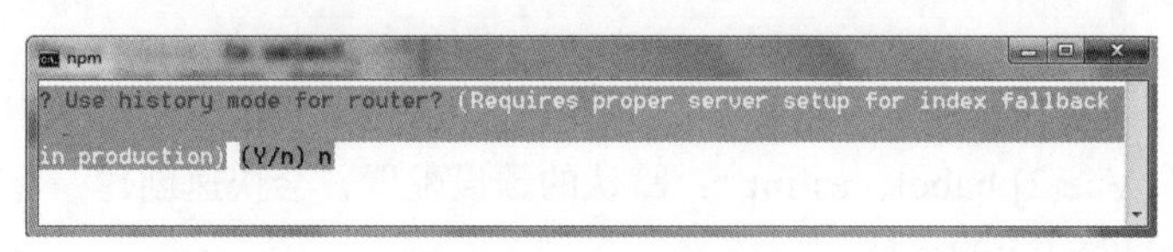

图 1-12　路由模式

（7）在图1-12中，询问是否使用history路由模式。如果启用history路由模式，则项目生成之后，有可能会出现打开的浏览器页面是空白。此处不选择history路由模式，输入字符n并按Enter键，打开如图1-13所示的页面。

（8）在图1-13中，需要选择一种CSS预处理器。需要说明的是，CSS 预处理器用一种专门的编程语言进行Web页面样式设计，然后再编译成正常的CSS文件以供项目使用。CSS 预处理器包括以下几种。

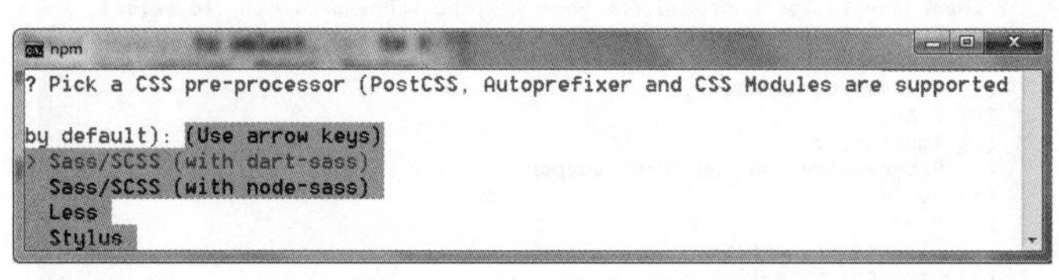

图 1-13　CSS 预处理器

- Sass/SCSS：Sass 是采用 Ruby 语言编写的一种 CSS 预处理语言，是最成熟的 CSS 预处理语言。最初是为了配合 HAML（一种缩进式 HTML 预编译器）而设计的，因此有着和HTML一样的缩进式风格。
- Less：是一门 CSS 预处理语言，它扩充了 CSS 语言，增加了如变量、混合（mixin）、函数等功能，让 CSS 更易维护，方便制作主题和扩充。Less 可以运行在 Node 或浏览器端。
- Stylus：可以省略原生CSS中的大括号，逗号和分号，类似于Python语言的编程风格。由于其语法灵活，如果没有团队规范，就会开发混乱，维护起来比较麻烦，各种语法混杂。

在此处通过上、下箭头键选择预处理器，然后按Enter键，打开如图1-14所示的页面。

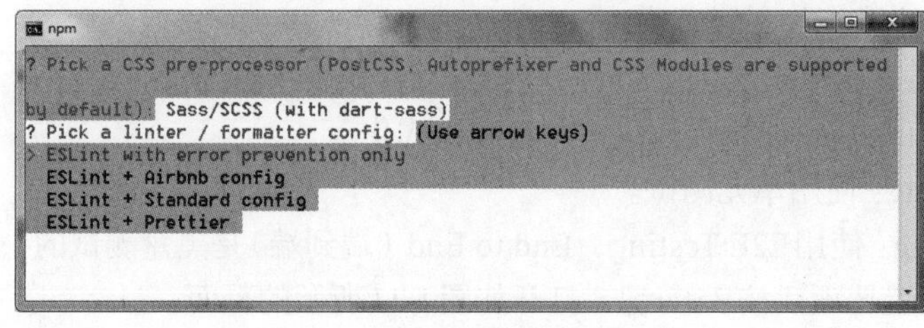

图 1-14　代码格式化检测工具

(9)在图1-14中，需要选择一种代码格式化检测工具。具体选项如下。

- ESLint with error prevention only：ESLint 只会进行错误提醒。
- ESLint + Airbnb config：ESLint Airbnb标准。
- ESLint + Standard config：ESLint Standard 标准。
- ESLint + Prettier：ESLint（代码质量检测）+ Prettier（代码格式化工具）。

在此处通过上、下箭头键选择ESLint + Standard config代码格式化检测工具，然后按Enter键，打开如图1-15所示的页面。

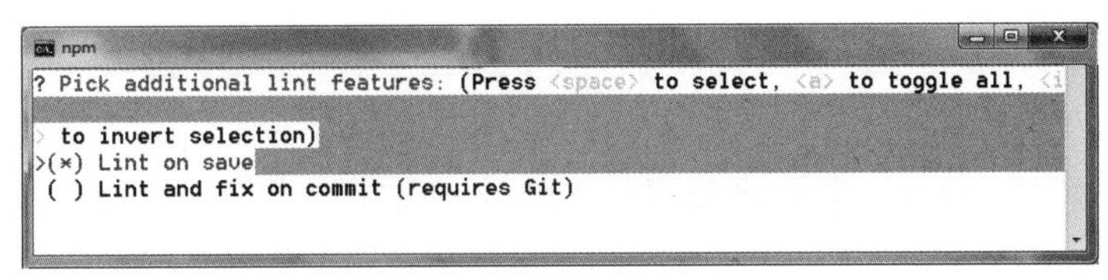

图1-15　代码检查方式

(10)在图1-15中，选择代码检查方式。具体选项如下。

- Lint on save：保存时检查。
- Lint and fix on commit（requires Git）：提交时检查。

在此处通过上、下箭头键移动高亮行，再用空格键进行选中，然后按Enter键，打开如图1-16所示的页面。

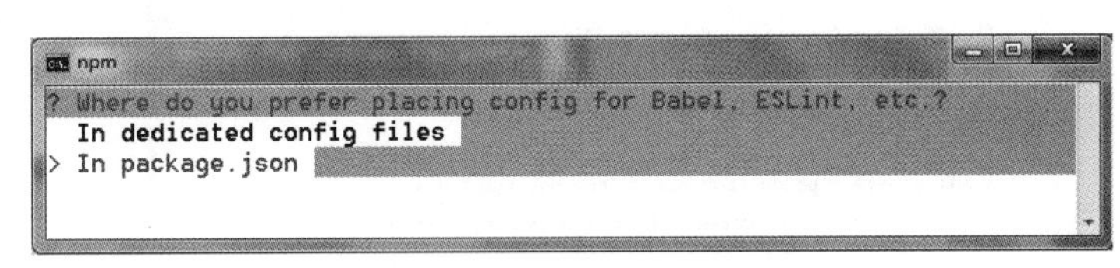

图1-16　文件存放方式

(11)在图1-16中，设置Babel、PostCSS、ESLint等配置文件如何存放。具体选项如下。

- In dedicated config files：放到单独的配置文件中。
- In package.json：放到package.json中。

为了方便配置清晰好看，选择为每个配置创建单独的文件。通过上、下箭头键移动高亮行，然后按Enter键选中相关配置，打开如图1-17所示的页面。

(12)在图1-17中设置是否需要保存当前配置，为以后生成新项目时进行快速构建。具体选项如下。

- y：保存，后续创建新项目时可以直接使用该配置。
- n：不保存，需要进行重新配置。

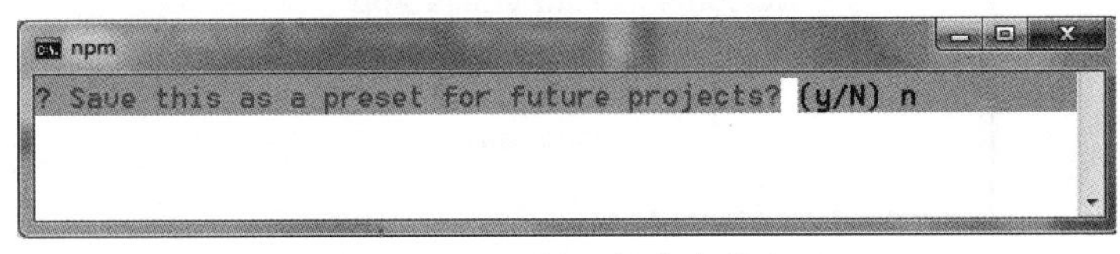

图1-17　设置是否保存当前配置

此处选择不保存，输入字符n并按Enter键，配置完成。

(13)配置完成后，开始生成Vue 3.0项目，当项目等待相关依赖的安装完成后，显示如图1-18所示的页面。

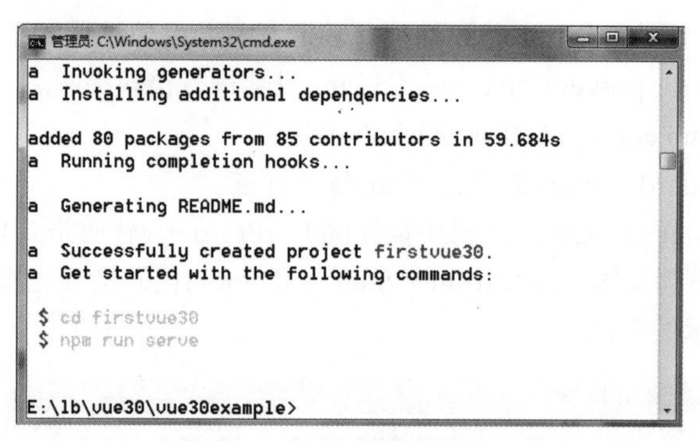

图 1-18　Vue 3.0 项目生成

（14）在图1-18中，项目安装在当前目录下的firstvue30子目录中，通过“命令提示符”窗口先进入指定目录，然后输入下面的命令运行。运行结果如图1-19所示。

```
npm run serve
```

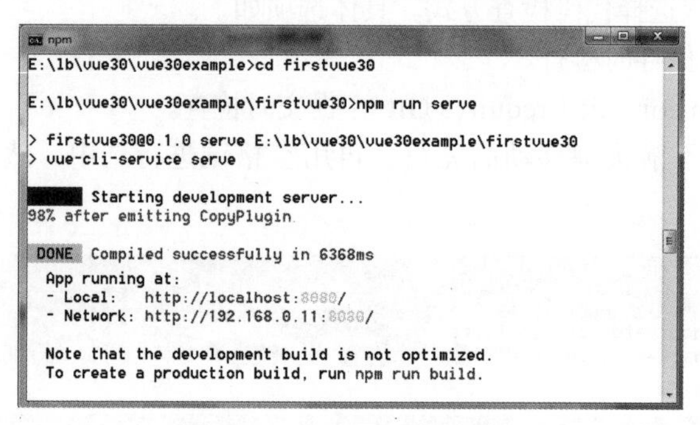

图 1-19　Vue 3.0 项目运行

（15）在浏览器地址栏中输入http://localhost:8080/，可以访问生成项目的主页，在浏览器中的显示结果如图1-20所示。

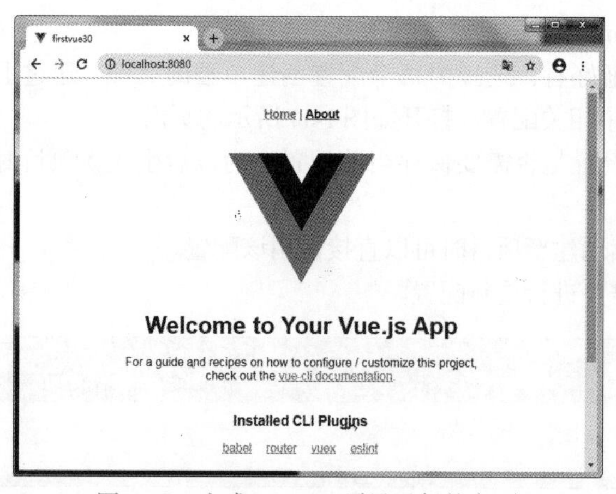

图 1-20　生成 Vue 3.0 项目运行的主页

1.2.4　项目创建后的目录说明

通过以上方法生成的项目目录为脚手架，脚手架是用于快速生成Vue项目的基础架构。当脚手架创建完成后，Vue 3.0项目的目录结构如图1-21所示。

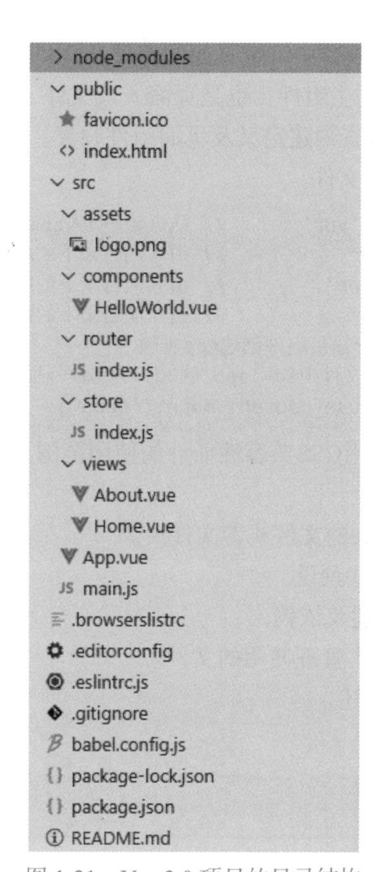

图 1-21　Vue 3.0 项目的目录结构

下面对Vue 3.0项目的目录结构及相关文件进行详细说明。

（1）node_modules目录：项目依赖包，其中包括很多基础依赖，用户也可以根据特定需要安装其他依赖。安装方法是：打开“命令提示符”窗口，进入Vue 3.0的项目目录，输入下面的命令进行安装。

```
npm install [依赖包名称]
```

例如，下面是项目加载路由导航的安装命令：

```
npm install vue-router
```

（2）public目录：公共资源目录，用于存放需要访问的图片文件和HTML文件。其中，index.html是主页文件；favicon.ico是一个图标文件。打包时会把该文件夹下的资源原封不动地复制到dist文件夹下。

在index.html主页文件中，一般只定义一个空的根节点：

```
<div id="app"></div>
```

该根节点是在main.js文件中定义的实例挂载点，内容通过Vue组件来填充。

（3）src目录：项目的核心文件目录，包括以下内容。

- assets：静态资源目录，存放样式、图片、脚本和字体等。
- components：组件文件夹，项目中公用组件的存放目录。
- router：路由配置目录。
- store：容器目录，包含应用中大部分的状态 。

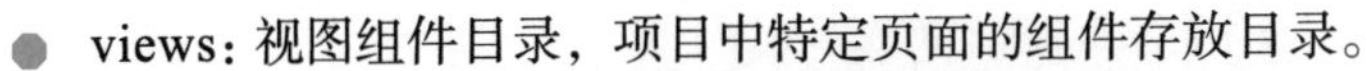

- views：视图组件目录，项目中特定页面的组件存放目录。

（4）App.vue：Vue 3.0项目的主组件，也是页面入口文件，所有页面都是在App.vue下进行切换的，是整个项目的关键，负责构建定义及页面组件归集。

（5）main.js：入口JavaScript文件。

```
import { createApp } from 'vue'       // 从vue中引入createApp
import App from './App.vue'           // 引入同目录下的App.vue组件
import router from './router'         // 引入同目录下的router的路由组件
import store from './store'           // 引入同目录下的store状态组件
// 使用store状态组件和router路由组件创建App实例
// 并把实例挂载到index.html文件中id='app'的<div></div>根节点
createApp(App).use(store).use(router).mount('#app')
```

（6）.browserslistrc：配置使用CSS兼容性插件的使用范围。

（7）.eslintrc.js：配置ESLint。

（8）.gitignore：配置gitignore的文件或者文件夹。

（9）babel.config.js：使用一些预设。

（10）package.json：项目描述及依赖。

（11）package-lock.json：版本管理使用的文件。

（12）README.md：项目描述。

1.3 开发工具

扫一扫，看视频

Vue程序开发中使用比较多的是JetBrains WebStorm和Visual Studio Code，但JetBrains WebStorm是收费软件，所以推荐使用Visual Studio Code，简称VS Code。

Visual Studio Code的特点如下：

- 开源、免费。
- 自定义配置。
- 智能提示强大。
- 支持各种文件格式。
- 调试功能强大。
- 具有各种方便的快捷键。
- 具有强大的插件扩展功能。

1.3.1 Visual Studio Code 安装

Visual Studio Code的下载网址为https://code.visualstudio.com/，打开该网址，Visual Studio Code下载页面如图1-22所示。

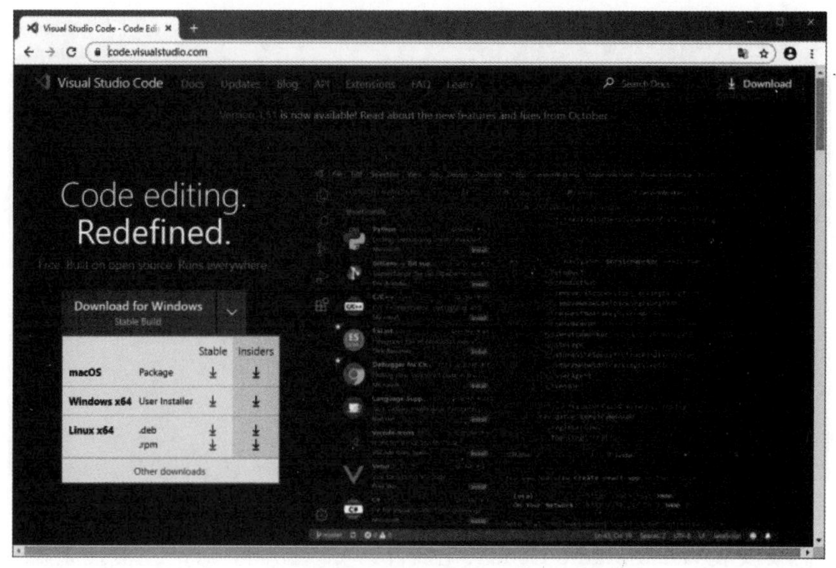

图 1-22　Visual Studio Code 的下载页面

下载成功后，双击安装程序，将Visual Studio Code安装到指定目录或者自定义目录中。当安装成功后，双击“开始”中或桌面上的Visual Studio Code图标，运行Visual Studio Code。显示结果如图 1-23 所示。

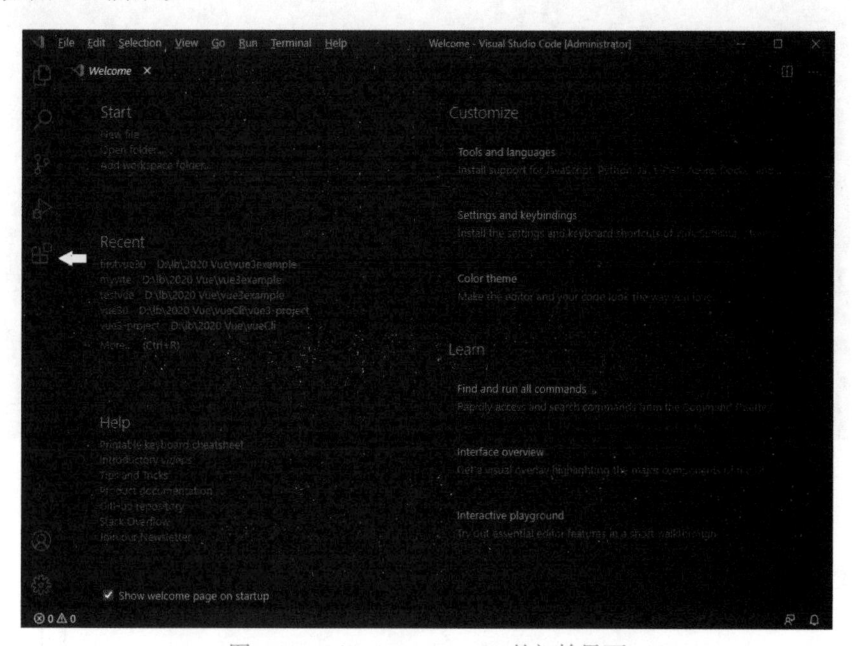

图 1-23　Visual Studio Code 的初始界面

1.3.2　安装 Visual Studio Code 所需的插件

1. Visual Studio Code汉化插件的安装方法

打开如图 1-23 所示的Visual Studio Code窗口，单击窗口左侧白色箭头所指向的按钮，打开如图 1-24 所示的页面。

图 1-24　Visual Studio Code 汉化插件的安装

例如，需要安装Visual Studio Code汉化插件，可以在图1-24的左侧搜索输入栏中输入Chinese (Simplified) Language，在搜索的结果中单击 install 按钮，将Visual Studio Code 汉化语言包插件安装到Visual Studio Code中，然后需要重新启动Visual Studio Code。Visual Studio Code的汉化界面如图1-25所示。

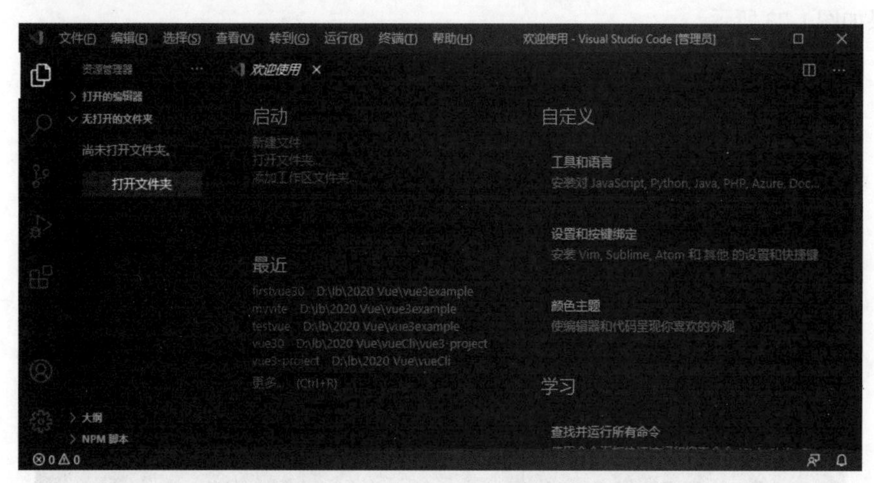

图 1-25　Visual Studio Code 的汉化界面

2. Visual Studio Code开发前端的常用插件

如果想使用Visual Studio Code进行Web前端开发，必须要安装一些常用插件，安装方法如同安装Visual Studio Code的汉化插件。这些常用的插件名及说明如下。

（1）Auto Close Tag：自动补全HTML标签。

（2）Auto Rename Tag：自动重命名成对的HTML标记，修改开始标签后其对应的结束标签会同步修改。

（3）HTML CSS Support：语法提示。

（4）HTML Snippets：HTML代码片段，该插件可提供HTML标签的代码提示，注意不需要键入尖括号。

（5）JavaScript (ES6) code snippets：ES6语法智能提示，以及快速输入。

（6）language-stylus：语法提示。

（7）Path Autocomplete：自动提示文件路径，支持各种快速引入文件。

（8）VS Color Picker：颜色自动提示。

（9）Vue VS Code Snippets：HTML中的提示和代码补全。

（10）Vetur：VS code官方指定的Vue插件，是Vue开发者必备。内含语法高亮、智能提示、emmet、错误提示、格式化、自动补全和debugger等实用功能。

（11）ESLint：规范JavaScript代码书写规则，如果觉得太过严谨，可以自定义规则。

（12）Vetur：语法高亮、智能感知等。

（13）Debugger for Chrome：通过 VS Code调试在Google Chrome中运行的JavaScript代码。

（14）Beautify：在代码文件中右击，在弹出的快捷键中选择一键格式化JavaScript、JSON、CSS、Sass和HTML。

（15）Bracket Pair Colorizer：该插件可以把成对的括号做颜色区分，并且提供一根连接线，方便审阅代码结构。

（16）Code Spell Checker：拼写检查程序，检查不常见的单词，如果单词拼写错误，则会给出警告提示。

1.3.3 使用 Visual Studio Code 开发 Vue 3.0 项目

1. 使用Visual Studio Code打开Vue 3.0项目

在图1-25中，单击“打开文件夹”按钮或在菜单栏中依次选择“文件→打开文件夹”命令，然后选择在1.2.4小节中创建的Vue 3.0项目文件夹，打开如图1-26所示页面。

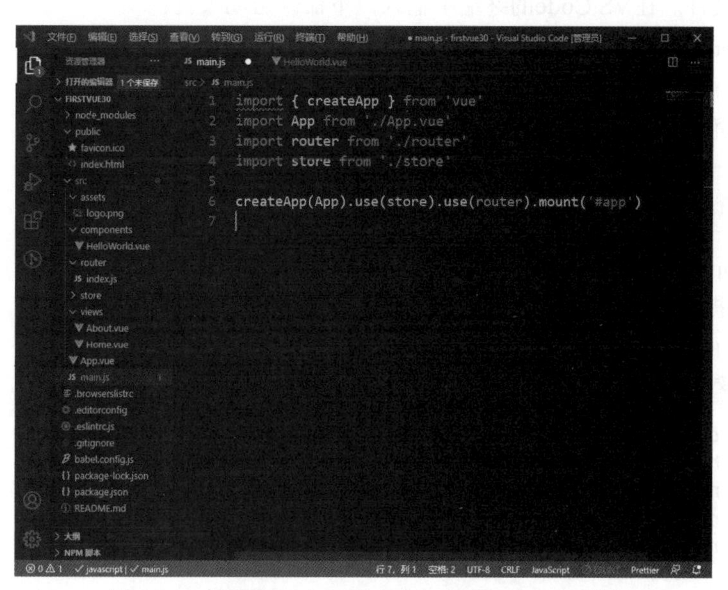

图 1-26　使用 Visual Studio Code 打开 Vue 3.0 项目

2. 使用Visual Studio Code 打开终端

在图1-26中，在菜单栏中依次选择“终端→新终端”命令，该终端与Windows操作系统提供的“命令提示符”窗口相同，如图1-27所示。在新建的终端上输入命令npm run serve，启动Vue 3.0项目。今后如果在Visual Studio Code中修改Vue源程序，结果就会立刻响应到浏览器上。

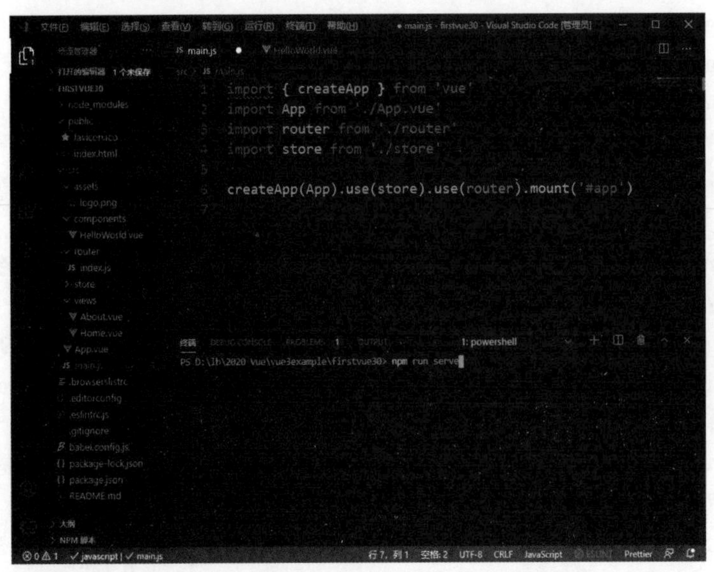

图 1-27　使用 Visual Studio Code 打开终端

1.4 第一个Vue 3.0程序

首先按照1.2节讲解的步骤创建Vue 3.0项目，当项目创建成功后，使用VS Code打开项目文件。在VS Code的终端中输入以下命令启动项目：

```
npm run serve
```

扫一扫，看视频

启动成功后，在浏览器的地址栏中输入“http://localhost:8080/”，打开如图1-20所示的页面。下面说明该项目的详细执行过程。

1.4.1 App 挂载文件——index.html

在项目的public文件夹中包含有index.html文件，index.html文件的内容非常简单，主要是将一个div标签提供给Vue创建的App进行挂载。index.html文件的内容如下：

```
<!DOCTYPE html>
<html lang="en">
  <head>
    <meta charset="utf-8">
    <meta http-equiv="X-UA-Compatible" content="IE=edge">
    <meta name="viewport" content="width=device-width,initial-scale=1.0">
    <link rel="icon" href="<%= BASE_URL %>favicon.ico">
    <link rel="stylesheet" type="text/css" href="css/reset.css" >
    <title>Hello Vue World</title>
  </head>
  <body>
    <noscript>
      <strong>We're sorry but <%= htmlWebpackPlugin.options.title %> doesn't work properly without JavaScript enabled. Please enable it to continue.</strong>
    </noscript>
<div id="app">
     <!-- Vue创建的App挂载点 -->
</div>
```

```
  </body>
</html>
```

另外，整个项目页面的标题也在此文件的<title></title>标签内进行设置。

1.4.2 创建 App 主文件——main.js

项目的src文件夹中的main.js创建Vue的App并引入所需要的插件，将程序员编写的内容渲染到主页面（index.html）上，是Vue 3.0项目的入口文件，在执行main.js时是从上到下进行执行的。

```
import { createApp } from 'vue'     // 从vue核心库中引入createApp方法
import App from './App'             // 引入一个当前目录下的名字为App.vue的组件
import router from './router'       // 引入路由

//  创建App，使用路由将其挂载到index.html文件上的<div id='app'></div>
createApp(App).use(router).mount('#app')
```

Vue通过webpack实现模块化，因此可以使用import引入模块。上面的main.js文件引入App.vue作为根组件进行挂载，如果要将"src/view/index.vue"作为根组件来启动，可以使用以下语句实现：

```
import { createApp } from 'vue'
import App from './view/index.vue'
import router from './router'
createApp(App).use(router).mount('#app')
```

此处的引入方式采用的是相对地址。

1.4.3 根组件——App.vue

main.js文件把App.vue组件引入并作为根结点挂载到index.html文件的<div id="app"></div>上，然后渲染到浏览器页面。App.vue组件的文件内容如下：

```
<template>
  <div id="nav">
    <router-link to="/">Home</router-link> |
    <router-link to="/about">About</router-link>
  </div>
  <router-view/>
</template>

<style scoped>
#app {
  font-family: Avenir, Helvetica, Arial, sans-serif;
  -webkit-font-smoothing: antialiased;
  -moz-osx-font-smoothing: grayscale;
  text-align: center;
  color: #2c3e50;
}

#nav {
  padding: 30px;

  a {
    font-weight: bold;
    color: #2c3e50;
```

```
    &.router-link-exact-active {
      color: #42b983;
    }
  }
}
</style>
```

首先说明组件的文件结构分为三个部分：模板（template）、脚本（script）和样式（style）。其代码结构如下：

```
<template>
  <!--模板部分-->
</template>

<script>
  //脚本部分
</script>

<style scoped>
  /*CSS样式部分，scoped表示所有样式仅在此组件内容有效，不影响其他组件*/
</style>
```

另外两个<router-link to="/"></router-link>表示路由链接导航，单击这两个导航则会把符合路由结果的组件导入并渲染到<router-view/>处，<router-view/>相当于一个占位符，会显示符合路由结果的组件。

1.4.4 路由设置文件——router/index.js

在src/router/index.js文件中定义了用户输入的路由所对应的地址，其文件内容和对应的相关说明如下：

```
// 从vue-router中导入createRouter、createWebHistory方法
import { createRouter, createWebHistory } from 'vue-router'
// 引入views目录下的Home.vue组件，取别名为Home
import Home from '../views/Home.vue'
const routes = [                    // 配置路由，这里是个数组
  {                                 // 每一个路由链接都是一个对象
    path: '/',                      // 链接路径：根路径，即第一条路由
    name: 'Home',                   // 路由名称Home
    component: Home                 // 对应的组件模板，此处是../views/Home.vue
  },
  {
    path: '/about',
    name: 'About',
    // 路由懒加载，即路由被使用时才加载
    component: () => import('../views/About.vue')
  }
]

const router = createRouter({  // 创建路由实例
  history: createWebHistory(process.env.BASE_URL),// 创建history模式的路由
  routes                       //上面定义配置路由的数组
})

export default router          // 暴露路由
```

用户在浏览器的地址栏中输入：

```
http://localhost:8080/
```

相当于访问本地主机端口号为8080的Web服务器根目录，也就是router/index.js的第一条路由，表示符合规则的路由所打开的组件文件是../views/Home.vue，也就是说，会用../views/Home.vue组件替代App.vue组件内的路由占位符<router-view/>。

1.4.5 views/Home.vue

Home.vue组件的文件内容如下：

```
<template>
  <div class="home">
    <img alt="Vue logo" src="../assets/logo.png">
    <HelloWorld msg="Welcome to Your Vue.js App"/>
  </div>
</template>

<script>
// @是一个别名，相当于/src文件夹
// 导入/src/components/HelloWorld.vue组件，取名为HelloWorld
import HelloWorld from '@/components/HelloWorld.vue'
export default {
  name: 'Home',
  components: {
    HelloWorld          // 定义子组件名称HelloWorld
  }
}
</script>
```

使用以下语句把导入的子组件HelloWorld.Vue渲染到网页中：

```
<HelloWorld msg="Welcome to Your Vue.js App"/>
```

在导入子组件HelloWorld.Vue的过程中，向子组件HelloWorld.Vue传递信息"Welcome to Your Vue.js App"，msg是所传信息的属性，在子组件中接收这个msg并将其渲染到网页中。

HelloWorld.vue组件的文件内容如下：

```
<template>
  <div class="hello">
    <h1>{{ msg }}</h1>
    <p>
      For a guide and recipes on how to configure / customize this project,<br>
      check out the
        <a href="https://cli.vuejs.org" target="_blank" rel="noopener">vue-cli
documentation</a>.
    </p>
    <h3>Installed CLI Plugins</h3>
    <ul>
        <li><a href="https://github.com/vuejs/vue-cli/tree/dev/packages/%40vue/cli-
plugin-babel" target="_blank" rel="noopener">babel</a></li>
        <li><a href="https://github.com/vuejs/vue-cli/tree/dev/packages/%40vue/cli-
plugin-router" target="_blank" rel="noopener">router</a></li>
        <li><a href="https://github.com/vuejs/vue-cli/tree/dev/packages/%40vue/cli-
plugin-vuex" target="_blank" rel="noopener">vuex</a></li>
        <li><a href="https://github.com/vuejs/vue-cli/tree/dev/packages/%40vue/cli-
plugin-eslint" target="_blank" rel="noopener">eslint</a></li>
    </ul>
    <h3>Essential Links</h3>
    <ul>
        <li><a href="https://vuejs.org" target="_blank" rel="noopener">Core Docs</
a></li>
```

```
      <li><a href="https://forum.vuejs.org" target="_blank" rel="noopener">Forum</
a></li>
      <li><a href="https://chat.vuejs.org" target="_blank" rel="noopener">Community
Chat</a></li>
      <li><a href="https://twitter.com/vuejs" target="_blank" rel="noopener">Twitter
</a></li>
      <li><a href="https://news.vuejs.org" target="_blank" rel="noopener">News</a></li>
    </ul>
    <h3>Ecosystem</h3>
    <ul>
      <li><a href="https://router.vuejs.org" target="_blank" rel="noopener">vue-router
</a></li>
      <li><a href="https://vuex.vuejs.org" target="_blank" rel="noopener">vuex</a></li>
      <li><a href="https://github.com/vuejs/vue-devtools#vue-devtools" target="_blank" rel
="noopener">vue-devtools</a></li>
      <li><a href="https://vue-loader.vuejs.org" target="_blank" rel="noopener">vue-
loader</a></li>
      <li><a href="https://github.com/vuejs/awesome-vue" target="_blank" rel="noopener">
awesome-vue</a></li>
    </ul>
  </div>
</template>

<script>
export default {
  name: 'HelloWorld',
  props: {
    msg: String            // 接收父组件传递过来的属性
  }
}
</script>
<!--增加scoped属性用于限定CSS属性仅能在本组件内使用-->
<style scoped>
h3 {
  margin: 40px 0 0;
}
ul {
  list-style-type: none;
  padding: 0;
}
li {
  display: inline-block;
  margin: 0 10px;
}
a {
  color: #42b983;
}
</style>
```

通过以上对默认生成的项目文件的分析可以看出，如图1-28所示页面的不同内容都是由哪个组件渲染出来的，明白这些渲染结果的原因，对读者理解Vue 3.0脚手架项目的工作流程很有帮助，并且能让读者理解在制作项目程序时，各组件之间如何进行调用。

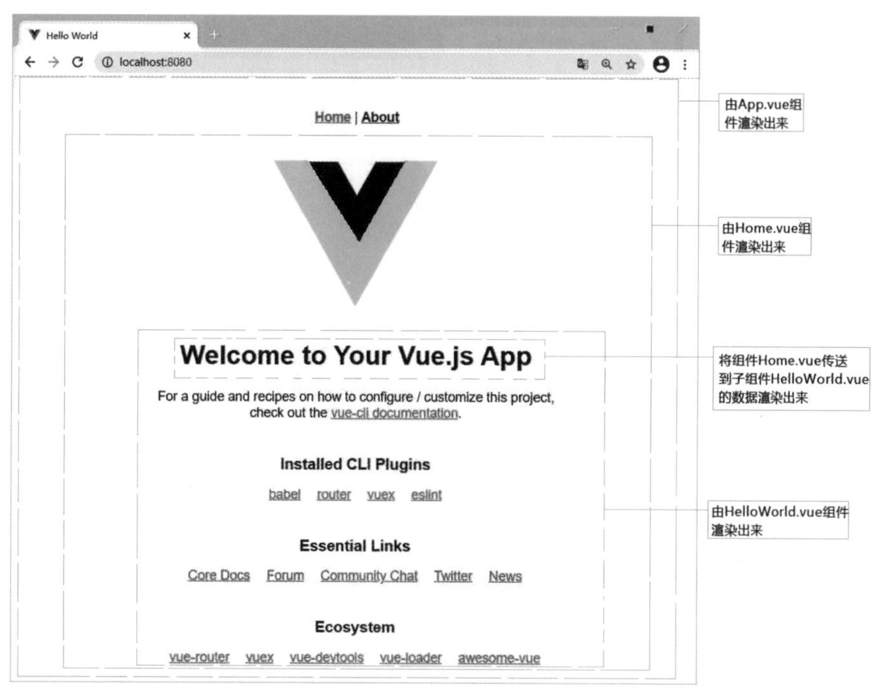

图 1-28　Vue 3.0 默认主页内容渲染层次

1.4.6　自定义 Hello World 程序

在例1-1中实现如图1-29所示的自定义主页文件内容，各文件内容修改部分将用蓝色字呈现。

【例1-1】Vue 3.0主页内容渲染

1. 自定义index.html 内容

```
<!DOCTYPE html>
<html lang="en">
  <head>
    <meta charset="utf-8">
    <meta http-equiv="X-UA-Compatible" content="IE=edge">
    <meta name="viewport" content="width=device-width,initial-scale=1.0">
    <link rel="icon" href="<%= BASE_URL %>favicon.ico">
    <title>Vue 3.0第一个程序Hello World</title>
  </head>
  <body>
    <noscript>
      <strong>We're sorry but <%= htmlWebpackPlugin.options.title %> doesn't work
properly without JavaScript enabled. Please enable it to continue.</strong>
    </noscript>
    <div id="app"></div>
    <!-- built files will be auto injected -->
  </body>
</html>
```

扫一扫，看视频

图 1-29　自定义主页文件内容

2. 修改App.vue

```
<template>
  <div id="nav">
    <router-link to="/">主页</router-link> |
    <router-link to="/about">关于</router-link>
  </div>
  <router-view />
</template>

<style scoped>
  /* 此处省略，参见1.4.3小节*/
</style>
```

3. views/Home.vue

```
<template>
  <div class="home">
    <img alt="Vue logo" src="../assets/logo.png">
    <HelloWorld msg="欢迎您，Vue.js App! "/>
  </div>
</template>

<script>
// @ is an alias to /src
import HelloWorld from '@/components/HelloWorld.vue'

export default {
  name: 'Home',
  components: {
    HelloWorld
  }
}
</script>
```

4. components/HelloWorld.vue

```
<!-- 下面<template></template>标记之间是Vue的模板区域，即MVVM中的View层 -->
<template>
  <div class="hello">
    <h1>{{ msg }}</h1>
    <h2>{{ message }}</h2>
  </div>
</template>

<!-- 下面的<script></script>标记之间，是ViewModel层 -->
<script>
import { ref } from 'vue'
export default {
  name: 'HelloWorld',
  props: {
    msg: String
  },
  setup() {
    // 下面定义的是message数据，即MVVM中的Model层
    const message = ref('Vue 3.0的欢迎信息！')
    return {
      message     // 把message数据暴露出去，供模板使用
    }
  }
}
</script>
<!-- 下面<style></style>之间是定义模板区域的CSS样式，即View层 -->
<style scoped>
h2 {
  margin: 40px 0 0;
  color: orangered;
}
</style>
```

该组件中的双大括号“{{ }}”是文本插值(数据绑定)的最基本形式，用于显示变量message的内容；setup是生命周期函数，setup函数主要用于定义数据和方法，定义完成的数据和方法必须要使用return语句暴露出去，然后<template>模板才能使用其数据和调用相关方法；ref方法是Vue内置的方法，作用是定义一个响应式数据，也就是说，如果在程序中响应式数据发生变化，页面中会被自动渲染。这些数据定义和方法使用将在后续章节中详细说明。

1.5 本章小结

Vue.js是以数据驱动和组件化的思想构建的，并且提供简洁、易于理解的API，能够在很大程度上降低Web前端开发的难度，因此深受广大Web前端开发人员的喜爱。由于Vue.js是用来开发Web界面的前端框架，其最主要的目的是把程序设计的关注点集中在业务逻辑上。本章重点讲解Vue的发展历史和核心功能，同时说明Vue 3.0项目创建的步骤以及开发工具的选择，最后说明了通过脚手架创建项目中各文件的执行过程，然后生成第一个Vue 3.0项目。在本章中，读者应该重点关注如何搭建Vue 3.0项目开发的工作环境，脚手架项目各文件夹及相关文件所起的作用。

1.6 习题一

一、选择题

1. 在MVVM设计模式中，Model代表的是________。
   A. 数据模型　　B. 控制器　　C. 视图　　D. 监听模型
2. 在Vue中挂载点是在________文件中定义的。
   A. main.js　　B. App.vue　　C. index.vue　　D. index.html
3. 文本插值是数据绑定的最基本形式，使用________符号进行。
   A. [ ]　　B. { }　　C. {{ }}　　D. < >
4. 路由设置是在________文件中定义的。
   A. store/index.js　　B. main.js　　C. router/index　　D. App.vue
5. Vue.js 3.0的入口文件是________。
   A. main.js　　B. App.vue　　C. index.vue　　D. index.html
6. <route-view />标签的作用是________。
   A. 显示超级链接
   B. 渲染符合路由规则的组件内容
   C. 显示路由规则
   D. 监听数据
7. <style scoped>语句中scoped属性的作用是________。
   A. 指定样式是否生效
   B. 指定样式的引入方式
   C. 指定样式是什么语法方式
   D. 指定CSS样式仅在本组件内起作用
8. @是一个别名，相当于________文件夹。
   A. /src　　B. /view　　C. /router　　D. /asset

二、简答题

1. MVVM设计模式框架是什么？
2. 如何让CSS仅在当前组件内起作用？
3. Vue 3.0设置路由是修改哪个文件？
4. 下面语句的作用是什么？

```
import App from './view/index.vue'
```

5. 把文件“./view/index.vue”修改为入口组件的方法是什么？

1.7 实验一　Hello World

一、实验目的及要求

1. 掌握Vue 3.0项目的创建过程。
2. 掌握脚手架中各个文件夹及文件的作用。
3. 掌握Vue 3.0组件的结构。

二、实验要求

使用Vue 3.0实现如实验图1-1所示的内容，与1.4.6小节中的内容相似，仅多加两条导航，并在每个文件层次上加了边框，同时渲染当前访问时间。

实验图 1-1　Hello World

第 2 章

Vue 语言基础——ECMAScript 6.0

学习目标

本章主要讲解 Vue 框架中的语言基础 ECMAScript 6.0（以下简称 ES6），重点阐述 Vue 项目中经常用到的语法点。通过本章的学习，读者应该掌握以下主要内容：

- ES6 的赋值语句。
- ES6 的解构赋值，特别是箭头函数。
- ES6 的数组与字符串扩展。
- ES6 的 Module 语法。
- JSON 的数据定义。

思维导图（用手机扫描右边的二维码可以查看详细内容）

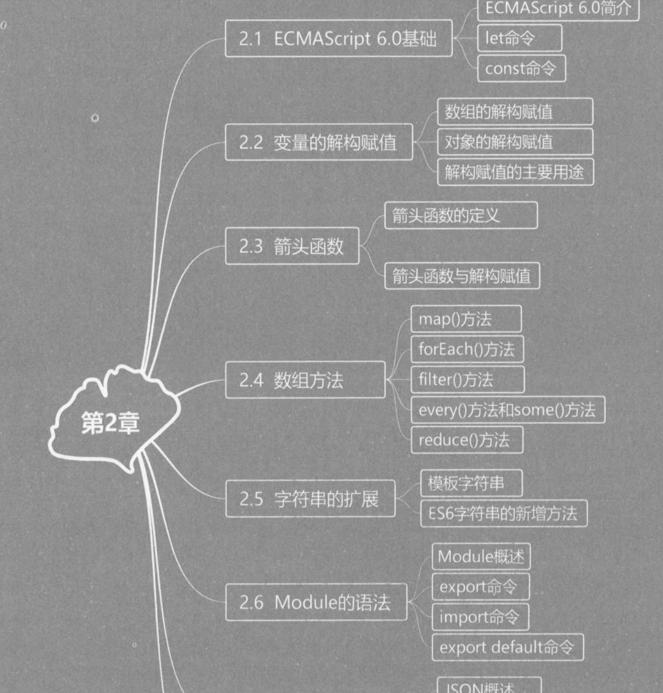

2.1 ECMAScript 6.0基础

2.1.1 ECMAScript 6.0 简介

1. 什么是ECMAScript

JavaScript脚本语言最初是由著名的Netscape公司（网景公司）的Brendan Eich于1995年设计提出的，当然最初也是在Netscape浏览器上实现的。设计JavaScript脚本语言的目的是增强浏览器功能、提高用户体验。

JavaScript最初的命名是LiveScript，后来由于 Netscape公司与Sum公司进行合作才改名为JavaScript。改名为JavaScript的主要原因是Sun公司有非常著名的软件产品——Java语言，设计者的初衷是想让JavaScript也能够像Java那样流行。因此，今天的 JavaScript在语法和命名规范上或多或少都有Java语言的影子，二者确实有着很深的渊源。但请读者一定要注意，JavaScript与Java是本质上完全不同的两类程序设计语言。

JavaScript脚本语言在发展初期并没有确立所谓的统一标准，但因为其在Netscape浏览器上的惊艳表现，随后其他软件生产商也陆续推出了自己的产品。因此，早期的 JavaScript脚本语言完全是各大浏览器软件厂商在“各自为政”。

为了避免各大浏览器软件厂商在各自的 JavaScript标准上越走越远，1997年在ECMA的提议协调下，由Netscape、Sun、Microsoft和Borland等公司组成了工作组，最终确定了统一的脚本语言标准规范——ECMA-262，而ECMA-262标准规范也就是 ECMAScript。

目前，ECMA-262标准规范就是事实上的脚本语言设计标准，各大浏览器软件厂商在各自的浏览器软件产品上实现脚本功能时都必须遵循ECMA-262标准规范，这样就可以保证良好的兼容性。当然，各大浏览器软件厂商在实现一些功能特效时又各有各的特点，这也是脚本语言跨平台设计时需要设计人员注意的。

2. JavaScript与ECMAScript的不同

虽然大多数情况下设计人员是不分JavaScript与ECMAScript这两个概念的，但是从严格意义上来说JavaScript与ECMAScript还是有区别的，图2-1是对JavaScript与ECMAScript之间关系的一个简单概括。

一个完整的JavaScript实现由三部分组成：文档对象模型（DOM）、浏览器对象模型（BOM）、核心（ECMAScript）。关于这三部分的作用描述如下。

（1）DOM：把整个网页映射为一个多层节点结构。通过DOM树形图，开发人员可以获得控制页面内容和结构的主动权。借助DOM提供的API可以轻松自如地删除、添加、替换或修改任何节点。

（2）BOM：提供与浏览器交互的方法和接口，目前BOM已经正式纳入HTML 5标准。

（3）ECMAScript：在设计实现JavaScript脚本语言的语法和基本对象的核心内容时所遵循的标准规范。

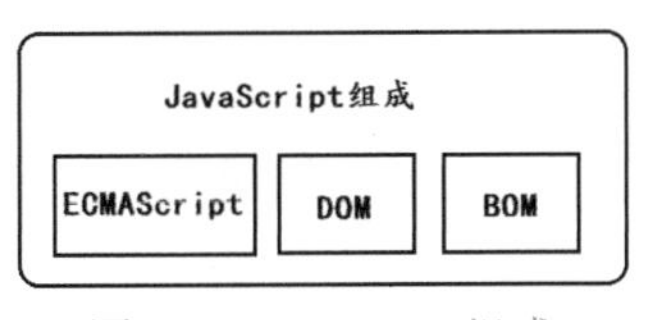

图 2-1　JavaScript 组成

2.1.2 let命令

ES6新增了let命令，用来声明变量。用法类似于var命令，但是所声明的变量只在let命令所在的代码块内有效。

1. let命令的作用域仅局限于当前代码块

在代码块中分别使用var和let命令定义了两个变量，然后在代码块外进行输出。其在浏览器中的显示结果如图2-2所示。

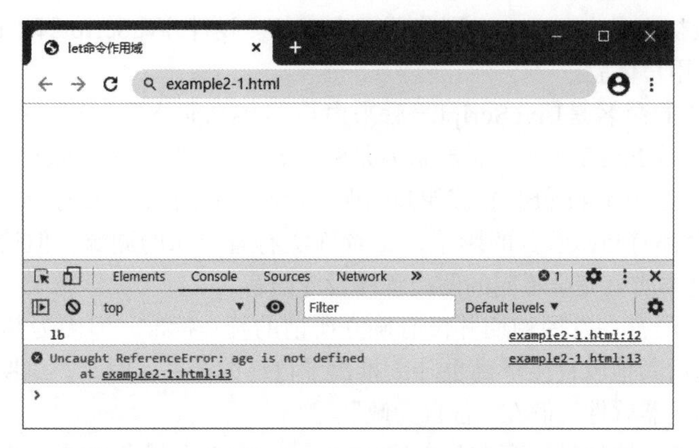

图2-2　代码块作用域

【例2-1】let命令的作用域

程序代码如下：

扫一扫，看视频

```
// 文件：example2-1.html
<!DOCTYPE html>
<html>
  <head>
    <meta charset="utf-8">
    <title>let命令作用域</title>
  </head>
  <script>
    {
      var name= 'lb';
      let age = 25;
    }
    console.log(name);      // 输出：lb
    console.log(age);       // 输出：age is not define
  </script>
  <body>
  </body>
</html>
```

从图2-2中可以看出，当在代码块外使用在代码块内定义的var变量时，程序能够正常输出，而使用let变量时，程序输出有错，这表明用let命令声明的变量只在其所定义的代码块内有效。

2. let命令的使用

let命令对var命令定义变量的方式进行了一些修订，这有效地解决了原来使用var变量让人难以理解的地方。

（1）变量提升。var命令会发生“变量提升”现象，即变量可以在声明之前使用，值为undefined。这种现象多少有些奇怪，按照一般的逻辑，变量应该在声明语句之后才可以使用。

为了纠正这种现象，let命令改变了语法行为，所声明的变量一定要在声明后使用，否则报错。

```
// var 的情况
console.log(foo); // 输出undefined
var foo = 2;

// let 的情况
console.log(bar); // 报错ReferenceError
let bar = 2;
```

（2）变量不允许重复声明。let命令不允许在相同作用域内，重复声明同一个变量参数。

```
// 报错
function func() {
  let a = 10;
  var a = 1;
}
// 报错
function func() {
  let a = 10;
  let a = 1;
}
```

声明的参数也不能与形参同名，如果声明的参数是在另外一个作用域下，则是可以进行重复声明的。

```
function func(arg) {
  let arg;             // 报错，两个arg参数在同一个作用域内
}
function func(arg) {
  {
    let arg;           // 不报错，因为两个arg参数不在同一个作用域内
  }
}
```

（3）for循环中Var变量和let变量的父子作用域的对比。

【例2-2】var变量和let变量的父子作用域的对比

程序运行后，在浏览器中的显示结果如图2-3所示。

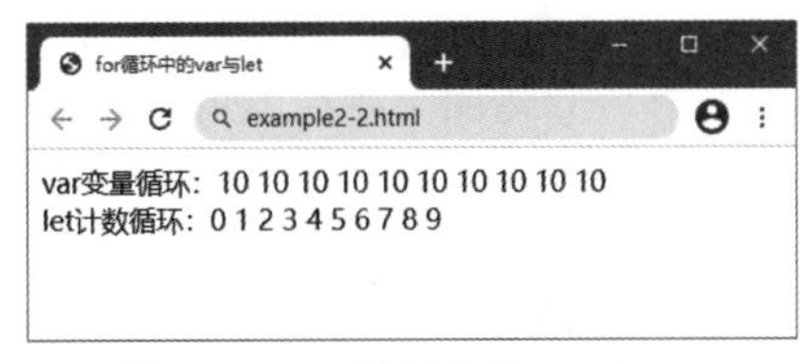

图 2-3　for 循环中的 var 与 let

程序代码如下：

```
//example2-2.html
<!DOCTYPE html>
<html>
  <head>
    <meta charset="utf-8">
```

扫一扫，看视频

```
    <title>for循环中的var与let</title>
    <script>
      window.onload=function(){
      var myVar=document.getElementById('varCount')
        var myLet=document.getElementById('letCount')
        // 输出10个10
        for (var i = 0; i < 10; i++) {
          setTimeout(function(){
           myVar.innerHTML+=i+' ';
          })
        }
        // 输出 0123456789
        for (let j = 0; j < 10; j++) {
          setTimeout(function(){
           myLet.innerHTML+=j+' ';
          })
        }
      }
    </script>
  </head>
  <body>
    <div id="varCount">var变量循环：</div>
    <div id="letCount">let计数循环：</div>
  </body>
</html>
```

在例2-2的代码中，变量i是用var声明的，在全局范围内都有效，所以全局只有一个变量i。每一次循环，变量i的值都会发生改变，而循环内向<div id="varCount">标签内所写入的变量i就是全局的变量i。也就是说，使用的变量i指向的都是同一个变量i，导致运行时输出的最后一轮的变量i值也是10。

而使用let声明的变量仅在块级作用域内有效，最后输出的是0~9。因为用let声明的j，只在本轮循环内有效，所以每一次循环的j其实都是一个新的变量，所以最后输出的是0~9。

如果每一轮循环的变量j都是重新声明的，那么如何知道上一轮循环的值？这是因为ECMAScript引擎内部会记住上一轮循环的值来初始化本轮的变量j，就是在上一轮循环的基础上进行计算。

2.1.3 const 命令

用const命令声明的是一个只读的常量，其值一旦声明就不能改变。这也意味着const命令一旦声明常量就必须立即将其初始化，只声明不赋值会报错。例如：

```
const PI = 3.14;  // 正确
PI = 3.1415926;   // 报错，因为已经给PI赋值为3.14，所以不允许再对PI进行改动
const foo;        // 报错，因为没有给foo赋值
```

const命令的作用域与let命令相同，只在声明所在的块级作用域内有效，且不可以重复声明，另外，用const命令声明常量也必须要先定义后使用。

const命令实际上保证的并不是变量的值不能改动，而是变量指向的那个内存地址不能改动，对于简单类型的数据（数字、字符串、布尔值）而言，值就保存在变量指向的内存地址中，因此等同于常量，但对于复合数据类型（对象或数组）而言，变量指向的内存地址保存的只是一个指针，const命令只能保证这个指针是固定的，至于指向的数据结构是不是可变的完全不能控制，因此，将一个数组或对象声明为常量时必须要非常小心。

```
const obj = {};   // 定义const对象
obj.name = 'lb'; // 向对象中输入属性值
obj.age = 25;
console.log(obj); // 上述代码都没有问题，可以对对象进行属性添加操作
obj={};           // 报错，因为不能将obj指向另外一个对象
```

下面定义一个常量数组names，数组本身是可以写入数据的，但是如果将另一个数组赋值组该常量数组是不允许的。

```
const names = [];               // 定义const数组
names.push('lb');               // 把lb压入数组
console.log(names.length);      // 上述代码都没有问题，因为数组是可读写的，可以添加新元素
names = ['jisoo'];              // 报错，因为不能将另外一个数组赋值给names常量数组
```

2.2 变量的解构赋值

解构数据与构造数据截然相反，不是构造一个新的对象或数组，而是逐个拆分现有的对象或数组来提取所需要的数据。

ES6允许按照一定模式从数组和对象中提取值再对变量赋值，这被称为解构。这种新模式会映射出正在解构的数据结构，只有那些与模式相匹配的数据才会被提取出来。

2.2.1 数组的解构赋值

ECMAScript语法规范中的数组解构赋值基本是按照等号左边与等号右边的匹配进行的，其语法结构如下：

```
let [var1, var2, ...varN] = array  // 其中，varN表示一个变量；array表示一个数组
```

数组解构时数组的元素是按次序排列的，变量的取值由其位置决定。下面说明几种数组解构赋值的基本方式。

(1)模式匹配。这种方式的数组解构是等号两边的模式相同，左边的变量就会被赋予对应的值。例如：

```
let [a, b, c] = [1, 2, 3];          // 解构后：a=1, b=2, c=3
```

(2)嵌套方式。在数组解构方式中，除了正常的模式匹配，还可以使用嵌套数组进行解构，这种数组解构赋值的嵌套方式支持任意深度的嵌套。例如：

```
let [foo, [[bar], baz]] = [1, [[2], 3]]// 解构后：foo=1, bar=2, baz=3
```

(3)不完全解构。当等号左边的模式只匹配等号右边的数组的一部分时，这种情况叫作不完全解构。这种情况下，解构依然可以成功。例如：

```
let [x, , y] = [1, 2, 3];           // 解构后：x=1,y=3
```

(4)使用省略号解构。在ECMAScript语法规范中，还可以使用省略号的方式进行相应的匹配操作，但这种解构方式有格式要求，也就是说，带有省略号修饰符的变量必须放到最后，否则是无效的解构方式。例如：

```
let [head, ...tail] = [1, 2, 3, 4];  // 解构后：head=1, tail=[2, 3, 4]
```

如果解构不成功，变量的值就等于undefined。下面示例中变量y属于解构不成功，y的值就等于undefined。例如：

```
let [x, y] = ['a'];                    // 解构后：x='a'，y为undefined
```

（5）含有默认值的解构。在ECMAScript语法规范中，左侧数组中可以是默认值。当右侧数组中是undefined或没有左侧对应的值时，左侧就会用默认值给变量进行赋值。即右侧数组中是undefined或没有左侧对应的值时默认值生效，否则默认值不生效，左侧就用右侧数组的值。例如：

```
let [a=0,b=1,c=2]=[1,undefined];       // 解构后：a=1,b=1,c=2。b和c使用默认值
```

（6）字符串解构的处理。在ECMAScript语法规范中，右侧还可以是字符串，把字符串的每一个字符解构到相对应等号左边的变量中。例如：

```
var [a,b,c] = 'hello';                 // 解构后：a='h'，b='e'，c='o'
```

【例2-3】数组的几种解构赋值

程序代码如下：

扫一扫，看视频

```
// 文件：example2-3.html
<!DOCTYPE html>
<html>
  <head>
    <meta charset="utf-8">
    <title>数组的解构赋值</title>
    <script>
      window.onload=function(){
        let [a, b, c] = [1, 2, 3];
        console.log('a='+a);
        console.log('b='+b);
        console.log('c='+c);
        let [foo, [[bar], baz]] = [1, [[2], 3]];
        console.log('foo='+foo);
        console.log('bar='+bar);
        console.log('baz='+baz);
        let [x1, , y1] = [1, 2, 3];
        console.log('x1='+x1);
        console.log('y1='+y1);
        let [head, ...tail] = [1, 2, 3, 4];
        console.log('head='+head);
        console.log('tail='+tail);
        let [x2, y2] = ['a'];
        console.log('x2='+x2);
        console.log('y2='+y2);
        let [d=0,e=1,f=2]=[1,undefined];
        console.log('d='+d);
        console.log('e='+e);
        console.log('f='+f);
        let [g,h,i] = 'hello';
        console.log('g='+g);
        console.log('h='+h);
        console.log('i='+i);
      }
    </script>
  </head>
  <body>
  </body>
</html>
```

程序运行后在浏览器中的显示结果如图2-4所示。

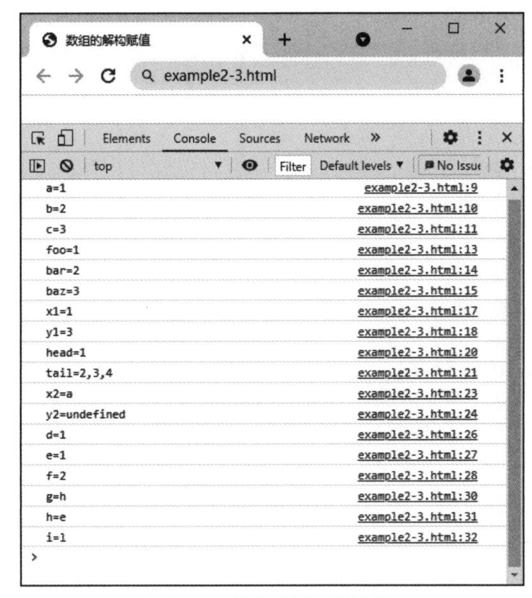

图 2-4　数组的解构赋值

2.2.2　对象的解构赋值

ECMAScript语法规范中的对象解构赋值同样是按照等号左边与等号右边的匹配进行的。对象的解构赋值与数组的解构赋值的区别是：数组是按照位置次序进行匹配的，而对象是按照属性的名称进行匹配的，不一定按照属性出现的先后次序。

（1）基本形式。左边变量只有key的形式，其实是key与value相同的简写。例如：

```
let { foo, bar } = { foo: 'aaa', bar: 'bbb' };  // 解构后foo= 'aaa', bar= 'bbb'
```

这里需要再强调一点，数组是有次序的，数组中变量次序的位置决定着它的值，但是对象是没有次序的，下面把以上语句对象的属性交换一下位置。例如：

```
let { bar, foo} = { foo: 'aaa', bar: 'bbb' };   // 解构后foo= 'aaa', bar= 'bbb'
```

输出的结果也是一样的，因为对象的值是左边的变量必须与右边对象中的属性同名才得到的。与数组一样，对象的解构失败也是输出undefined：

```
let {foo} = {bar: 'baz'};                        // 解构后foo的值是undefined
```

（2）左边变量是key:value的形式。

```
let { foo: baz } = { foo: 'aaa', bar: 'bbb' };  // 解构后baz的值是'aaa'
let obj = { first: 'hello', last: 'world' };
let { first: f, last: l } = obj;                // 解构后f='hello', l='world'
```

（3）解构的正常情况。例如：

```
let { foo: foo, bar: bar } = { foo: 'aaa', bar: 'bbb' };
```

可以简化成以下形式：

```
let { foo, bar } = { foo: 'aaa', bar: 'bbb' };
```

也就是说，对象的解构赋值的内部机制，是先找到同名属性，然后再赋给对应的变量。真正被赋值的是后者，而不是前者。

【例2-4】对象的几种解构赋值

程序代码如下：

扫一扫，看视频

```
// 文件：example2-4.html
<!DOCTYPE html>
<html>
  <head>
    <meta charset="utf-8">
    <title>对象的解构赋值</title>
    <script>
     window.onload=function(){
       let { foo, bar } = { foo: 'aaa', bar: 'bbb' };
       console.log('foo='+foo);
       console.log('bar='+bar);
       let { bar1,  foo1} = { foo1: 'aaa', bar1: 'bbb' };
       console.log('foo1='+foo1);
       console.log('bar1='+bar1);
       let {foo2} = {bar: 'baz'};
       console.log('foo2='+foo2);
       let { foo3: baz3 } = { foo3: 'aaa', bar: 'bbb' };
       console.log('baz3='+baz3);
       let obj = { first: 'hello', last: 'world' };
       let { first: f, last: l } = obj;
       console.log('f='+f);
       console.log('l='+l);
       let { foo4, bar4 } = { foo4: 'aaa', bar4: 'bbb' };
       console.log('foo4='+foo4);
       console.log('bar4='+bar4);
     }
    </script>
  </head>
  <body>
  </body>
</html>
```

程序运行后在浏览器中的显示结果如图2-5所示。

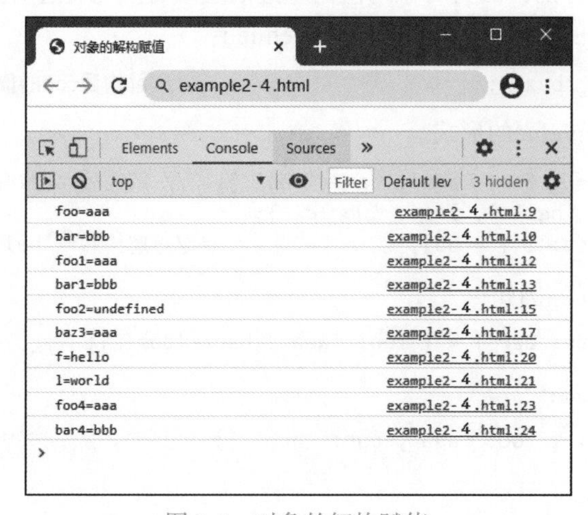

图2-5　对象的解构赋值

2.2.3 解构赋值的主要用途

1. 从函数返回多个值

函数只能返回一个值，如果需要返回多个值时，只能将返回的多个值放在数组或对象中返回，然后通过数组或对象的解构赋值，可以非常方便地取出这些值。下面的示例代码是对函数的数组和对象的返回值进行解构。

```
function example() {
  return [1, 2, 3];                     // 函数返回一个数组
}
let [a, b, c] = example();              // 对函数的返回值进行解构
console.log(a,b,c)                      // 解构后：a=1，b=2，c=3
function example1() {
  return {                              // 函数返回一个对象
    foo: 1,
    bar: 2
  };
}
let { foo, bar } = example1(); // 对函数的返回值进行解构
console.log(foo, bar)                   // 解构后：foo=1，bar=2
```

2. 函数参数的定义

解构赋值可以方便地将一组参数与变量名对应起来。

【例2-5】利用解构方法给函数传递入口参数

说明：在例2-5中定义了两个求和函数，一个函数的入口是由三个变量组成的数组；另一个函数的入口是对象，分别利用解构方法给这两个函数传递入口参数。程序运行后在浏览器中返回的求和结果分别是6和15。

程序代码如下：

```
// 文件：example2-5.html
<!DOCTYPE html>
<html>
  <head>
    <meta charset="utf-8">
    <title></title>
    <script>
      window.onload=function(){
        let myDisplay=document.getElementById("display");
        myDisplay.innerHTML = arraySum([1,2,3])+"<br>";
        myDisplay.innerHTML += objectSum({z: 4, y: 5, x: 6})
        function arraySum([x, y, z]) {
          return x+y+z
        }
        function objectSum({x, y, z}){
          return x+y+z
        }
      }
    </script>
  </head>
  <body>
```

扫一扫，看视频

```
    <div id="display"></div>
  </body>
</html>
```

3. 提取JSON数据

解构赋值对提取JSON对象中的数据非常有用。

【例2-6】对JSON数据进行解构

说明：在例2-6中定义一个JSON对象，然后对其进行解构赋值，最后把相关数据显示在浏览器中，其在浏览器中的运行结果如图2-6所示。

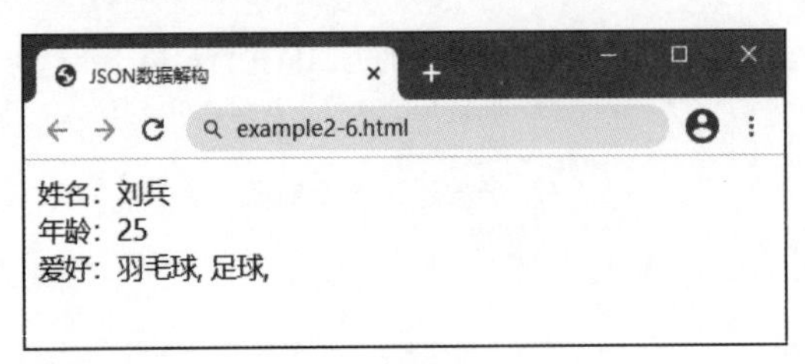

图 2-6　JSON 数据解构

程序代码如下：

扫一扫，看视频

```
// 文件：example2-6.html
<!DOCTYPE html>
<html>
  <head>
    <meta charset="utf-8">
    <title>JSON数据解构</title>
    <script>
      window.onload=function(){
        let jsonData = {      // 定义JSON对象
          name: '刘兵',
          age: 25,
          like: ['羽毛球', '足球']
        };
        // 对JSON数据进行解构
        let { name, age, like: mylike } = jsonData;
        let myDisplay=document.getElementById("display");
        myDisplay.innerHTML = "姓名："+name+"<br>";
        myDisplay.innerHTML += "年龄："+age+"<br>";
        myDisplay.innerHTML += "爱好：";
        for(var i=0; i<mylike.length; i++){
          myDisplay.innerHTML += mylike[i]+", ";
        }
      }
    </script>
  </head>
  <body>
    <div id="display"></div>
  </body>
</html>
```

4. 遍历Map结构

任何部署了Iterator接口的对象，都可以用for…of循环遍历。Map结构原生支持Iterator接口，配合变量的解构赋值，获取键名和键值就非常方便。

【例2-7】遍历Map

说明：在例2-7中先定义和赋值Map变量，再循环访问Map变量，在访问的同时使用解构赋值遍历Map。其在浏览器中的运行结果如图2-7所示。

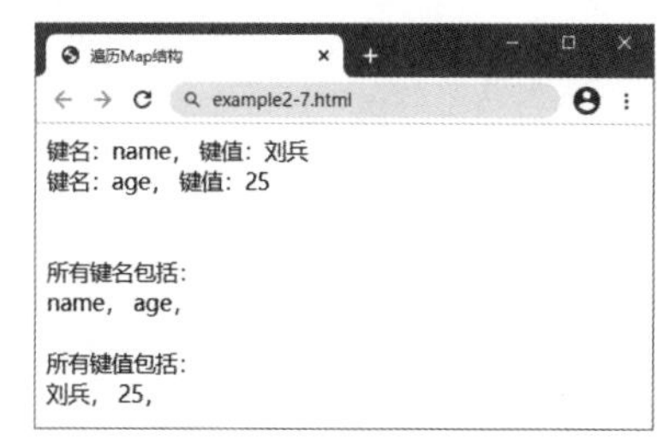

图 2-7 遍历 Map 结构

程序代码如下：

扫一扫，看视频

```
// 文件：example2-7.html
<!DOCTYPE html>
<html>
  <head>
    <meta charset="utf-8">
    <title>遍历Map结构</title>
    <script>
      window.onload=function(){
        const map = new Map();
        map.set('name', '刘兵');
        map.set('age', 25);
        const myDisplay=document.getElementById("display");
        for (let [key, value] of map) {
          myDisplay.innerHTML += "键名："+key+"，  ";
          myDisplay.innerHTML += "键值："+value+"<br>";
        }
        //如果只想获取键名，或者只想获取键值，可以写成下面这样
        myDisplay.innerHTML += "<br><br>所有键名包括：<br>"
        // 获取键名并显示所有键名
        for (let [key] of map) {
          myDisplay.innerHTML += key+"，  "
        }
        myDisplay.innerHTML += "<br><br>所有键值包括：<br>"
        // 获取键值并显示所有键值
        for (let [,value] of map) {
          myDisplay.innerHTML += value+"，  "
        }
      }
    </script>
    </head>
    <body>
      <div id="display"></div>
    </body>
</html>
```

2.3 箭头函数

2.3.1 箭头函数的定义

1. 定义

通常函数的定义语法如下：

```
function 函数名(形参[,形参]){
  // 函数体
}
```

例如：

```
function fn1(a, b) {
    return a + b
}
```

或者

```
var fn2 = function(a, b) {
    return a + b
}
```

使用ES6箭头函数语法定义函数，将原函数的function关键字和函数名都删掉，并使用箭头“=>”连接参数列表和函数体。上例可以修改成以下方式：

```
(a, b) => {
    return a + b
}
```

或者

```
var fn1 = (a, b) => {
    return a + b
}
```

2. 箭头函数的简化

对箭头函数可以进行简化，简化的方法有以下两种。

（1）当函数参数只有一个时，括号可以省略，但是当没有参数时，括号不可以省略。例如：

```
var fn1 = () => {}                    // 无参数
var fn2 = a => {}                     // 单个参数a
var fn3 = (a,b) => {}                 // 多个参数a、b
var fn4 = (a,b,...args) => {}         // 可变参数
```

（2）如果函数体只有一条return语句时，可以省略掉{ }和return关键字，但当函数体包含多条语句时，不能省略{ }和return关键字。例如：

```
() => 'hello'                         // 函数返回字符串'hello'
(a, b) => a + b                       // 函数返回a+b的和
(a) => {                              // 函数返回a+1的值
  a = a + 1
  return a
}
```

【例2-8】化简箭头函数

说明：在例2-8中先定义了一个普通函数，然后定义了两种简化的箭头函数，让读者体会箭头函数的简写方法。其在浏览器中的运行结果如图2-8所示。

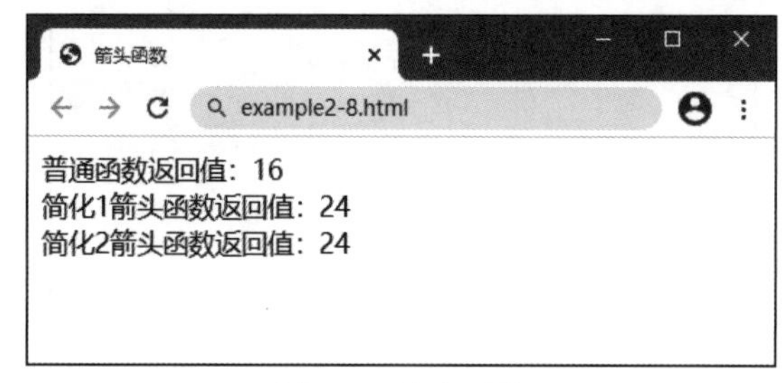

图2-8　箭头函数

程序代码如下：

```
// 文件：example2-8.html
<!DOCTYPE html>
<html>
  <head>
    <meta charset="utf-8">
    <title>箭头函数</title>
    <script>
      window.onload = () => {
        var myDisplay=document.getElementById("display");
        // 1.普通函数
        let show1=function(a){
          return a*2
        }
        myDisplay.innerHTML="普通函数返回值："+show1(8)+"<br>";
        //2.简化1 如果只有一个参数，则“()”可以省略
        let show2 = a => {
         return a * 3
        }
        myDisplay.innerHTML += "简化1箭头函数返回值："+show2(8)+"<br>";
        //3.简化2 如果只有一条return语句，则“{}”可以省略
        let show3 = a => a * 3
        myDisplay.innerHTML += "简化2箭头函数返回值："+show3(8)+"<br>";
      }
    </script>
  </head>
  <body>
    <div id="display"></div>
  </body>
</html>
```

扫一扫，看视频

2.3.2　箭头函数与解构赋值

通过箭头函数与前文中介绍的解构赋值相结合，可以简化对箭头函数的调用方式以提高代码编写效率。

【例2-9】在箭头函数中使用解构赋值

说明：在例2-9中使用箭头函数分别定义了求余数、求最大值、求最小值的方法，调用使

用解构赋值的方法进行。其在浏览器中的运行结果如图2-9所示。

图2-9　箭头函数与解构赋值

程序代码如下：

```
// 文件：example2-9.html
<!DOCTYPE html>
<html>
  <head>
    <meta charset="utf-8">
    <title>箭头函数与解构赋值</title>
    <script>
      arrow_remainder = ([i,j]) => i % j;                    // 求余数
      console.log('8 % 3 = '+arrow_remainder([8,3]));
      arrow_max = (...args) => Math.max(...args);            // 求最大值
      max=arrow_max(...[12,87,3])
      console.log('[12,87,3]的最大值是：'+max)
      arrow_min = (...args) => Math.min(...args);            // 求最小值
      min=arrow_min(...[12,87,3])
      console.log('[12,87,3]的最小值是：'+min)
   </script>
  <head>
  <body>
  </body>
</html>
```

扫一扫，看视频

2.4 数组方法

程序设计中经常会使用数组，因此需要熟练掌握操作数组的相关方法。在ES6中关于数组的操作又增加了一些新方法。下面介绍几种常用的新增数组的操作方法。

2.4.1　map() 方法

map()方法用于遍历数组中的每个元素，让其作为参数执行一个指定的函数，然后将每个返回值形成一个新数组，map()方法不改变原数组的值。调用map()方法的语法格式如下：

```
let 新数组名 = 数组名.map( function(参数){
  // 函数体
} )
```

或者简化成以下格式：

```
let 新数组名 = 数组名.map((参数)  => {
  // 函数体
})
```

【例2-10】map()方法的应用

说明：在例2-10中有两个应用，一个是定义一个数组，让该数组中的每一个数字乘以2生成一个新数组；另一个是定义一个成绩数组，然后根据成绩生成一个含有对应值(优、及格、不及格)的新数组。其在浏览器中的运行结果如图2-10所示。

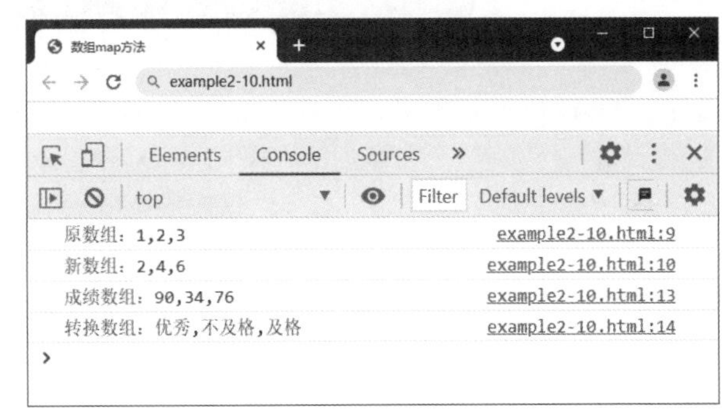

图 2-10　map() 方法

程序代码如下：

```
// 文件：example2-10.html
<!DOCTYPE html>
<html>
  <head>
    <meta charset="utf-8">
    <title>数组map()方法</title>
    <script>
      let arr=[1,2,3]
      let newArr=arr.map(item=>item*2)
      console.log('原数组：'+arr)
      console.log('新数组：'+newArr)
      let arrScore=[90,34,76]
      let score=arrScore.map(item=>item>=60?item>=90?'优秀':'及格':'不及格')
      console.log('成绩数组：'+arrScore)
      console.log('转换数组：'+score)
    </script>
  </head>
  <body>
  </body>
</html>
```

扫一扫，看视频

2.4.2　forEach() 方法

forEach()方法是从头至尾遍历数组，为每个元素调用指定函数。该方法将改变原数组本身，并且指定调用函数的参数依次是：数组元素、元素的索引、数组本身。其语法格式如下：

```
数组名.forEach(function(数组元素,元素的索引,数组本身){
  // 函数体
})
```

或者简写成：

```
数组名.forEach((数组元素,元素的索引,数组本身) => {
  // 函数体
})
```

【例2-11】forEach()方法的应用

说明：在例2-11中首先定义一个数组，然后把该数组中的每个数值加1，并分别显示修改前和修改后数组的值。其在浏览器中的运行结果如图2-11所示。

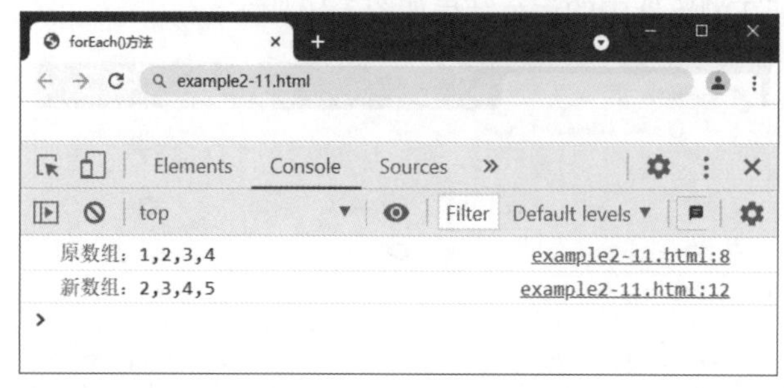

图2-11　forEach()方法

程序代码如下：

```
// 文件：example2-11.html
<!DOCTYPE html>
<html>
  <head>
    <meta charset="utf-8">
    <title>forEach()方法</title>
    <script>
      let arr=[1,2,3,4]
      console.log('原数组：'+arr)
      arr.forEach(function(element,index,arr){
        arr[index] = element+1;
      })
      console.log('新数组：'+arr)
    </script>
  </head>
  <body>
  </body>
</html>
```

扫一扫，看视频

2.4.3　filter()方法

filter()方法对数组元素执行特定函数后返回一个子集，也称为过滤方法。该方法的入口参数是执行逻辑判断的函数，该函数返回值是true或false，filter()方法的结果是所执行逻辑判断函数返回为true的元素，换句话说，就是用filter()方法过滤掉数组中不满足条件的值，返回一个新数组，不改变原数组的值。调用filter()方法的语法格式如下：

```
数组名.filter( (参数列表) => {  //函数体 })
```

例如，使用数组的filter()方法过滤掉不能被3整除的元素形成新数组，使用语句如下：

```
let arr=[60,70,80,87,90]
let result=arr.filter(tmp=>tmp%3==0) // 新数组result=[60,87,90]
```

【例2-12】filter()方法的应用

说明：在例2-12中定义一个对象，对象的属性有language和price，实现将price大于65的值过滤出来，形成一个新数组。其在浏览器中的运行结果如图2-12所示。

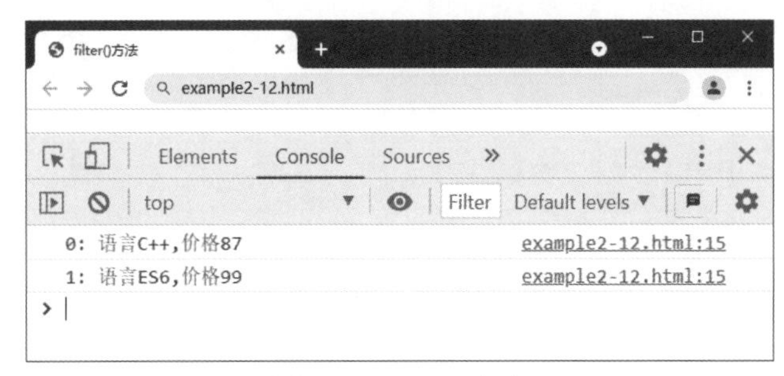

图2-12 filter()方法

程序代码如下：

```
// 文件：example2-12.html
<!DOCTYPE html>
<html>
  <head>
    <meta charset="utf-8">
    <title>filter()方法</title>
    <script>
     let arrJson=[
       {language:'web',price:54},
       {language:'C++',price:87},
       {language:'json',price:63},
       {language:'ES6',price:99},
     ]
     let arrResult=arrJson.filter(item=>item.price>=65)
     for(var key in arrResult){
         console.log(key+": 语言"+arrResult[key].language+",价格"+
                    arrResult[key].price);
     }
    </script>
  </head>
  <body>
  </body>
</html>
```

扫一扫，看视频

2.4.4 every()方法和some()方法

every()方法和some()方法都是对数组元素进行指定函数的逻辑判断，入口参数都是一个指定函数，方法的返回值是true或false。

every()方法是将数组中的每个元素作为入口指定函数的参数，如果该函数对每个元素运行的结果都返回true，则every()方法最后返回true，也就是说一假即假；some()方法是将数组中的每个元素作为入口指定函数的参数，如果该函数只要有一个元素运行的结果返回true，则some()方法最后返回true，也就是说一真即真。every()方法和some()方法一般可以用来判断是否数组中所有数都满足某一条件或是否存在某些数满足条件。

【例2-13】every()方法和some()方法的应用

说明：在例2-13中定义了对象数组，通过every()方法和some()方法来判断该对象数组是否都是女性和是否包含女性。其在浏览器中的运行结果如图2-13所示。

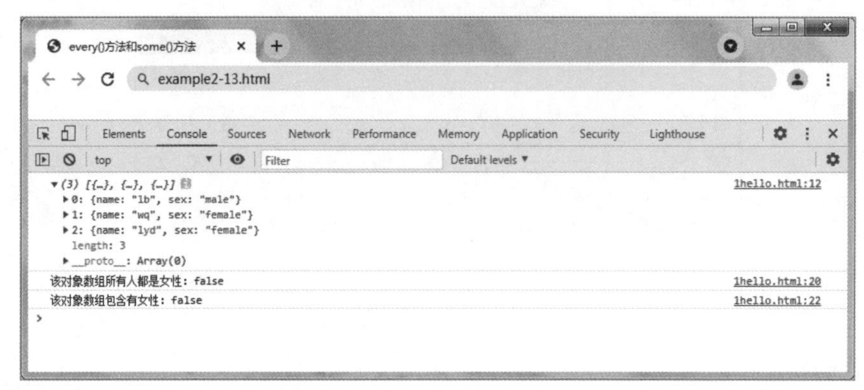

图2-13　every()方法和some()方法

程序代码如下：

扫一扫，看视频

```
// 文件：example2-13.html
<!DOCTYPE html>
<html>
  <head>
    <meta charset="utf-8">
    <title>every()方法和some()方法</title>
    <script>
      var people = [
        {name:"lb",sex:'male'},
        {name:"wq",sex:'female'},
        {name:"lyd",sex:'femele'},
      ];
      console.log(people)
      /* 普通函数定义
      var result= people.every(function(people){
        return people.sex === 'female'
      })
      可以简写成以下箭头函数
      */
      var result= people.every(people=>people.sex === 'female')
      console.log('该对象数组所有人都是女性：'+result) //返回值是false
      var some = people.some(people=>people.sex === 'female')
      console.log('该对象数组包含有女性：'+some)       //返回值是true
    </script>
  </head>
  <body>
  </body>
</html>
```

2.4.5　reduce()方法

reduce()方法接收一个函数作为累加器，使用数组中的每个元素依次执行回调函数，不包括数组中被删除或从未被赋值的元素，回调函数接受4个参数，调用reduce()方法的语法格式如下：

```
arr.reduce((prev,cur,index,arr) => {
   // 操作语句
}, init);
```

其中，arr 表示原数组；prev表示上一次调用回调时的返回值或初始值init；cur表示当前正在处理的数组元素；index表示当前正在处理的数组元素的索引，若提供init，则索引为0，否则索引为1；init 表示初始值。下面说明reduce()方法的几个典型应用。

（1）数组求和。

```
const arr = [1, 2, 3, 4, 5]
const sum = arr.reduce((pre, item) => {
    return pre + item
}, 0)
```

以上回调函数被调用5次，每次参数的变化情况见表2-1。

表 2-1　reduce() 方法调用参数的变化情况

调用次数	上一次值	当前值	索引	原数组	返回值
第 1 次	0	1	0	[1, 2, 3, 4, 5]	1
第 2 次	1	2	1	[1, 2, 3, 4, 5]	3
第 3 次	3	3	2	[1, 2, 3, 4, 5]	6
第 4 次	6	4	3	[1, 2, 3, 4, 5]	10
第 5 次	10	5	4	[1, 2, 3, 4, 5]	15

（2）求数组项最大值。

```
var max = arr.reduce(function (prev, cur) {
    return Math.max(prev,cur);
});
```

由于未传入初始值，所以开始时prev的值为数组的第1个元素1，cur的值为数组的第2个元素2，取两个值中最大值后继续进入下一轮回调。

（3）数组去重。

```
var newArr = arr.reduce(function (prev, cur) {
    prev.indexOf(cur) === -1 && prev.push(cur);
    return prev;
},[]);   // 此处[]初始值是空数组
```

数组去重实现的基本原理如下：

1）初始化一个空数组。

2）在初始化数组中查找需要去重处理的数组中的第1个元素，如果找不到（空数组中肯定找不到），就将该项添加到初始化数组中。

3）在初始化数组中查找需要去重处理的数组中的第2个元素，如果找不到，就将该项继续添加到初始化数组中。

4）重复3）。

5）在初始化数组中查找需要去重处理的数组中的第n个元素，如果找不到，就将该项继续添加到初始化数组中。

6）返回这个初始化数组。

【例2–14】reduce()方法的应用

说明：在例2-14中计算一个字符串中每个字母的出现次数。其在浏览器中的运行结果如图2-14所示。

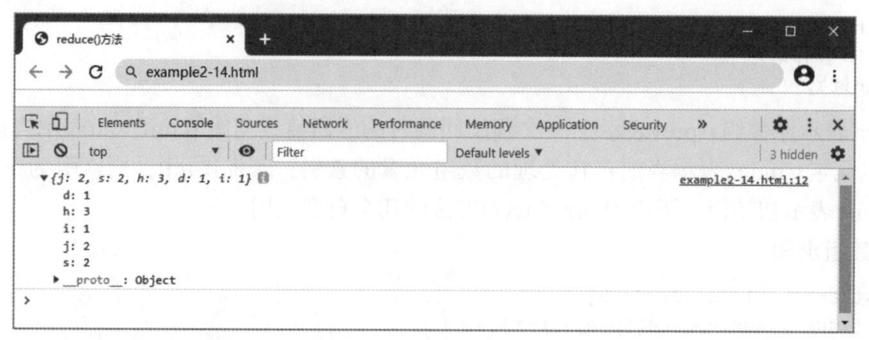

图 2-14　reduce() 方法

程序代码如下：

```
// 文件：example2-14.html
<!DOCTYPE html>
<html>
  <head>
    <meta charset="utf-8">
    <title>reduce()方法</title>
    <script>
      const str = 'jshdjsihh';
      const obj = str.split('').reduce((pre,item) => {
        pre[item] ? pre[item] ++ : pre[item] = 1
        return pre
        },{})                    // 此处{}表示初值是空对象
      console.log(obj)
    </script>
  </head>
  <body>
  </body>
</html>
```

扫一扫，看视频

2.5 字符串的扩展

2.5.1　模板字符串

1. 模板字符串的定义

通常在使用字符串输出时，如果其中有变量，则需要使用字符串拼接方法进行。例如：

```
myDisplay.innerHTML = "姓名："+name+"<br>";
```

这样的传统做法需要使用大量的双引号和加号进行拼接才能得到需要的模板，这种写法相当烦琐且不方便，ES6引入了模板字符串来解决这个问题。

模板字符串是增强版的字符串，用反引号（`）标识，既可以当作普通字符使用，也可以用来定义多行字符串，或者在字符串中嵌入变量。当引入变量时可以使用“${变量}”将变量括起来。上面的例子可以用模板字符串表示为：

```
myDisplay.innerHTML = `姓名：${name} <br>`;
```

由于反引号是模板字符串的标识，如果需要在字符串中使用反引号，就需要对其进行转义。例如：

```
var str = ` \`Yo\` World! `
```

2. 模板字符串的使用

如果使用模板字符串表示多行字符串，所有的空格和缩进都会被保存在输出中。例如：

```
console.log( `How old are you?
 I am 25.`);
```

输出结果将用两行显示。例如：

```
How old are you?
        I am 25.
```

另外在"${}"中的大括号里可以放入任意的JavaScript表达式，还可以进行运算及引用对象属性等。例如：

```
var x=88;
var y=100;
console.log(`x=${++x},y=${x+y}`);
```

输出结果是：

```
x=89,y=189
```

模板字符串还可以调用函数，如果函数的结果不是字符串，则将按照一般的规则转化为字符串。例如：

```
function string(){
return 25;
}
console.log( `How old are you?
I am ${string()}.`);
```

输入结果是：

```
How old are you?
        I am 25.
```

在这里，实际上数字25被转化成了字符串25。

2.5.2 ES6 字符串的新增方法

1. 查找方法

传统的JavaScript只有indexof()方法和lastindexof()方法，可以返回一个字符串是否包含在另一个字符串中，ES6中又提供了以下三个方法。

（1）includes(String,index)：返回布尔值。参数String表示需要查找的字符串，index表示从源字符串的什么位置开始查找。该方法表示从index位置往后查找是否包含String字符串，如果找到，则返回true；否则返回false。如果没有index参数，则表示查找整个源字符串。

（2）startsWith(String,index)：返回布尔值。表示参数字符串String是否在源字符串头部，index表示从源字符串的什么位置开始查找。

（3）endsWith(String,index)：返回布尔值。表示参数字符串String是否在源字符串尾部，index表示从源字符串后面的什么位置开始查找。

【例2-15】查找方法的应用

说明：在例2-15中根据用户输入的URL网址的头进行判断，如果网址的头是“http://”，则显示一般网址；如果网址的头是“https://”，则显示加密网址；如果文件名的后缀是“.txt”，则显示是文本文件；如果是“.jpg”，则显示是图片文件。其在浏览器中的运行结果如图2-15所示。

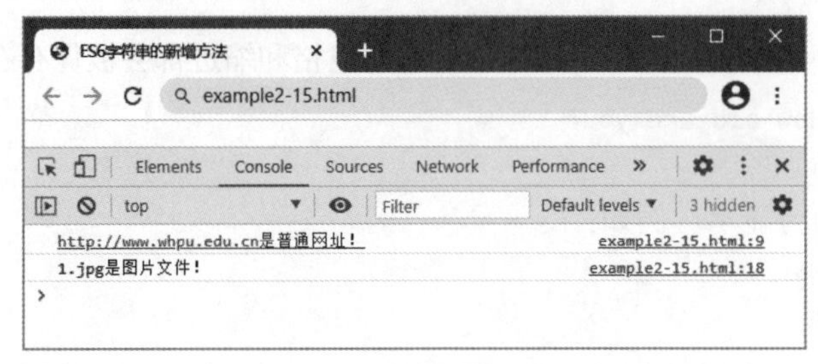

图2-15 查找方法

程序代码如下：

```
// 文件：example2-15.html
<!DOCTYPE html>
<html>
  <head>
    <meta charset="utf-8">
    <title>ES6字符的串新增方法</title>
    <script>
      let str='http://www.whpu.edu.cn';
      if(str.startsWith('http://')){
        console.log(str+'是普通网址！')
      }else if(str.startsWith('https://')){
        console.log(str+'是加密网址！')
      }
      let fileName="1.jpg"
      if(fileName.endsWith('.txt')){
        console.log(fileName+'是文本文件！')
      }else if(fileName.endsWith('.jpg')){
        console.log(fileName+'是图片文件！')
      }
    </script>
  </head>
  <body>
  </body>
</html>
```

扫一扫，看视频

2. 字符串重复方法

repeat()方法能将源字符串重复几次，并返回一个新的字符串。注意：如果输入的是小数，则会被向下取整；如果输入的是NaN，则会被当作0；如果输入其他的值，则会报错。例如：

```
let str="lb";
console.log(str.repeat(3));          // 控制台显示：lblblb
console.log(str.repeat(2.7));        // 控制台显示：lblb
console.log(str.repeat(0.8));        // 控制台无显示
console.log(str.repeat(NaN));        // 控制台无显示
```

3. 字符串补全方法

padStart()和padEnd()是字符串补全长度的方法，如果某个字符串不够指定长度，会在头部或尾部补全。这两个方法都有两个参数：第一个参数是补全后的字符串的最大长度；第二个参数是要补的字符串，返回的是补全后的字符串。

如果源字符串长度大于第一个参数，则返回源字符串；如果不写第二个参数，则用空格补全到指定长度。例如：

```
console.log('7'.padStart(2, '0'));         // 控制台显示：07，可用于日期时间的两位显示
console.log('7'.padEnd(2, '0'));           // 控制台显示：70
console.log('hello'.padStart(4, 'h'));     // 控制台显示：hello
console.log('hello'.padEnd(9, 'lb'));      // 控制台显示：hellolblb
console.log('hi'.padStart(5));             // 控制台显示：   hi
```

如果补全字符串与源字符串超出了补全之后的字符串长度，那么补全字符串超出的部分将会被截取。例如：

```
console.log('hello'.padEnd(9, 'world')); // 控制台显示：helloworl
```

2.6 Module的语法

2.6.1 Module 概述

在ES6之前，JavaScript语言一直没有模块（Module）体系，无法将一个大型程序分解成相互依赖的小文件，再用简单的方法进行拼接起来。其他语言都有这一功能，如Python中的import，甚至连CSS都有@import，但是JavaScript没有任何对这方面的支持，这对于开发大型、复杂的项目而言是巨大的障碍。

在ES6之前，社区指定了一些模块加载方案，最主要的有CommonJS和AMD两种。前者用于服务器；后者用于浏览器，ES6在语言规格的层面上实现了模块功能，而且实现得相当简单，完全可以取代现有的CommonJS和AMD规范，成为浏览器和服务器通用的模块解决方案。

ES6模块的设计思想是尽量静态化，静态化就是在静态分析阶段（词法分析、语法分析和语义分析等）时就能确定模块的依赖关系，以及输入和输出的变量。这种静态化的好处是可以在编译的时候就能优化，缺点是不能进行条件加载，所有的import、export语句都只能在代码顶层，不能在条件里，不能有变量，因为这时候还没有运行，变量和条件都无法计算出来，因此不能实现条件加载。

ES6模块不是对象，而是通过export命令显式指定输出的代码，再通过import命令输入。例如：

```
import { reactive, toRefs, computed } from 'vue'
```

该例是从Vue模块加载三个方法，其他方法不加载，这种加载称为"编译时加载"或静态加载，即ES6可以在编译时就能完成模块加载。

2.6.2 export 命令

模块功能主要由两个命令构成：export和import。其中，export命令用于规定模块的对外接口；import命令用于输入其他模块提供的功能。

一个模块就是一个独立的文件，该文件内部的所有变量从外部无法获取。如果希望外部能够读取模块内部的某个变量，就必须使用export命令输出该变量。例如：

```
export var m = 1;
```

使用大括号指定要输出的一组变量，与直接放置在var语句前是等价的，但是应该优先考虑使用大括号指定这种写法。因为这样就可以在脚本尾部看清楚输出了哪些变量。例如：

```
var m = 1;
export {m};
```

通常情况下，用export命令输出的变量就是本来的名字，但是可以使用as关键字重命名，也就是通常说的别名。export命令规定的是对外的接口，必须与模块内部的变量建立一一对应的关系。例如：

```
var n = 1;
export {n as m};        // 变量n的别名m
```

上面几种写法都是正确的，规定了对外的接口m。其他脚本可以通过这个接口，获取的m值为1。其实质就是在接口名与模块内部变量之间建立了一一对应的关系。

export命令可以出现在模块顶层的任何位置。如果处于块级作用域内，就会报错，这是因为处于条件代码块中就没法做静态优化，违背了 ES6 模块的设计初衷。

2.6.3 import 命令

使用export命令定义了模块的对外接口之后，其他JavaScript文件可以通过import命令加载这个模块。例如：

```
//main.js
import {firstName,lastName,year} from "./profile";

function setName(element) {
  element.textContent = firstName + " " + lastName;
}
```

import命令用于加载profile.js文件并从中导入变量。import命令接受一个对象（用大括号表示），其中指定要从其他模块导入的变量名，大括号中的变量名必须与被导入模块（profile.js）对外接口的名称相同。如果想为输入的变量重新取一个名字，import命令要使用as关键字将输入的变量重命名。例如：

```
import {lastName as surName} from "./profile";
```

import后面的from指定模块文件的位置，可以是相对路径，也可以是绝对路径，".js" 后缀可以省略；如果只是模块名不带有路径，那么必须有配置文件，告诉JavaScript引擎该模块的位置。例如：

```
import {myMethod} from 'util';
```

上面的代码中util是模块文件名，由于不带有路径，必须通过配置文件告诉JavaScript引擎该模块的位置。

由于import是静态执行，所以不能使用表达式和变量，这些是只有在运行时才能得到结果的语法结构。import命令会执行所加载的模块，但不会输入任何值，并且即使多次重复执行同一import语句，也仅会执行一次，而不会执行多次。例如：

```
import "lodash";
import 'lodash';
//只会执行一次
import { foo } from "my_module";
```

```
import { bar } from "my_module";
//等同于
import { foo, bar } from 'my_module';
```

2.6.4 export default 命令

从前面的例子可以看出，使用import命令时，用户需要知道所要加载的变量名或函数名，否则无法加载。但是，用户肯定希望快速上手，未必愿意了解模块有哪些属性和方法。

为了给用户提供方便，不用阅读文档就能加载模块，就要用到export default命令，为模块指定默认输出。例如，定义一个模块文件export-default.js，其默认输出是一个函数：

```
// export-default.js
export default function () {
  console.log('foo');
}
```

其他模块加载该模块时，import命令可以为该匿名函数指定任意名字。例如，引入模块文件export-default.js方法：

```
// import-default.js
import customName from './export-default';
customName();                    // 输出'foo'
```

上面代码中的import命令可以用任意名称指向export-default.js输出的方法，这时就不需要知道原模块输出的函数名。需要说明的是，此时import命令后面不使用大括号。

通过对export和export default命令的学习，可以看出使用export default命令时对应的import语句不需要使用大括号；而不使用export default命令时对应的import语句需要使用大括号。

export default命令用于指定模块的默认输出，一个模块只能有一个默认输出，因此export default命令只能使用一次。

2.7 JSON与Map

2.7.1 JSON 概述

JSON（JavaScript Object Notation，JavaScript 对象表示方法）是一种轻量级的数据交换格式，是基于 ECMAScript（欧洲计算机协会制定的JS规范）的一个子集，采用完全独立于编程语言的文本格式存储和表示数据。简洁和清晰的层次结构使JSON成为理想的数据交换语言，易于阅读和编写，同时也易于机器解析和生成，可以有效地提升网络传输效率。

JSON就是一个字符串，只不过元素会使用特定的符号标注。主要符号的含义说明如下。

- 大括号（{}）：表示对象。
- 中括号（[]）：表示数组。
- 双引号（""）：其中的值是属性或值。
- 冒号（:）：表示后者是前者的值（这个值可以是字符串、数字，也可以是另一个数组或对象）。

JSON语法的规则中把数据放在"键/值"对中，并且多个数据之间用逗号隔开。其中，对象用大括号括起来，并且由逗号分隔的成员构成；成员由冒号分隔的键值对组成。

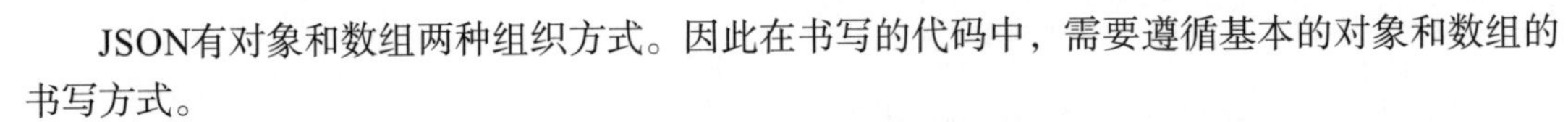

JSON有对象和数组两种组织方式。因此在书写的代码中，需要遵循基本的对象和数组的书写方式。

（1）数组方式。数组是由中括号括起来的一组值构成。例如：

```
[3, 1, 4, 1, 5, 9, 2, 6]
```

（2）对象方式。例如，定义一个学生对象student：

```
{
  "name": "Wang QIong",
  "age": 18,
  "address": {
    "country" : "China",
    "zip-code": "430022"
  }
}
```

JSON 是JavaScript对象的字符串表示法，在书写JSON数组或对象时应该注意以下几个问题：

（1）数组或对象中的字符串必须使用双引号，不能使用单引号。例如：

```
{'name' : 'WangQIong'}          // 不合法
{"name": 'WangQIong'}           // 不合法
{"name": "WangQIong"}           // 合法
```

（2）对象的成员名称必须使用双引号。例如：

```
{"user" : "LiuBing"}            //合法
```

（3）数组或对象最后一个成员的后面不能加逗号。例如：

```
[
  {
    "city" : "BeiJing",
    "num" : 5                   //合法
  },
  {
    "city" : "ShenZhen",
    "num" : 5,                  //不合法
   }
]
```

（4）数组或对象的每个成员的值可以是简单值，也可以是复合值。简单值分为4种：字符串、数值（必须以十进制表示）、布尔值和null（NaN、Infinity、-Infinity和undefined都会被转为null）。复合值分为两种：符合JSON格式的对象和符合JSON格式的数组。下面是几种错误的JSON定义：

```
{"age" : 0x16}                  // 不合法，数值必须是十进制的
{"city" : undefined}            // 使用undefined，不合法
{
   "city" : null,
   "getcity": function() {
      console.log("错误用法");
  }
}                               // JSON中不能使用自定义函数或系统内置函数，如Date()
```

2.7.2　JSON 的使用

简单地说，JSON可以将JavaScript对象中表示的一组数据转换为字符串，然后就可以在网络或程序之间轻松地传递这个字符串，并在需要时将其再还原为各编程语言所支持的数据格式。例如，在Ajax中使用时，如果需要用到数组传值，这时就需要用JSON将数组转化为字符串。获取JSON数据的语法格式如下：

```
JSON对象.键名
JSON对象["键名"]
数组对象[索引]
```

因为JSON使用JavaScript语法，所以在JavaScript 中可以直接处理JSON数据。例如，可以直接访问2.7.1小节中定义的student对象：

```
student.name                // 返回字符串"Wang QIong"
student.address.country     // 返回字符串"China"
```

也可以直接修改数据：

```
student.name="Liu Bing"
```

另外，要实现从JSON字符串转换为JavaScript对象可以使用JSON.parse()方法。其使用示例代码如下：

```
var obj = JSON.parse('{"a": "Hello", "b": "World"}');
                                    // 结果是 {a: 'Hello', b: 'World'}
```

要实现从JavaScript对象转换为JSON字符串可以使用 JSON.stringify() 方法：

```
var json = JSON.stringify({a: 'Hello', b: 'World'});
                                    // 结果是 '{"a": "Hello", "b": "World"}'
```

【例2-16】JSON数据操作

说明：在例2-16中对JSON对象和JSON数组进行遍历。其在浏览器中的运行结果如图2-16所示。

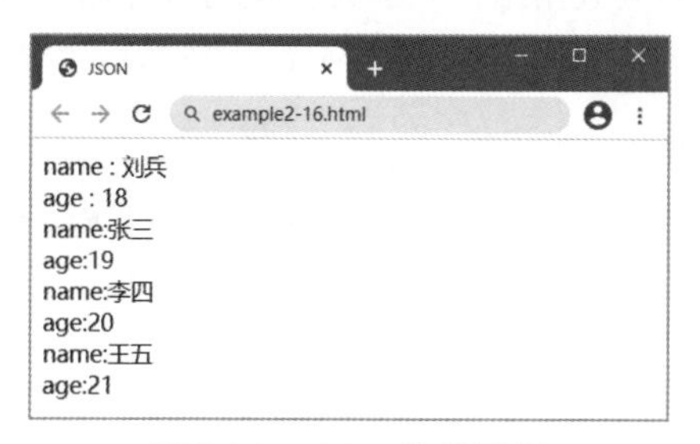

图 2-16　JSON 数据遍历

程序代码如下：

```
// 文件：example2-16.html
<!DOCTYPE html>
<html>
  <head>
    <meta charset="utf-8">
    <title>JSON</title>
    <script>
      //定义JSON对象
      var myJson = { 'name' : '刘兵' , 'age' : 18  };
```

```
        //遍历JSON对象
        for( var key in myJson ){
          document.write( key+' : '+myJson[key]+"<br>" );
        }
        //定义JSON数组，其成员是JSON对象
        var wqJson = [  {'name':'张三','age':19},
             {'name':'李四','age':20},
             {'name':'王五','age':21},
           ]
        //遍历JSON数组
        for(var i =0;i<wqJson.length;i++){
          for(var j in wqJson[i]){
            document.write(j+":"+wqJson[i][j]+"<br>")
          }
        }
      </script>
    </head>
    <body>
    </body>
  </html>
```

2.7.3 Map 数据结构

1. Map数据结构的特点

扫一扫，看视频

JavaScript中的Object本质上是键值对的集合，只能用字符串来做键，这给使用带来了极大的限制。为了解决这个问题，ES6提供了Map数据结构。其类似于Object，也是键值对的集合，但其“键”的范围不仅限于字符串，而是各种类型的值都可以做键。也就是说，Object提供了“字符串-值”的对应结构，Map则提供的是“值-值”的对应。是一种更加完善的Hash结构实现。如果需要使用“键值对”的数据结构，Map比Object更合适。

Map是ES6提供的一种字典数据结构。字典就是用来存储不重复键的Hash结构。不同于集合的是字典使用键值对的形式存储数据。创建Map及其设置方法所使用语句如下：

```
const myMap = new Map()                // 定义Map
myMap.set('age',18)                    // 通过set方法设置Map属性
console.log(myMap.get('age'))          // 通过get方法获取Map属性值，此处返回18
```

2. Map的常用属性和方法

（1）size属性。size属性用于返回 Map 结构的成员总数。例如：

```
const map = new Map();
map.set('foo', true);
map.set('bar', false);
map.size                               // 返回值是2
```

（2）set(key, value)方法。set()方法用于设置键名key对应的键值为value，然后返回整个Map结构。如果key已经有值，则键值会被更新，否则就新生成该键。例如：

```
const m = new Map();
m.set('edition', 6)                    // 键是字符串
m.set(262, 'standard')                 // 键是数值
m.set(undefined, 'nah')                // 键是 undefined
```

set()方法返回的是当前的Map对象，因此可以采用链式写法。例如：

```
let map = new Map().set(1, 'a').set(2, 'b').set(3, 'c')
```

（3）get(key)方法。get()方法用于读取key对应的键值，如果找不到key，则返回undefined。例如：

```
const m = new Map();
const hello = function() {console.log('hello');};
m.set(hello, ES6 world!')          // 键是函数
m.get(hello)                       // 输出：ES6 world!
```

（4）has(key)方法。has()方法返回一个布尔值，表示某个键是否在当前Map对象中。例如：

```
const m = new Map();
m.set('edition', 6);
m.set(262, 'standard');
m.set(undefined, 'nah');

m.has('edition')                   // 返回值：true
m.has('years')                     // 返回值：false
m.has(262)                         // 返回值：true
m.has(undefined)                   // 返回值：true
```

（5）delete(key)方法。delete()方法用于删除某个键，如果删除成功，则返回true；否则返回false。例如：

```
const m = new Map();
m.set(undefined, 'nah');
m.has(undefined)                   // 返回值：true

m.delete(undefined)
m.has(undefined)                   // 返回值：false
```

（6）clear()方法。clear()方法用于清除数据，没有返回值。例如：

```
let map = new Map();
map.set('foo', true);
map.set('bar', false);

map.size                           // 输出值：2
map.clear()
map.size                           // 输出值：0
```

（7）Map循环遍历。Map结构原生提供以下三个遍历器生成函数和一个遍历方法。

- keys()：返回键名的遍历器。
- values()：返回键值的遍历器。
- entries()：返回所有成员的遍历器。
- forEach()：遍历Map的所有成员。

例如：

```
let map2 = new Map([[1, 'one'], [2, 'two'], [3, 'three']]);
[...map2.keys()];     // 返回：[1, 2, 3]
[...map2.values()];   // 返回：['one', 'two', 'three']
[...map2.entries()];  // 返回：[[1, 'one'], [2, 'two'], [3, 'three']]
// 遍历输出
//       1:one
```

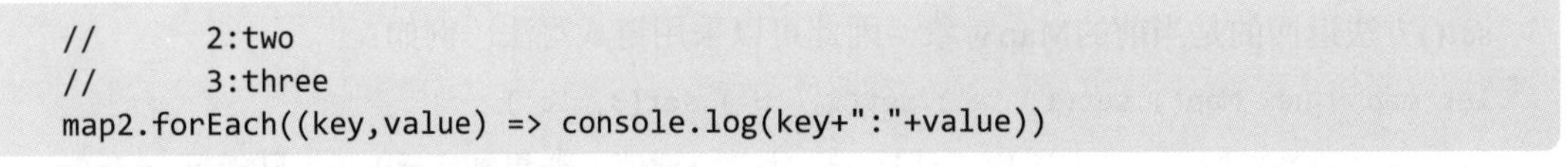

```
//      2:two
//      3:three
map2.forEach((key,value) => console.log(key+":"+value))
```

3. Map与JSON相互转换

可以使用以下函数将Map结构转换为JSON格式：

```
function mapToJson(map) {
  return JSON.stringify([...map]);
}
```

可以使用以下函数将JSON格式转换为Map结构：

```
function jsonToMap(jsonStr) {
  return new Map(JSON.parse(jsonStr));
}
```

2.8 Promise对象

2.8.1 Promise 对象的含义

Promise是异步编程的一种解决方案，从语法上说，Promise 是一个对象，可以获取异步操作的消息。Promise 对象用于一个异步操作的最终完成（或失败）及其结果值的表示。简单点说就是用于处理异步操作的，如果异步处理成功了，就执行成功的操作；如果异步处理失败了，就捕获错误或停止后续操作。

Promise的一般表示形式为：

```
new Promise(
    /* executor */
    function(resolve, reject) {
        if (条件) {          // 条件为真
                             // …执行代码
            resolve();
        } else {             // 条件为假
                             // …执行代码
            reject();
        }
    }
)
```

其中，参数executor是一个用于实现异步操作的执行器函数，其有两个参数：resolve函数和reject函数。如果异步操作成功，则调用resolve函数将该实例的状态设置为fulfilled，即已完成的状态；如果失败，则调用reject函数将该实例的状态设置为rejected，即失败的状态。

Promise对象有三种状态，具体如下。

（1）pending：初始状态，也称为未定状态，就是初始化Promise时，调用executor执行器函数后的状态。

（2）fulfilled：完成状态，意味着异步操作成功。

（3）rejected：失败状态，意味着异步操作失败。

Promise对象只有两种状态可以转化，具体如下。

（1）操作成功：将pending状态转化为fulfilled状态。

（2）操作失败：将pending 状态转化为rejected状态。

并且这个状态转化是单向的且不可逆转的，已经确定的状态（fulfilled/rejected）无法转回初始状态（pending）。

2.8.2 Promise 对象的方法

1. Promise.prototype.then()

Promise对象含有then()方法，调用then()方法后返回一个Promise对象，意味着实例化后的Promise对象可以进行链式调用，而且这个then()方法可以接收两个函数：一个是处理成功后的函数；另一个是处理错误结果的函数。例如：

```
var promise1 = new Promise(function(resolve, reject) {
  // 2秒后置为接收完成状态
  setTimeout(function() {
    resolve('success');                  // 转为完成状态，并传入数据success
  }, 2000);
});

promise1.then(function(data) {
  console.log(data);                     // 异步操作成功，调用第一个回调函数
}, function(err) {
  console.log(err);                      // 异步操作失败，调用第二个回调函数
}).then(function(data) {
  // 上一步的then()方法没有返回值
  console.log('链式调用：' + data);      // 链式调用：undefined
}).then(function(data) {
  // ....
});
```

2. Promise.prototype.catch()

catch()方法和then()方法一样，都会返回一个新的Promise对象，主要用于捕获异步操作时出现的异常。因此通常省略then()方法的第二个参数，把错误处理控制权转交给其后面的catch()方法。例如：

```
var promise2 = new Promise(function(resolve, reject) {
  setTimeout(function() {                // 2秒后置为拒绝状态
    reject('reject');
  }, 2000);
});

Promise2.then(function(data) {
  console.log('这里是fulfilled状态');   // 已转为拒绝状态，接收状态函数不会触发
  // ...
}).catch(function(err) {
  // 使用最后的catch()方法可以捕获在这一条Promise链上的异常
  console.log('出错：' + err);          // err中的数据是reject，输出结果为出错：reject
});
```

2.9 本章小结

学习Vue 3.0之前必须要有一定的HTML、CSS和JavaScript基础，但Vue 3.0的很多语句都采用ES6语法，如果不学好ES6语法知识，就会对Vue 3.0后续学习造成障碍。本章重点讲解学习Vue 3.0要用到的一些ES6语法知识，包括ES6基础、变量的解构与赋值、箭头函数、新增的数组方法、字符串的扩展、Module语法、JSON与Map、Promise对象。在本章中结合一些实用的案例让读者理解这些语法知识，为本书的后续学习打下一个良好的基础。

2.10 习题二

一、选择题

1. 在数组的解构赋值中，var [a,b,c] = [1,2]结果中a、b、c的值分别是________。

   A. 1、2、null　　B. 1、2、undefined　　C. 1、2、2　　D. 抛出异常

2. 在对象的解构赋值中，var {a,b,c} = {'c':10, 'b':9, 'a':8 } 结果中的a、b、c的值分别是________。

   A. 10、9、8　　B. 8、9、10

   C. undefined、9、undefined　　D. null、9、null

3. 关于模板字符串，下列说法不正确的是________。

   A. 使用反引号标识

   B. 插入变量的时候使用${ }

   C. 所有的空格和缩进都会被保留在输出中

   D. ${ }中的表达式不能是函数的调用

4. 数组扩展的fill( )函数，[1,2,3].fill(4)的结果是________。

   A. [4]　　B. [1,2,3,4]　　C. [4,1,2,3]　　D. [4,4,4]

5. 在数组的扩展中，不属于数组遍历的函数是________。

   A. keys( )　　B. entries( )　　C. values( )　　D. find( )

6. 关于箭头函数的描述，下列说法错误的是________。

   A. 使用箭头符号“=>”定义

   B. 参数超过1个，需要用小括号“( )”括起来

   C. 函数体语句超过1句，需要用大括号“{ }”括起来，用return语句返回

   D. 函数体内的 this 对象，绑定使用时所在的对象

7. 关于Map结构的介绍，下列说法错误的是________。

   A. 是键值对的集合　　B. 创建实例需要使用new关键字

   C. Map结构的键名必须是引用类型　　D. Map结构是可遍历的

8. 想要获取Map实例对象的成员数，利用的属性是________。

   A. size　　B. length　　C. sum　　D. Members

9. 关于关键字const，下列说法错误的是________。

   A. 用于声明常量，声明后不可修改　　B. 不会发生变量提升现象

   C. 不能重复声明同一个变量　　D. 可以先声明，不赋值

二、简答题

1. 写出下面程序的执行结果。

```
let arr = [1,2,3,4];
var arr2 = [];
for(let i of arr){
    arr2.push(i*i);
}
console.log(arr2);
```

2. 使用模板字符串改写下面代码的最后一句。

```
let iam  = "我是";
let name = "lb";
let str = "大家好，" + iam + name + "，多指教。";
```

3. 用对象的简洁表示法改写下面的代码。

```
let name = "tom";
let obj = {
  "name":name,
  "say":function(){
      alert('hello world');
  }
};
```

4. 用箭头函数的形式改写下面的代码。

```
arr.forEach(
  function (v,i) {
    console.log(i);
    console.log(v);});
  }
}
```

5. 定义以下数组：

```
let arr = [1, 2, 2, 3, 4, 5, 5, 6, 7, 7, 8, 8, 0, 8, 6, 3, 4, 56, 2]
```

实现数组去重的完整程序。

6. 简述箭头函数和普通函数的区别。

7. 简述箭头函数的简化规则。

8. 写出下面程序的输出结果。

```
let jsonData = {
  id: 42,
  status: "OK",
  data: [867, 5309]
};
let { id, status, data: number } = jsonData;
console.log(id, status, number);
```

9. 下面定义一个数组：

```
const list = [
    {id:3, name:"张三丰"},
    {id:5, name:"张无忌"},
    {id:13, name:"杨逍"},
    {id:33, name:"殷天正"},
    {id:12, name:"赵敏"},
    {id:97, name:"周芷若"},
```

```
]
```

编写程序实现以下要求：

(1)找到所有姓“杨”的人。

(2)找到所有包含“天”字的人。

(3)找到“周芷若”的id。

10. 下面程序的运行结果是什么?

```
const headAndTail = (head, …tail) => [head, tail];
headAndTail(6, 2, 3, 4, 5)
```

10. 下面程序的运行结果是什么?

```
var a=[1, 4, -5, 10].find((n) => n < 0);
var b=[1, 5, 10, 15].find(function(value, index, arr) {
  return value > 9;
})
var c=[1, 5, 10, 15].findIndex(function(value, index, arr) {
  return value > 9;
})
console.log(a);
console.log(b);
console.log(c);
```

2.11 实验二　猜数游戏

一、实验目的

了解和掌握ES6的语法规则；熟练掌握ES6语言的流程控制语句、过程控制和函数的语法及具体的使用方法。

二、实验内容

实现猜数游戏。

三、实验要求

随机给出一个0～99（包括0和99）的数字，然后让用户在规定的次数内猜出是什么数字。当用户随便猜一个数字输入后，游戏会提示该数字太大或太小，然后缩小结果范围，最终得出正确结果。界面设计如实验图2-1所示。

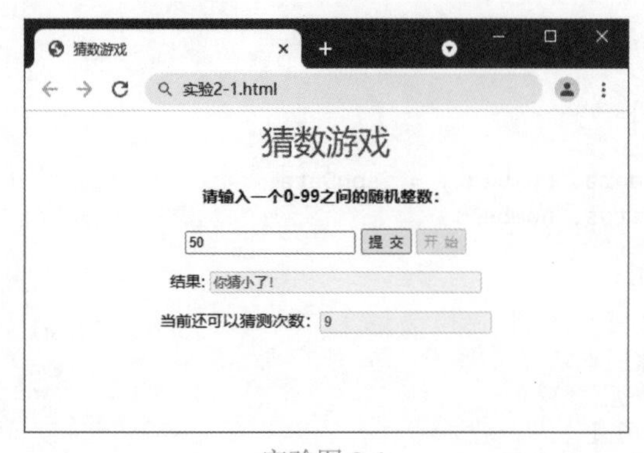

实验图 2-1

2 学习 Vue 3.0 基础 掌握初步能力

第 3 章

Vue 的常用指令

学习目标

本章主要讲解 Vue 框架的基础知识，重点阐述 Vue 文本插值、Vue 的常用指令、事件处理方法、表单输入绑定等。通过本章的学习，读者应该掌握以下主要内容：

- Vue 的文本插值。
- Vue 的常用指令。
- Vue 的事件处理。
- 表单的输入绑定。

思维导图（用手机扫描右边的二维码可以查看详细内容）

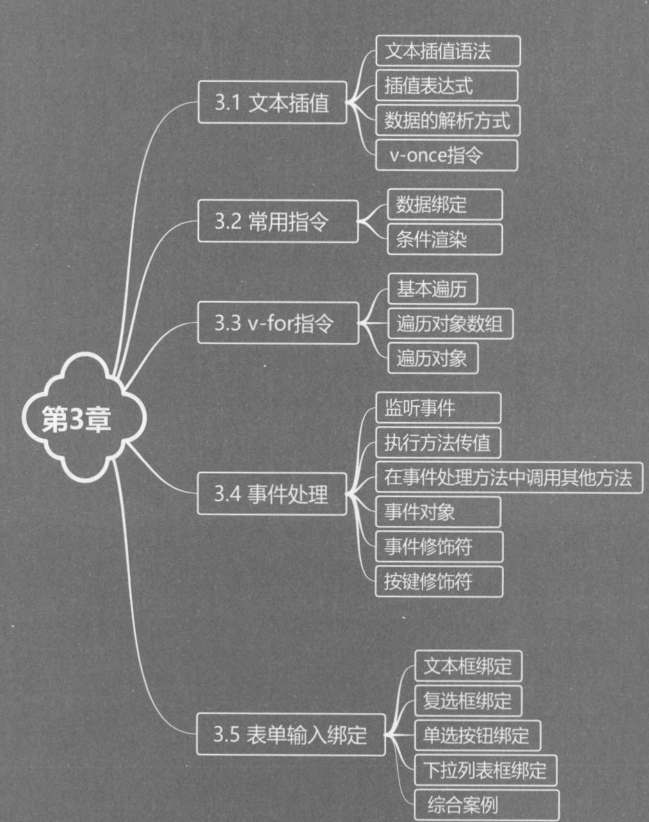

3.1 文本插值

数据绑定就是将页面的数据和视图关联起来，当数据发生变化时，视图可以自动更新。

3.1.1 文本插值语法

数据绑定最常见的形式就是使用Mustache语法（双大括号）的文本插值，其基本语法格式如下：

```
{{ 插值表达式 }}
```

文本插值将会被替代为对应数据对象上的值。当绑定数据对象上的值发生改变时，插值处的内容都会被更新。

在1.4.6小节components/HelloWorld.vue组件的视图层中就是利用“{{ }}”输出数据对象值，使用的语句如下：

```
<div class="hello">
  <h1>{{ msg }}</h1>
</div>
```

双大括号内的msg会被相应的数据对象，也就是在Vue的setup函数内定义的msg属性值替换，当msg值发生变化时，文本值会随着msg值的变化而自动更新视图。

【例3-1】文本插值表达式的使用

说明：如果响应式数据改变，则其插值在对应视图中的数据也随之改变。在例3-1中定义一个读取时钟变量，每秒钟读取一次，视图中就实时显示当前时间。其在浏览器中的运行结果如图3-1所示。

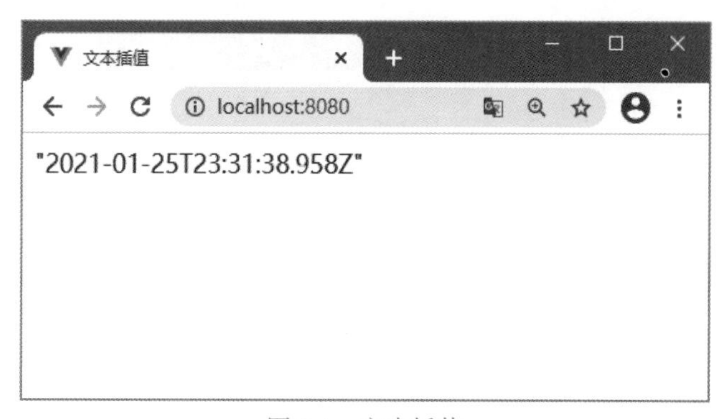

图 3-1　文本插值

程序代码如下：

```
// 文件：example3-1.vue
<template>
  <div>
    {{timeMsg}}
  </div>
</template>

<script>
```

```
import { reactive, toRefs, onMounted } from 'vue'
export default {
  setup() {
    const state = reactive({      // reactive响应式
      timeMsg: new Date(),        // 读取当前时间
    })
    onMounted(() => {             // 生命周期函数，网页加载后执行该函数
      setInterval(function(){     // 定时每秒钟读取时钟一次，改变数据
        state.timeMsg = new Date();
      },1000);
    })
    return {
      ...toRefs(state),
    }
  }
}
</script>
```

在例3-1的reactive中定义数据timeMsg的初值是当前日期和时间；在onMounted生命周期函数中定义的是每秒钟修改一次数据timeMsg的值，即利用JavaScript中的setInterval()方法设置自动每秒钟读取一次当前的日期和时间来修改数据timeMsg的值，对应的插值文本在视图中会跟随渲染。

3.1.2　插值表达式

插值表达式支持匿名变量、三目运算符、四则运算、比较运算符、数值类型的一些内置方法，另外，还支持数组的索引取值方法和对象的属性。

【例3-2】插值表达式的应用

说明：在例3-2中实现插值表达式的各种应用。其在浏览器中的运行结果如图3-2所示。

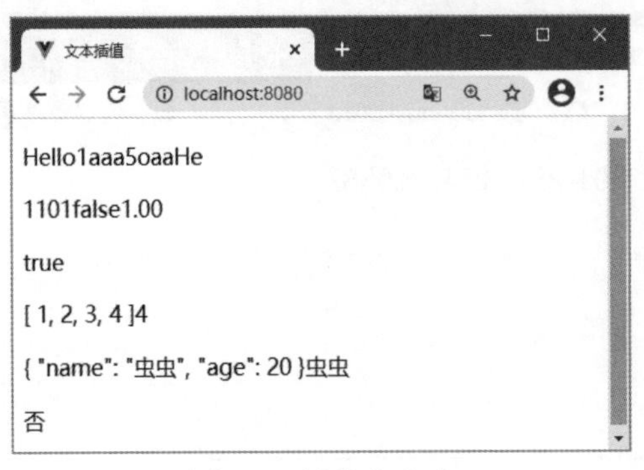

图3-2　插值表达式

程序代码如下：

```
// 文件：example3-2.vue
<template>
   <!-- 字符串 -->
    <p>{{ str }}                <!--页面展示：字符串-->
    {{ num + 'aaa'}}            <!--页面展示：1aaa-->
    {{ str.length }}            <!--页面展示：3-->
    {{ str.split('ll').reverse().join('aa') }} </p>
    <!-- 数值 -->
```

扫一扫，看视频

```
    <p>{{ num }}                <!--页面展示：1-->
    {{ num+num1 }}              <!--页面展示：101-->
    {{ num > num1 }}            <!--页面展示：false-->
    {{ num.toFixed(2) }}</p>    <!--页面展示：1.00-->
    <!-- boolean -->
    <p>{{ flag }}</p>           <!--页面展示：true-->
    <!-- 数组 -->
    <p>{{ arr }}                <!--页面展示：[1,2,3,4]-->
    {{ arr[3] }}</p>            <!--页面展示：4-->
    <!-- 对象 -->
    <p>{{ obj }} <!--页面展示：{ "name": "虫虫", "age": 20 }-->
    {{ obj.name }}</p>          <!--页面展示：虫虫-->
    <!-- 三目运算符 -->
    <p>{{ num > num1 ? "是" : "否" }}</p> <!--页面展示：否-->
</template>

<script>
import { reactive, toRefs } from 'vue'

export default {
  setup () {
    const state = reactive({
        str: 'Hello',
        num: 1,
        num1:100,
        flag: true,
        arr: [1,2,3,4],
        obj:{
          name:'虫虫',
          age:20
        }
     })
    return {
      ...toRefs(state),
    }
  }
}
</script>
```

说明：{{str.split('ll').reverse().join('aa') }}是先执行split()方法，将Hello字符串用串ll进行分割，分割成两个字符串He和o，然后执行reverse()方法完成字符串数组的颠倒操作，变成o和He，再执行join()方法插入aa字符串，最后得到的结果为oaaHe。

3.1.3　数据的解析方式

如果要将HTML程序代码以文字形式原样输出，可以使用插值符号（双大括号）或v-text指令实现，如果希望浏览器解析HTML程序代码后再输出，就要使用v-html指令。换句话说，v-html指令会将元素当成HTML标签解析后输出，而v-text指令会将元素当成纯文本输出。

【例3-3】数据的解析方式

说明：在例3-3中定义了一个HTML语句的字符串，分别使用插值、v-html和v-text输出该字符串。其在浏览器中的运行结果如图3-3所示。

图3-3　数据的解析方式

程序代码如下：

```
// 文件：example3-3.vue
<template>
  <!-- {{ }}或v-text不能解析HTML元素，只会原样输出 -->
  <p>{{hello}}</p>
  <p v-text = 'hello'></p>
  <!-- v-html指令将解析HTML元素 -->
  <p v-html = 'hello'></p>
</template>

<script>
import { reactive, toRefs } from 'vue'

export default {
  setup () {
    const state = reactive({
       hello: '<h1>hello world</h1>'
     })

    return {
      ...toRefs(state),
    }
  }
}
</script>
```

扫一扫，看视频

3.1.4　v-once指令

v-once指令用于执行一次性的插值，当数据改变时，插值处的内容不会更新，用v-once指令定义的元素或组件只会渲染一次，首次渲染后不再随着数据的改变而重新渲染。也就是说，使用v-once指令的标签元素将被视为静态内容。

【例3-4】v-once指令的用法

说明：在例3-4中当用户修改input输入框的值时，使用了v-once指令的第一个<p>标记元素不会随之改变，而第二个<p>标记元素可以随之改变。其在浏览器中运行结果如图3-4所示。

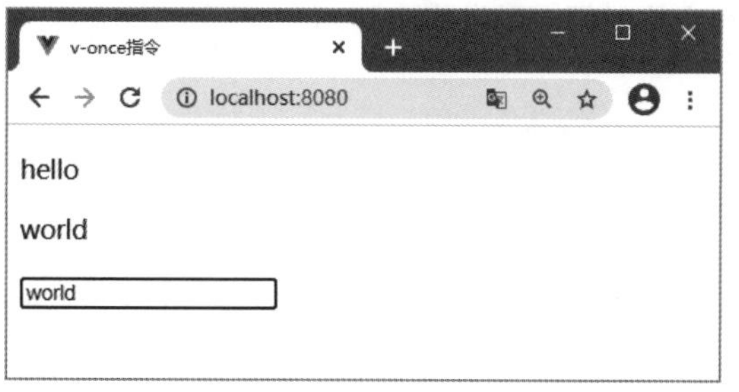

图 3-4 v-once 指令

程序代码如下：

```
// 文件：example3-4.vue
<template>
  <p v-once>{{msg}}</p>             <!--本行msg值不会改变-->
  <p>{{msg}}</p>                    <!--本行msg值会随之改变-->
  <p>
    <input type="text" v-model = "msg" name="">
    </p>
</template>

<script>
import { reactive, toRefs } from 'vue'

export default {
  setup () {
    const state = reactive({
      msg: 'hello'
    })

    return {
      ...toRefs(state)
    }
  }
}
</script>
```

扫一扫，看视频

v-mode指令是将DOM元素与响应式数据msg绑定，用户在input输入框中输入数据，就会传给msg数据变量，文本插值将重新渲染msg变量，显示用户输入的数据。但带有v-once指令的插值仅能在第一次打开网页时进行渲染，今后不管如何改变msg变量都不会重新渲染，图3-4是在文本框中输入world值，第一个<p>标记元素不跟着改变，还是初值Hello；第二个<p>标记元素已经变成了world。

3.2 常用指令

所谓指令，是在模板中出现的特殊标记，根据这些标记让Vue框架知道需要对这里的DOM元素进行哪些操作。例如：

```
<p v-text="message"></p>
```

其中，v是Vue的前缀；text是指令ID；message是表达式。message作为ViewModel，当其值发生改变时就触发指令text，重新计算标签的textContent(innerText)。这里的表达式可以使用内联方式，在任何依赖属性变化时都会触发指令更新。

3.3.1 数据绑定

1. 绑定属性

v-bind是Vue提供的、用于绑定HTML属性的指令，可以被绑定的HTML属性包括id、class、src、title和style等。这些可以被绑定的属性以“名称/值”对的形式出现，如id="first"。其完整语法如下：

```
<标记 v-bind:属性="值"></标记>
```

v-bind指令可以缩写成一个冒号，其语法如下：

```
<标记 :属性="值"></标记>
```

【例3-5】v-bind指令的用法

说明：在例3-5中定义了一个<a>标签，其href属性值通过v-bind指令从定义的数据中获取。其在浏览器中的运行结果如图3-5所示。

图 3-5 v-bind 指令

程序代码如下：

```
// 文件：example3-5.vue
<template>
  <div>
    <a v-bind:href="path">武汉轻工大学</a>
  </div>
</template>

<script>
import { reactive, toRefs } from 'vue'

export default {
  setup() {
    const state = reactive({
      path: 'http://www.whpu.edu.cn/'
    })

    return {
      ...toRefs(state)
    }
  }
}
</script>
```

扫一扫，看视频

例3-5中的<a v-bind:href="path">可以直接换成 <a :href="path">的简写形式。

2. 绑定样式类

使用v-bind指令绑定样式类class属性，并给该属性赋值对象，可以动态地切换class样式类。其语法格式如下：

```
<div v-bind:class="{ active: isActive }"></div>
```

上面语法表示的含义是active样式类存在与否将取决于响应式数据isActive的取值，如果该值是 true，则active类存在。

此外，v-bind:class 指令也可以与普通的class属性共存，这两种属性共存的代码如下：

```
<div class="error" v-bind:class="{ 'active': isActive }">
</div>
```

在Vue中定义响应式数据如下：

```
  isActive: true,
```

渲染结果为：

```
<div class="static active"></div>
```

当isActive变化时，class列表将相应地更新。

3. 通过数组绑定多个样式类

可以把一个数组传给v-bind:class，即应用一个class列表。其代码如下：

```
<div v-bind:class="[activeClass, errorClass]"></div>
```

在Vue中定义响应式数据如下：

```
      activeClass: 'active',
      errorClass: 'error'
```

渲染结果为：

```
<div class="active error"></div>
```

4. 通过三目运算绑定样式类

如果想根据条件切换列表中的class样式类，则可以使用三目运算符。其代码如下：

```
  <div :class="[flag?activeClass:errorClass]"></div>
```

上面这条语句根据flag值来确定增加哪一个样式类，如果flag值为真，则添加 activeClass；如果flag值为假，则添加errorClass。

【例3-6】样式类绑定的用法

说明：在例3-6中使用CSS定义active和error两个样式类，分别使用上述几种方法进行样式类绑定。其在浏览器中的运行结果如图3-6所示。

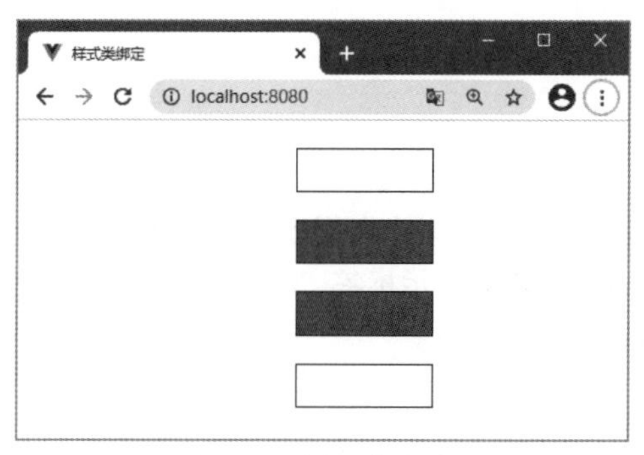

图 3-6　样式类绑定

程序代码如下：

```
// 文件：example3-6.vue
<template>
  <div :class="{'active':isActive,'error':hasError}"></div>
  <div class="error" :class="{'active':isActive}"></div>
  <div :class="[activeClass,errorClass]"></div>
  <div :class="[flag?activeClass:errorClass]"></div>
</template>

<script>
import { reactive, toRefs } from 'vue'

export default {
  setup () {
    const state = reactive({
      flag: true,
      isActive: true,
      hasError: false,
      activeClass: 'active',
      errorClass: 'error'
    })

    return {
      ...toRefs(state)
    }
  }
}
</script>

<style  scoped>
.active{
  margin-left: 200px;
  margin-top: 20px;
  height: 30px;
  width:100px;
  border: 1px solid black;
}
.error{
 background-color: grey;
}
</style>
```

扫一扫，看视频

3.2.2 条件渲染

1. v-if

v-if 指令用于条件性地渲染内容，只会在指令的表达式返回为true时进行渲染内容。例如，下面语句是当数据flag为true时，才会显示标签<h1></h1>之间的内容。其代码如下：

```
<h1 v-if="flag">Now you see me</h1>
```

2. v-else

使用v-else指令表示v-if的“else 块”。例如，下面语句是当数据flag为false值时，显示第二个<h1></h1>标签之间的内容。其代码如下：

```
<h1 v-if="flag">Now you see me</h1>
<h1 v-else>Now you don't</h1>
```

另外，v-else元素必须紧跟在带v-if或v-else-if的元素的后面，否则将不会被识别。

3. v-else-if

v-else-if是充当v-if的“else-if 块”，可以连续使用。v-else-if也必须紧跟在带v-if或v-else-if的元素之后。

```
<div v-if="type === 'A'">
  A
</div>
<div v-else-if="type === 'B'">
  B
</div>
<div v-else-if="type === 'C'">
  C
</div>
<div v-else>
  Not A/B/C
</div>
```

【例3-7】条件渲染的用法

说明：在例3-7中定义了<h2>标签，定义v-if指令根据生成的随机数是否大于0.5来确定是否显示该<h2>标签，<template>标签根据ok数据值是否为true来确定是否显示。其在浏览器中的运行结果如图3-7所示。

图 3-7　条件渲染

程序代码如下：

```
// 文件：example3-7.vue
<template>
  <h2 v-if="Math.random() > 0.5">随机数大于0.5</h2>
  <h2 v-else>随机数小于等于0.5</h2>
  <template v-if="ok">
    <h1>Vue</h1>
    <p>有条件渲染</p>
  </template>
</template>

<script>
import { reactive, toRefs } from 'vue'
```

```
export default {
  setup () {
    const state = reactive({
      ok: true
    })

    return {
      ...toRefs(state)
    }
  }
}
</script>

<style scoped>
  h2 {
    color: red;
  }
</style>
```

v-show的用法与v-if基本一致，只不过v-show是改变元素的CSS属性display。当v-show表达式的值为false时，元素会隐藏，使用内联样式“display:none”。

3.3 v-for指令

在3.2节中学习了在Vue中如何通过v-if和v-show指令根据条件渲染所需要的DOM元素或模板。在实际的项目中，很多时候会碰到将JSON数据中的数组或对象渲染出列表的样式呈现，在Vue中通过v-for指令来实现。

3.3.1 基本遍历

v-for指令根据一组数组的选项列表进行渲染，其指令使用语法格式如下：

```
v-for="item in list"
```

其中，item是当前正在遍历的元素对象；in是固定语法；list是被遍历的数组。另一种遍历数组的方法是增加索引值，其使用语句如下：

```
v-for="(item,index) in list"  :key="index"
```

其中，item、in、list含义同上；index是遍历数组的索引值。为了给Vue一个提示，以便能跟踪每个节点，从而重用和重新排序现有元素，需要为每项提供一个唯一key属性。

【例3-8】v-for指令的基本遍历

说明：例3-8在Vue中定义了list字符串数组，在页面中使用v-for指令对list进行遍历。用插值表达式来展示当前遍历的对象，并且为每一个元素对象定义了序号，把结果渲染到一个table表格中。其在浏览器中的运行结果如图3-8所示。

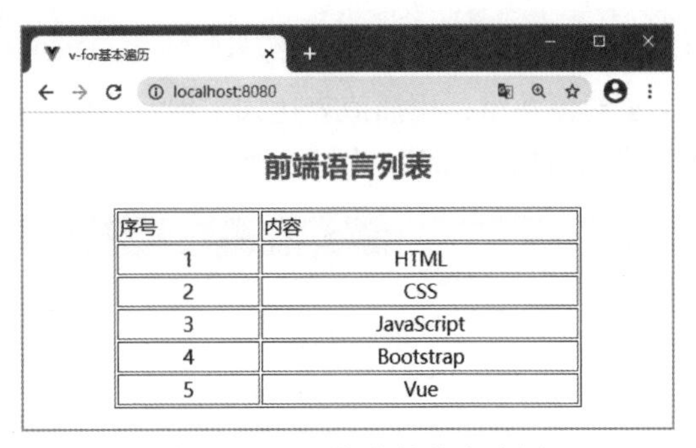

图 3-8　v-for 指令的基本遍历

程序代码如下：

```
// 文件：example3-8.vue
<template>
  <table border="1" align="center" width="400px">
    <caption><h2>前端语言列表</h2></caption>
    <tr>
      <td>序号</td>
      <td>内容</td>
    </tr>
    <tr align="center" v-for="(item,index) in list" :key="index">
      <td>{{index+1}}</td>
      <td>{{item}}</td>
    </tr>
  </table>
</template>

<script>
import { reactive, toRefs } from 'vue'

export default {
  setup () {
    const state = reactive({
      list: ['HTML', 'CSS', 'JavaScript', 'Bootstrap', 'Vue']
    })

    return {
      ...toRefs(state)
    }
  }
}
</script>
<style scoped>
  h2{
    color:red;
  }
</style>
```

扫一扫，看视频

3.3.2　遍历对象数组

遍历对象数组与遍历普通数组的方式相同，只不过访问的数据略有不同。

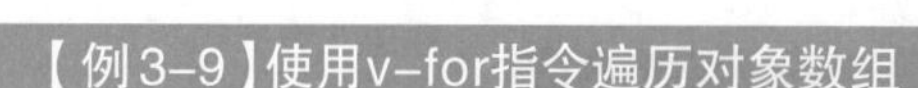

【例3-9】使用v-for指令遍历对象数组

说明：在例3-9中定义了对象数组，用插值表达式来展示当前遍历的对象，把结果渲染到一个table表格中。其在浏览器中的运行结果如图3-9所示。

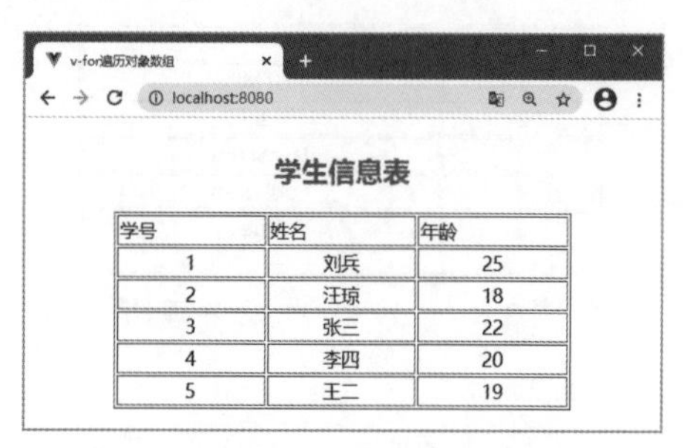

图 3-9　使用 v-for 指令遍历对象数组

程序代码如下：

```
// 文件：example3-9.vue
<template>
<table border="1" align="center" width="400px">
  <caption>
    <h2>学生信息表</h2>
  </caption>
  <tr>
    <td>学号</td>
    <td>姓名</td>
    <td>年龄</td>
  </tr>
  <tr align="center" v-for="(user,index) in listObj" :key="index">
    <td>{{user.id}}</td>
    <td>{{user.name}}</td>
    <td>{{user.age}}</td>
  </tr>
</table>
</template>

<script>
import { reactive, toRefs } from 'vue'

export default {
  setup () {
    const state = reactive({
      listObj: [
        { id: 1, name: '刘兵', age: 25 },
        { id: 2, name: '汪琼', age: 18 },
        { id: 3, name: '张三', age: 22 },
        { id: 4, name: '李四', age: 20 },
        { id: 5, name: '王二', age: 19 }
      ]
    })
    return {
      ...toRefs(state)
    }
  }
}
</script>
```

扫一扫，看视频

```
<style scoped>
  h2{
    color:red;
  }
</style>
```

3.3.3 遍历对象

遍历对象使用的语法格式如下：

```
v-for="(value,key,index) in Object"  :key="index"
```

其中，Object是对象；in是固定语法；key是对象的键；value是对象的键值；index是索引值。

【例3-10】使用v-for指令遍历对象

说明：例3-10在Vue对象的setup函数中定义了对象，用插值表达式来展示当前遍历的对象并把结果渲染到网页中。其在浏览器中的运行结果如图3-10所示。

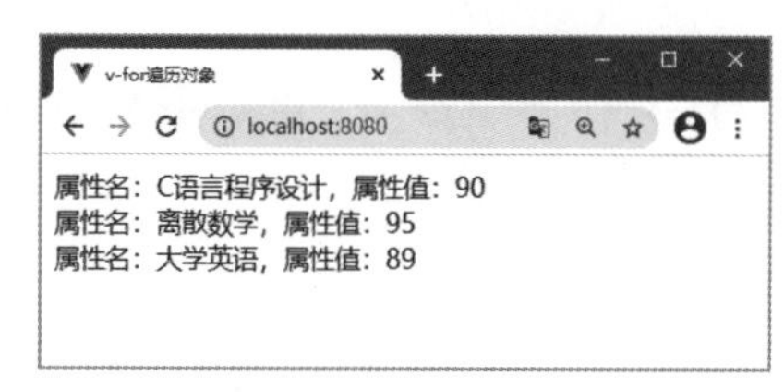

图 3-10　使用 v-for 指令遍历对象

程序代码如下：

```
// 文件：example3-10.vue
<template>
  <span v-for="(value,key,index) in mark" :key="index">
   属性名：{{key}}，属性值：{{value}}<br>
  </span>
</template>

<script>
import { reactive, toRefs } from 'vue'

export default {
  setup() {
    const state = reactive({
      mark: {
        C语言程序设计：90,
        离散数学：95,
        大学英语：89
      }
    })

    return {
      ...toRefs(state)
    }
  }
}
</script>
```

扫一扫，看视频

3.4 事件处理

3.4.1 监听事件

在Vue中，使用 v-on 指令（通常缩写为 @ 符号）监听DOM事件，并在触发事件时执行事件处理函数。Vue在HTML文档元素中采用v-on指令监听DOM事件。其代码示例如下：

```
<button v-on:click="handleClick">测试</button>
```

或者简写为以下形式：

```
<button @click="handleClick">测试</button>
```

下面示例中将一个按钮的单击事件click绑定到handleClick()方法，该方法在Vue中进行定义。其定义的代码示例如下：

```
export default {
  setup () {
    const handleClick = () => {        // 此处用箭头函数实现单击处理方法
        //事件处理语句
    }

    return {
      handleClick                      // 把单击事件处理方法暴露给模板使用
    }
  }
}
```

【例3-11】单击事件绑定

说明：例3-11在网页中定义一个数字和两个按钮，当用户单击"+"按钮时，数字加1，当用户单击"-"按钮时，数字减1。其在浏览器中的运行结果如图3-11所示。

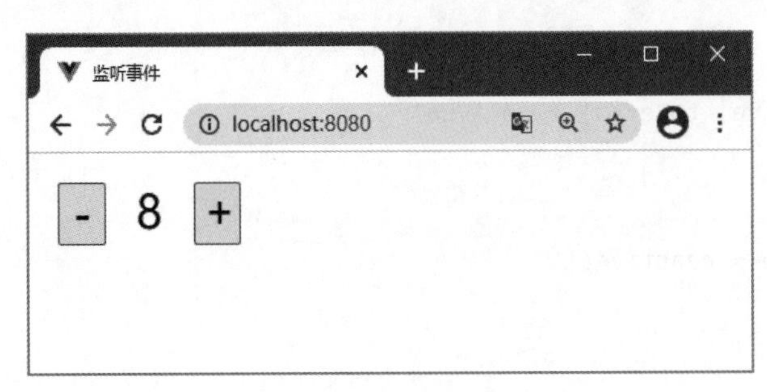

图 3-11　事件绑定

程序代码如下：

```
// 文件：example3-11.vue
<template>
  <button @click="sub">-</button>
  <span>{{ counter }}</span>
  <button @click="add">+</button>
</template>
```

```
<script>
import { reactive, toRefs } from 'vue'

export default {
  setup () {
    const state = reactive({
      counter: 1
    })
    const add = () => {              // 定义“+”按钮的单击事件处理方法
      state.counter++
    }
    const sub = () => {              // 定义“-”按钮的单击事件处理方法
      state.counter--
    }
    return {
     ...toRefs(state),
     add,                            // 暴露给模板，以便在模板中可以使用
     sub
    }
  }
}
</script>

<style scoped>
  button,span {
    width: 30px;
    font-size: 28px;
    margin: 10px;
  }
</style>
```

3.4.2 执行方法传值

在调用事件处理方法时，还可以向事件处理方法传递参数。

【例3-12】事件处理方法的参数

说明：在例3-12中定义了一个按钮，当单击这个按钮调用事件处理方法时传递参数，把该参数的值写入msg并渲染到视图。其在浏览器中的运行结果如图3-12所示。

图3-12　单击按钮前后页面显示的效果

程序代码如下：

```
// 文件：example3-12.vue
<template>
   <span>{{ msg }}</span><br />
   <button @click="setMsg('world!')">修改msg的值</button>
```

```
</template>

<script>
import { reactive, toRefs } from 'vue'

export default {
  setup () {
    const state = reactive({
      msg: 'hello'
    })
    const setMsg = (data) => {
      state.msg = data
    }

    return {
      ...toRefs(state),
      setMsg
    }
  }
}
</script>
<style scoped>
  span {
    font-size: 28px;
  }
</style>
```

3.4.3 在事件处理方法中调用其他方法

在事件处理方法中还可以调用其他方法。

【例3-13】在事件处理方法中调用其他方法

说明：在例3-13中定义了一个按钮，当单击这个按钮调用事件处理方法时调用getMsg方法，在该方法中弹出警告框。其在浏览器中的运行结果如图3-13所示。

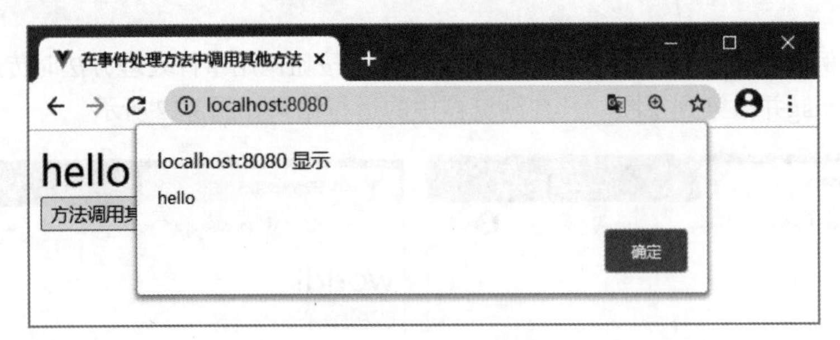

图3-13 在事件处理方法中调用其他方法

程序代码如下：

```
// 文件：example3-13.vue
<template>
    <span>{{ msg }}</span><br />
    <button @click="run">在事件处理方法中调用其他方法</button>
</template>

<script>
```

```
import { reactive, toRefs } from 'vue'

export default {
  setup () {
    const state = reactive({
      msg: 'hello'
    })

    const getMsg = () => {
      alert(state.msg)
    }
    const run = () => {
      getMsg()
    }
    return {
      ...toRefs(state),
      run
    }
  }
}
</script>
<style scoped>
  span {
    font-size: 28px;
  }
</style>
```

3.4.4 事件对象

事件对象必须使用“$event”名称作为实参，当事件的处理函数有多个参数时，事件对象“$event”必须放在所有参数的最后，通过“$event”可以访问原生DOM节点。

【例3-14】事件对象的使用

说明：在例3-14中定义了按钮单击事件方法，并改变按钮的相关属性和页面渲染的部分内容。其在浏览器中的运行结果如图3-14所示。

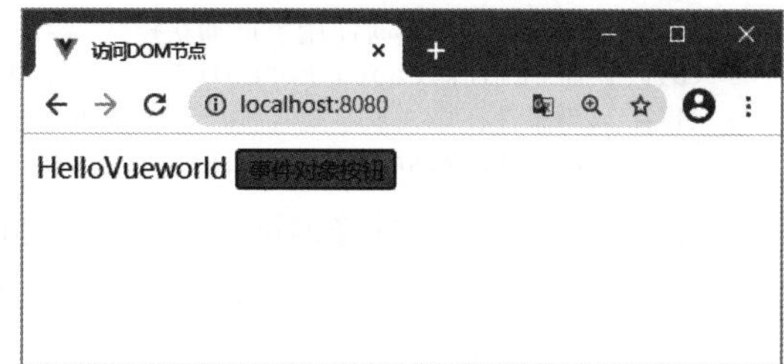

图3-14 单击“事件对象按钮”按钮前后的页面对比

程序代码如下：

```
// 文件：example3-14.vue
<template>
  {{ msg }}
  <button data-aid="world" @click="handleClick('Vue',$event)">
    事件对象按钮
  </button>
```

```
</template>

<script>
import { reactive, toRefs } from 'vue'

export default {
  setup () {
    const state = reactive({
      msg: 'Hello'
    })
    const handleClick = (argp, e) => {
      state.msg = state.msg + argp + e.srcElement.dataset.aid
      e.srcElement.style.background = 'red'
    }
    return {
      ...toRefs(state),
      handleClick
    }
  }
}
</script>
```

3.4.5 事件修饰符

Vue.js为v-on提供了事件修饰符来处理DOM事件细节，通过点(.)表示的指令后缀来调用修饰符。在事件处理器上，Vue.js为v-on提供了4个事件修饰符，即“.stop”“.prevent”“.capture”“.self ”，以使JavaScript代码负责处理纯粹的数据逻辑，而不用处理这些DOM事件的细节。其使用的示例代码如下：

```
<!-- 阻止单击事件冒泡 -->
<a v-on:click.stop="doThis"></a>
<!-- 提交事件不再重载页面 -->
<form v-on:submit.prevent="onSubmit"></form>
<!-- 修饰符可以串联  -->
<a v-on:click.stop.prevent="doThat"></a>
<!-- 只有修饰符 -->
<form v-on:submit.prevent></form>
<!-- 添加事件侦听器时使用事件捕获模式 -->
<div v-on:click.capture="doThis">...</div>
<!-- 只当事件在该元素本身（而不是子元素）触发时触发回调 -->
<div v-on:click.self="doThat">...</div>
```

在使用方式上，事件修饰符可以串联。代码示例如下：

```
<a v-on:click.stop.prevent="doThis"></a>
```

【例3-15】事件修饰符的使用

说明：在例3-15中通过事件对象与事件修饰符来阻止默认行为。在浏览器中的运行结果如图3-15所示。

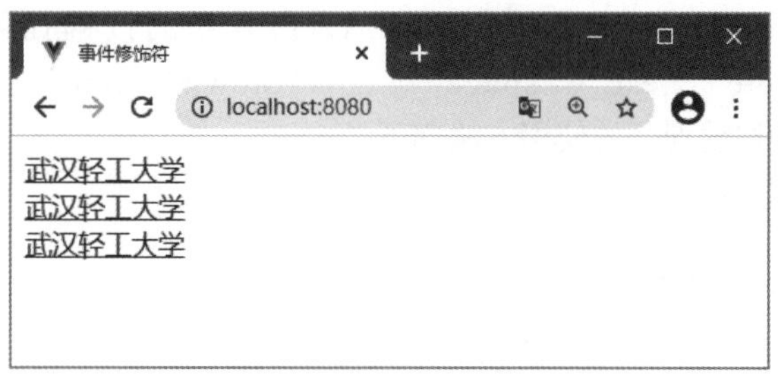

图 3-15　事件修饰符

程序代码如下：

```
// 文件：example3-15.vue
<template>
  <a href="http://www.whpu.edu.cn" target='_blank'>
    武汉轻工大学
  </a><br>
  <a href="http://www.whpu.edu.cn" target='_blank' @click="handleClick( $event )">
    武汉轻工大学
  </a><br>
  <a href="http://www.whpu.edu.cn" target='_blank' @click.prevent="handleClick1()">
    武汉轻工大学
  </a><br>
</template>

<script>
  import { reactive, toRefs } from 'vue'
  export default {
    setup () {
      const state = reactive({

      })
      const handleClick = (e) => {
        e.preventDefault()
      }
      const handleClick1 = () => {

      }
      return {
        ...toRefs(state),
        handleClick,
        handleClick1
        }
    }
  }
</script>
```

扫一扫，看视频

例3-15中仅有第一个链接可以访问，后面两个链接都被事件修饰符“.prevent”阻止。

3.4.6　按键修饰符

Vue.js允许为v-on在监听键盘事件时添加按键修饰符。例如：

```
<!-- 只有在 keyCode 是 13 时调用 vm.submit() -->
<input v-on:keyup.13="submit">
```

记住所有的keyCode比较困难，所以Vue.js为最常用的按键提供了别名，主要包括“.enter”“.tab”“.delete”“.esc”“.space”“.up”“.down”“.left”“.right”“.ctrl”“.alt”“.shift”“.meta”，这些按键别名的使用方法如下：

```
<input v-on:keyup.enter="submit">
<!-- 简写语法 -->
<input @keyup.enter="submit">
```

【例3-16】按键修饰符的使用

说明：在例3-16中使用两种方法统计在一个文本框中按回车键的次数。其在浏览器中的运行结果如图3-16所示。

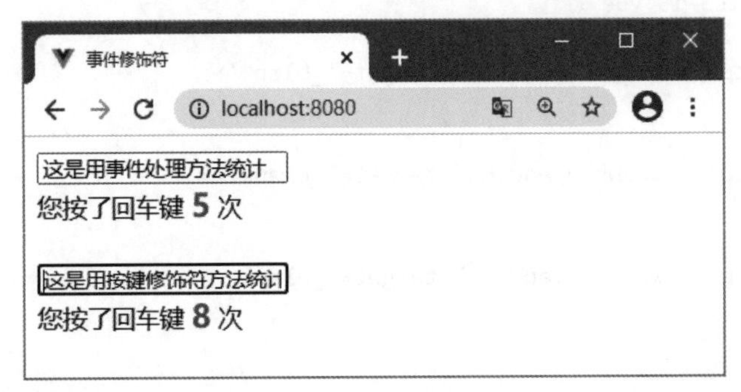

图3-16　按键修饰符

程序代码如下：

扫一扫，看视频

```
// 文件：example3-16.vue
<template>
  <div>
    <input type="text" @keyup="handleKeyup($event)"><br>
    <span v-if="count>0">您按了回车键<span>{{count}}</span>次</span>
    <br><br>
    <input type="text" @keyup.enter="handleKeyup1()"><br>
    <span v-if="number>0">您按了回车键<span>{{number}}</span>次</span>

  </div>
</template>

<script>
import { reactive, toRefs } from 'vue'

export default {
  setup () {
    const state = reactive({
      count: 0,
      number: 0
    })
    const handleKeyup = (e) => {
      if (e.keyCode === 13) {
        state.count++
      }
    }
    const handleKeyup1 = () => {
      state.number++
    }
```

```
    return {
      ...toRefs(state),
      handleKeyup,
      handleKeyup1
    }
  }
}
</script>

<style scoped>
span span{
  font-size: 20px;
  color:red;
  font-weight: 900;
  margin: 5px;
}
</style>
```

3.5 表单输入绑定

Vue.js中经常使用<input>和<textarea>表单元素，Vue.js对于这些元素的数据绑定和以前经常用的jQuery有所区别。Vue.js使用v-model实现这些标签数据的双向绑定，会根据控件类型自动选取正确的方法来更新元素。v-model本质上是一个语法糖(指计算机语言中添加的某种语法，这种语法对语言的功能并没有影响，但是更方便程序员使用)。例如：

```
<input v-model="test">
```

该语句本质上的含义如下：

```
<input :value="test" @input="test = $event.target.value">
```

其中，@input是对<input>输入事件的监听；":value="test""是将监听事件中的数据放入到input。在这里需要强调一点，v-model不仅可以给input赋值，还可以获取input中的数据，而且数据的获取是实时的，因为语法糖中是用@input对输入框进行监听的。例如，在<div>标记中加入"<p>{{ test}}</p>"以获取input数据，然后去修改input中的数据，<p></p>中的数据随之发生变化。v-model是在单向数据绑定的基础上，增加监听用户的输入事件并更新数据的功能。

可以使用 v-model 指令在表单 <input>、<textarea> 及 <select> 元素上创建双向数据绑定，其根据控件类型自动选取正确的方法来更新元素，同时也负责监听用户的输入事件以更新数据，并对一些极端场景进行一些特殊处理。

需要说明的是，v-model 指令会忽略所有表单元素的value、checked、selected属性的初始值而总是将当前活动实例的数据作为数据来源，所以应该通过JavaScript在组件的响应式设置中声明初始值。

v-model在内部为不同的输入元素使用不同的属性并抛出不同的事件。

- text和textarea元素使用value属性和input事件。
- checkbox和radio使用checked属性和change事件。
- select字段将value作为prop并将change作为事件。

3.5.1 文本框绑定

文本框双向数据绑定是指使用JavaScript命令改变数据的值时会在页面中自动重新渲染内容，改变文本框的内容也会自动修改所绑定的数据。

【例3-17】文本框绑定的方法

说明：在例3-17中使用文本框和多行文本框进行数据双向绑定。其在浏览器中的运行结果如图3-17所示。

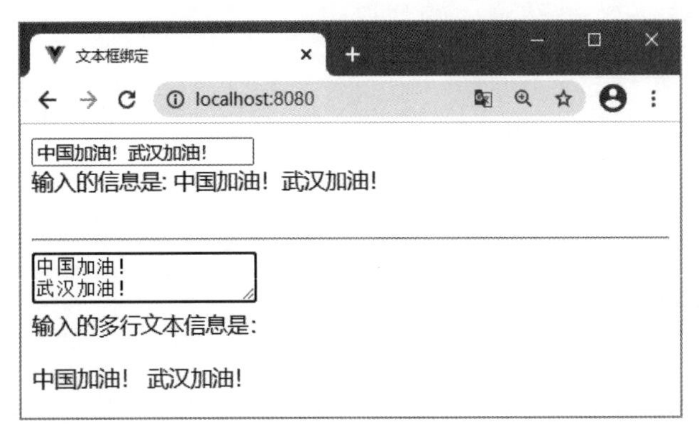

图3-17 文本框绑定

程序代码如下：

```
// 文件：example3-17.vue
<template>
  <input v-model="message" placeholder="输入信息" /><br />
  <span>输入的信息是：{{ message }}</span>
  <br /><br />
  <hr />
  <textarea v-model="mulMsg" placeholder="add multiple lines"></textarea>
  <br />
  <span>输入的多行文本信息是：</span>
  <p>{{ mulMsg }}</p>
</template>

<script>
import { reactive, toRefs } from 'vue'

export default {
  setup () {
    const state = reactive({
      message: '',
      mulMsg: ''
    })

    return {
      ...toRefs(state)
    }
  }
}
</script>
```

扫一扫，看视频

3.5.2 复选框绑定

使用数组数据进行复选框绑定。

【例3-18】复选框绑定的方法

说明：例3-18就是实现复选框绑定的实例。其在浏览器中的运行结果如图3-18所示。

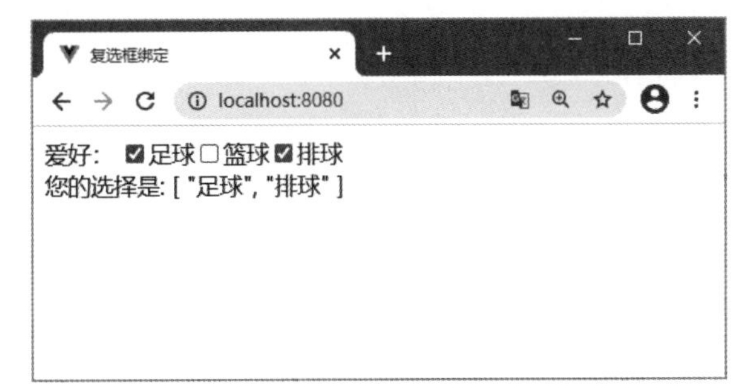

图3-18 复选框绑定

程序代码如下：

```
// 文件：example3-18.vue
<template>
  爱好：
  <input type="checkbox" id="football" value="足球" v-model="checkedNames" />
  <label for="football">足球</label>
  <input type="checkbox" id="basketball" value="篮球" v-model="checkedNames" />
  <label for="basketball">篮球</label>
  <input type="checkbox" id="volleyball" value="排球" v-model="checkedNames" />
  <label for="volleyball">排球</label>

  <br />
  <span>您的选择是：{{ checkedNames }}</span>
</template>

<script>
import { reactive, toRefs } from 'vue'

export default {
  setup () {
    const state = reactive({
      checkedNames: []
    })

    return {
      ...toRefs(state)
    }
  }
}
</script>
```

扫一扫，看视频

3.5.3 单选按钮绑定

使用字符串数据进行单选按钮绑定。

【例3-19】单选按钮绑定的方法

说明：例3-19就是实现单选按钮绑定的实例。其在浏览器中的运行结果如图3-19所示。

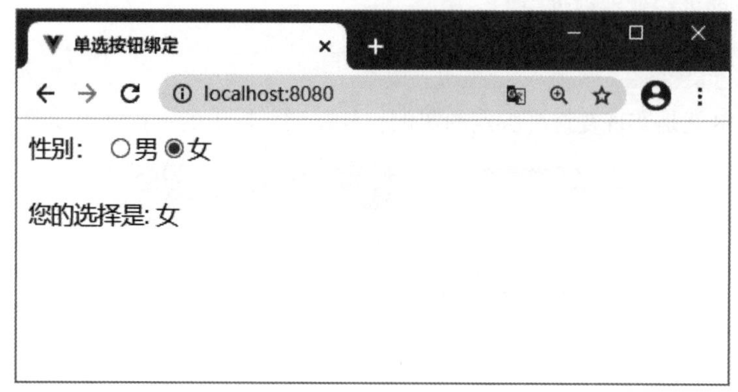

图3-19 单选按钮绑定

程序代码如下：

```
// 文件：example3-19.vue
<template>
  性别：
  <input type="radio" id="one" value="男" v-model="picked" />
  <label for="one">男</label>
  <input type="radio" id="two" value="女" v-model="picked" />
  <label for="two">女</label>
  <br /><br />
  <span>您的选择是： {{ picked }}</span>
</template>

<script>
import { reactive, toRefs } from 'vue'

export default {
  setup () {
    const state = reactive({
      picked: ''
    })

    return {
      ...toRefs(state)
    }
  }
}
</script>
```

扫一扫，看视频

3.5.4 下拉列表框绑定

使用字符串数据进行下拉列表框绑定。

【例3-20】下拉列表框绑定的方法

说明：例3-20就是实现下拉列表框绑定的实例。其在浏览器中的运行结果如图3-20所示。

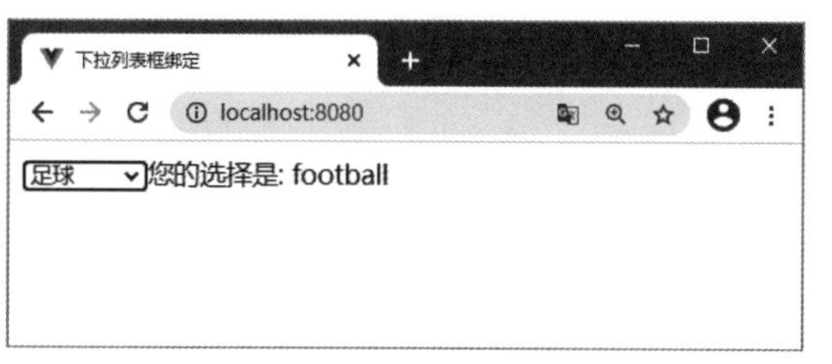

图 3-20　下拉列表框绑定

程序代码如下：

```
// 文件：example3-20.vue
<template>
  <select v-model="selected" >
    <option disabled value="">请选择：</option>
    <option value="football">足球</option>
    <option value="basketball">篮球</option>
    <option value="valleyball">排球</option>
    <option value="badminton">羽毛球</option>
  </select>
  <span>您的选择是：{{ selected }}</span>
</template>
<script>
import { reactive, toRefs } from 'vue'

export default {
  setup () {
    const state = reactive({
      selected: 'badminton'
    })

    return {
      ...toRefs(state)
    }
  }
}
</script>
```

扫一扫，看视频

3.5.5　综合案例

【例3-21】表单绑定综合案例——制作注册表单

说明：例3-21是利用v-model在表单元素上创建双向数据绑定，制作注册表单。该例中使用了文本框、下拉列表框、复选框、单选按钮等。其在浏览器中的运行结果如图3-21所示。

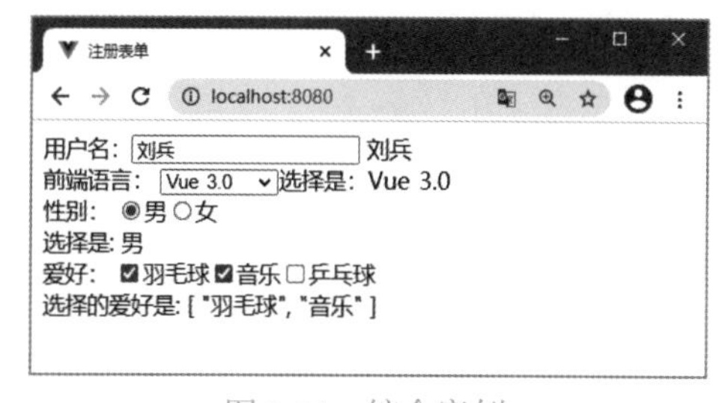

图 3-21　综合案例

程序代码如下：

扫一扫，看视频

```
// 文件：example3-21.vue
<template>
  <div id="app">
    <!--文本框-->
    用户名：<input v-model="test" /> {{ test }}<br />
    <!--下拉列表框-->
    前端语言：
    <select v-model="selected">
      <option value="HTML">HTML</option>
      <option value="CSS">CSS</option>
      <option value="JavaScript">JavaScript</option>
      <option value="jQuery">jQuery</option>
      <option value="Vue 3.0">Vue 3.0</option>
    </select>
    <span>选择是：{{ selected }}</span
    ><br />
    <!--单选按钮-->
    性别：
    <input type="radio" id="boy" value="男" v-model="picked" />
    <label for="boy">男</label>
    <input type="radio" id="girl" value="女" v-model="picked" />
    <label for="girl">女</label>
    <br />
    <span>选择是: {{ picked }}</span>
    <br />
    <!--复选框-->爱好：
    <input type="checkbox" id="one" value="羽毛球" v-model="checkedNames" />
    <label for="one">羽毛球</label>
    <input type="checkbox" id="two" value="音乐" v-model="checkedNames" />
    <label for="two">音乐</label>
    <input type="checkbox" id="three" value="乒乓球" v-model="checkedNames" />
    <label for="three">乒乓球</label>
    <br />
    <span>选择的爱好是: {{ checkedNames }}</span>
  </div>
</template>
<script>
import { reactive, toRefs } from "vue";

export default {
  setup() {
    const state = reactive({
      test: "lb",
      selected: "Vue 3.0",
      picked: "女",
      checkedNames: ["音乐", "乒乓球"],
    });

    return {
      ...toRefs(state),
    };
  },
};
</script>
```

v-model指令后面还可以跟以下三种参数。

（1）number：将用户的输入自动转换为Number类型（如果原值的转换结果为NaN，则返回原值）。

（2）lazy：在默认情况下，v-model在input事件中同步输入框的值和数据，可以添加一个lazy特性，从而将数据改到change事件中发生，也就是离开文本框后数据发生改变才改变绑定在文本上的数据。

（3）debounce：设置一个最小的延时，在每次输入之后延时同步输入框的值与数据，如果每次更新都要进行高耗操作（例如，在input中输入内容时随时发送Ajax请求），那么这个参数较为有用。

3.6 本章小结

本章详细讲解了Vue.js的数据驱动，重点说明如何进行单向和双向数据绑定，同时也说明了如何绑定属性、如何进行样式类的绑定，以及如何进行表单各种元素的数据绑定。另外还说明了一些常用的指令，包括v-text、v-html、v-once、v-if、v-else、v-for、v-bind、v-model、v-on等。其中，v-for指令的几种遍历方法、如何使用v-if指令进行内容渲染、用v-on指令绑定JavaScript事件方法的实现步骤，特别是事件绑定中修饰符的处理方法，读者都应该多加练习。

3.7 习题三

一、选择题

1. 文本插值是数据绑定的最基本形式，使用________符号进行。

   A. [ ]　　B. { }　　C. {{ }}　　D. < >

2. v-bind指令是Vue.js提供的用于绑定________的指令。

   A. HTML标记　　B. HTML属性　　C. CSS属性　　D. CSS标记

3. v-if 指令用于条件性地渲染内容，内容只会在指令的表达式返回________值时被渲染。

   A. 0　　B. 1　　C. true　　D. false

4. Vue.js在HTML文档元素中采用________指令监听DOM事件。

   A. v-if　　B. v-for　　C. v-on　　D. v-bind

5. 以下代码在页面中的输出结果为________。

```
<template>
  {{ message.split('').reverse().join('') }}
</template>
<script>
import {  ref } from 'vue'
export default {
  setup () {
    const message =ref('hello')
    return {
      message
```

```
      }
    }
  }
</script>
```

A. hello　　　　B. hel　　　　C. olleh　　　　D. llo

二、简答题

1. 说明插值表达式支持的几种运算方法。
2. 写出v-for指令的三种遍历方法所使用的语句。
3. v-model是什么？怎么使用？ Vue.js中的标签怎么绑定事件？
4. 说明至少4种Vue.js中的指令及其的用法。
5. 请说明v-if和v-show的区别。

三、程序分析

1. 说明下面程序代码的执行结果。

```
<template>
  <form action="" style="margin: 20px;">
    <p @click="tag" :style="{ width: w, height: h, backgroundColor: bgc }"></p>
    <input type="button" value="红" @click="tag('red')" />
    <input type="button" value="黄" @click="tag('yellow')" />
    <input type="button" value="蓝" @click="tag('blue')" />
  </form>
</template>

<script>
import { reactive, toRefs } from "vue";

export default {
  setup() {
    const state = reactive({
      h: "200px",
      w: "200px",
      bgc: "red",
    });
    const tag = (b) => (state.bgc = b);
    return {
      ...toRefs(state),
      tag,
    };
  },
};
</script>
```

2. 说明下面程序代码的执行结果。

```
<template>
  <form action="#" style="margin: 20px;">
    <p @click="tag" :style="{ width: w, height: h, backgroundColor: bgc }"></p>
  </form>
</template>

<script>
import { reactive, toRefs } from "vue";
```

```
export default {
  setup() {
    const state = reactive({
      h: "200px",
      w: "200px",
      bgc: "cyan",
    });
    let num = 0;
    const tag = () => {

      num += 1;
      if (num == 1) {
        state.bgc = "pink";
      } else {
        if (num == 2) {
          state.bgc = "green";
        } else {
          state.bgc = "cyan";
          num = 0;
        }
      }
    }
    return {
      ...toRefs(state),
      tag,
    }
  }
}
</script>
```

3. 说明下面程序代码的执行结果。

```
<template>
  <ul>
    <li v-for="(val, key, index) in dict" :key="index">
      {{ index }}--{{ val.name }}
    </li>
  </ul>
  <br />
  <ul>
    <li v-for="(val, index) in list" :key="index">
      <span v-if="val.age < 30">{{ index }}--{{ val.name }}</span>
    </li>
  </ul>
</template>

<script>
import { reactive, toRefs } from "vue";

export default {
  setup() {
    const state = reactive({
      dict: {
        1: {
          name: "Tom",
          age: 18,
        },
```

```
        2: {
          name: "Lily",
          age: 28,
        },
        3: {
          name: "张三",
          age: 30,
        },
      },
      list: [
        {
          name: "Tom",
          age: 18,
        },
        {
          name: "Lily",
          age: 28,
        },
        {
          name: "张三",
          age: 30,
        },
      ],
    });

    return {
      ...toRefs(state),
    };
  },
};
</script>
```

四、程序设计

设计程序实现如下功能：

```
<div class="pre">内容为：XX</div>
<div class="after">反转后内容为：XX</div>
<div class="total">反转前内容为XX，反转后内容为xx</div>
```

（1）用data给页面初始内容赋值“你好，欢迎学习vue”。

（2）用方法实现字符串反转，显示结果为“euv 习学迎欢，好你”。

（3）用方法给div都加上相同的颜色，原来有的class要保留。

（4）用v-bind给第二个div再加一个字体为20px。

3.8 实验三　Vue 3.0基础

一、实验目的及要求

1. 掌握用Vue-cli脚手架编写的程序的结构。
2. 掌握Vue.js 3.0的几种常用指令。
3. 掌握Vue.js 3.0事件触发函数的应用。

二、实验要求

使用Vue.js 3.0实现如实验图3-1所示的简易记事本。要求如下：

（1）用户在实验图3-1的文本框中输入需要记事的内容，然后按Enter键把输入的内容加入记事本中。

（2）单击某一条记录后面的“删除”按钮可以删除对应记录。

（3）在记事内容的最下方可以显示共有多少记事条数。

（4）在记事内容的最下方单击“清除所有记录”按钮，可以清除所有记事条，并隐藏最下方的条数和“清除所有记录”按钮，如实验图3-2所示。

实验图 3-1

实验图 3-2

第 4 章

计算属性与侦听属性

学习目标

本章主要讲解 Vue.js 框架的计算属性和侦听属性，重点阐述计算属性的主要作用和用法，同时对侦听属性进行了说明。通过本章的学习，读者应该掌握以下主要内容：

- 计算属性的用法。
- 计算属性与方法的区别。
- 侦听属性的用法。
- 计算属性与侦听属性的适用场合。

思维导图（用手机扫描右边的二维码可以查看详细内容）

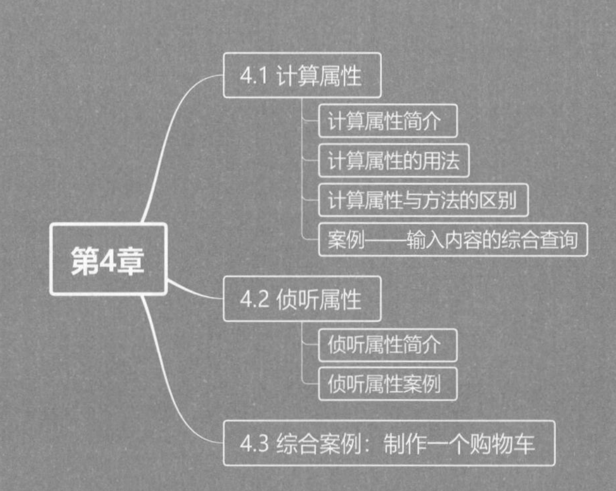

4.1 计算属性

4.1.1 计算属性简介

首先通过例4-1来说明计算属性，实现的任务是把一个字符串倒序。

【例4-1】使用通常方法实现字符串倒序

说明：在例4-1中使用通常方法实现字符串倒序。其在浏览器中的运行结果如图4-1所示。

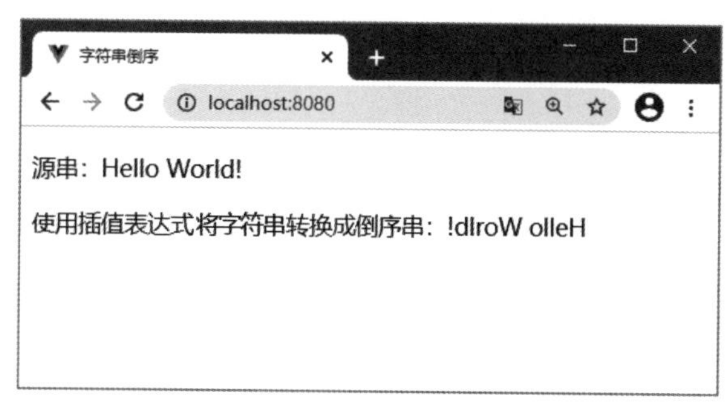

图 4-1　字符串倒序

程序代码如下：

```
// 文件：example4-1.vue
<template>
  <p>源串：{{ msg }}</p>
  <p>使用插值表达式将字符串转换成倒序串：{{ msg.split('').reverse().join('') }}</p>
</template>

<script>
import { reactive, toRefs } from 'vue'

export default {
  setup () {
    const state = reactive({
      msg: 'Hello World!'
    })
    return {
      ...toRefs(state)
    }
  }
}
</script>
```

扫一扫，看视频

从图4-1可以看出，在插值表达式中使用字符串方法把字符串Hello World进行了倒序显示。在该例的代码中，如果插值表达式中的代码过长或逻辑较为复杂，就会变得难以理解，不便于代码维护。当遇到较为复杂的逻辑时官方不推荐使用插值表达式，而是使用计算属性把逻辑复杂的代码进行分离。

【例4-2】使用计算属性实现字符串倒序

说明：在例4-2中使用计算属性实现字符串倒序。其在浏览器中的运行结果如图4-2所示。

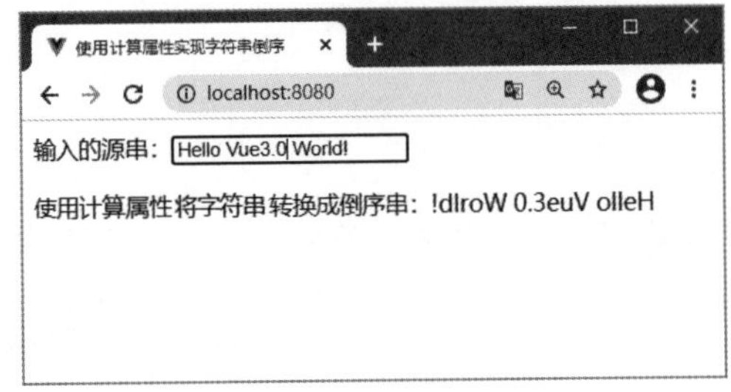

图 4-2　使用计算属性

程序代码如下：

扫一扫，看视频

```
// 文件：example4-2.vue
<template>
 输入的源串：<input v-model="msg" placeholder="输入信息" />
  <p>使用计算属性将字符串转换成倒序串：{{ computedName }}</p> <!--在模板中使
用计算属性-->
</template>

<script>
import { reactive, toRefs, computed } from 'vue'// 引入computed

export default {
  setup () {
    const state = reactive({
      msg: 'Hello World!'
    })
    const computedName = computed(() => {          // 定义计算属性
      return state.msg.split('').reverse().join('')
    })
    return {
      ...toRefs(state),
      computedName                                 // 返回计算属性
    }
  }
}
</script>
```

从浏览器中的显示结果可以看出，利用计算属性依然可以完成字符串的倒序显示。计算属性可以分离逻辑代码，使代码的易维护性增强。

4.1.2　计算属性的用法

计算属性在Vue.js 3.0中使用computed方法定义，computed方法中的参数是一个函数，该函数中使用的任意一个响应式数据发生变化，计算属性的computed方法都会自动重新运算，进行计算属性值更新，最终返回计算结果。其使用的语法格式如下：

```
export default {
  setup () {
    const state = reactive({
      ...                        // 定义响应式变量
```

```
    })
    const 计算属性名 = computed(() => { // 定义计算属性
      //进行复杂运算
      return 计算属性值
    })
    return {
                                              //返回计算属性值，可以在模板中调用
    }
  }
}
```

特别需要说明的是，在使用计算属性之前必须使用下面的语句把计算属性从Vue.js中导入：

```
import { computed } from 'vue'
```

在计算属性里可以完成各种复杂的逻辑，包括运算、函数调用等，只要最终返回一个结果就可以。除了例4-2中的简单用法，计算属性还可以依赖多个在state状态中定义的响应式数据，只要其中任何一个数据发生变化，计算属性就会重新执行，视图也会同步更新。

【例4-3】简易购物车

说明：在例4-3中通过购物车商品总价的示例展示计算属性的用法。其在浏览器中的运行结果如图4-3所示。

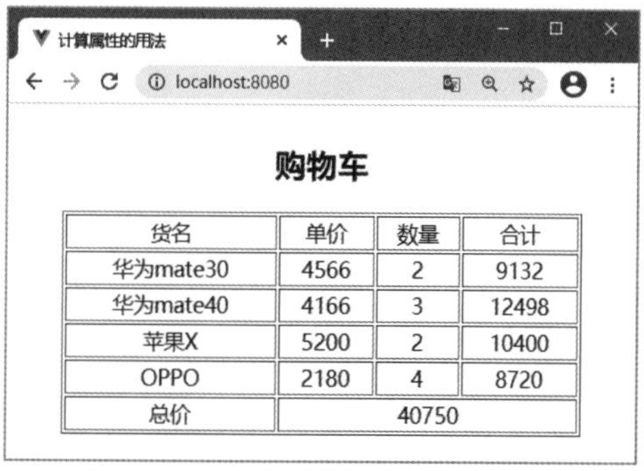

计算属性的用法

localhost:8080

购物车

货名	单价	数量	合计
华为mate30	4566	2	9132
华为mate40	4166	3	12498
苹果X	5200	2	10400
OPPO	2180	4	8720
总价	40750		

图4-3　计算属性的用法

程序代码如下：

```
// 文件：example4-3.vue
<template>
  <table border="1" align="center" width="400px">
    <caption><h2>购物车</h2></caption>
    <tr align="center" >
      <td>货名</td>
      <td>单价</td>
      <td>数量</td>
      <td>合计</td>
    </tr>
    <tr align="center" v-for="(user,index) in package1" :key="index">
      <td>{{user.name}}</td>
      <td>{{user.price}}</td>
      <td>{{user.count}}</td>
      <td>{{user.price*user.count}}</td>
    </tr>
    <tr align="center" >
      <td>总价</td>
```

扫一扫，看视频

```
      <td  colspan="3">{{computedname}}</td>
    </tr>
  </table>

</template>

<script>
import { reactive, toRefs, computed } from 'vue'

export default {
  setup () {
    const state = reactive({
      package1: [
        {
          name: '华为mate30',
          price: 4566,
          count: 2
        },
        {
          name: '华为mate40',
          price: 4166,
          count: 3
        },
        {
          name: '苹果X',
          price: 5200,
          count: 2
        },
        {
          name: 'OPPO',
          price: 2180,
          count: 4
        }
      ]
    })
    const computedname = computed(() => {
      let prices = 0
      for (let i = 0; i < state.package1.length; i++) {
        prices += state.package1[i].price * state.package1[i].count
      }
      return prices
    })
    return {
      ...toRefs(state),
      computedname
    }
  }
}
</script>
```

当package1中的商品发生变化时，如购买数量变化或增删商品时，计算属性prices就会自动更新，视图中的总价也会自动变化。

4.1.3 计算属性与方法的区别

【例4-4】计算属性与方法的区别

说明：在例4-4中，用户输入长度和宽度，使用计算属性计算长方形面积，使用方法计算长方形周长。其在浏览器中的运行结果如图4-4所示。

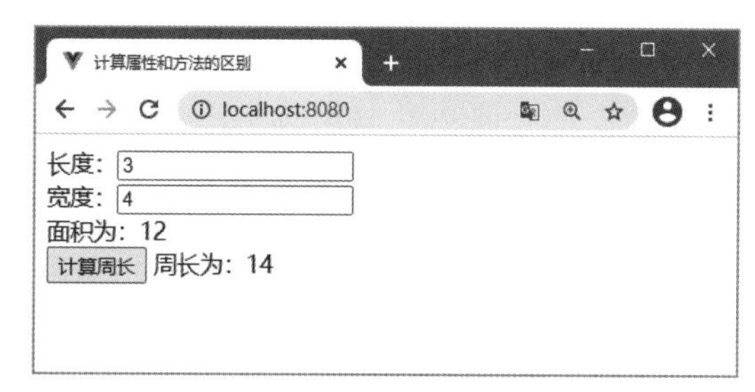

图4-4 计算属性与方法

程序代码如下：

```
// 文件：example4-4.vue
<template>
  长度：<input v-model="length" type="text" /><br />
  宽度：<input v-model="width" type="text" /><br />
  面积为：{{computedName}}<br />
  <button @click="add">计算周长</button> 周长为：{{perimeter}}
</template>
<script>
import { reactive, toRefs, computed } from 'vue'
export default {
  setup () {
    const state = reactive({
      length: 0,
      width: 0,
      perimeter: 0
    })
    const computedName = computed(() => {
      let areas = 0
      areas = state.length * state.width * 1
      return areas
    })
    const add = () => {
      state.perimeter = 2 * (state.length * 1 + state.width * 1)
    }
    return {
      ...toRefs(state),
      computedName,
      add
    }
  }
}
</script>
```

扫一扫，看视频

computed具有缓存功能，在系统初始运行时调用一次，当计算属性依赖的响应式数据发生变化时会被再次调用。例4-4中计算属性computedName依赖长度（length）与宽度

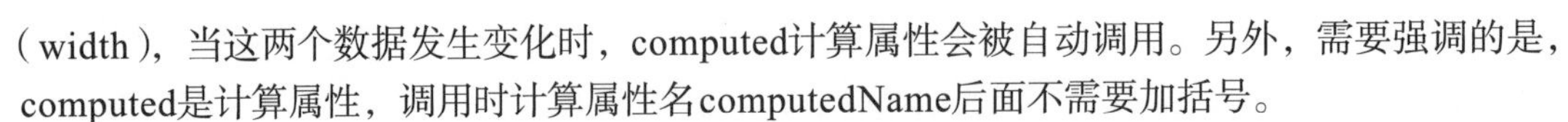

（width），当这两个数据发生变化时，computed计算属性会被自动调用。另外，需要强调的是，computed是计算属性，调用时计算属性名computedName后面不需要加括号。

为事件（如单击、键盘按下等）所编写的方法函数，如果没有入口参数，在调用时可以加括号，也可以不加括号，但如果带参数时，则必须加括号并带上相应的实参。事件方法只有使用程序代码调用时才会被执行。例4-4中在长度和宽度的值输入完毕之后，只有单击“计算周长”按钮，单击事件add方法才被调用一次。

其实调用方法也能实现和计算属性一样的效果，甚至有的方法还能接收参数，使用起来更加灵活。既然使用方法就可以实现，那为什么还需要计算属性呢？原因就是计算属性是基于依赖缓存的，计算属性所依赖的数据发生变化时，就会调用计算属性方法重新计算，所以依赖的长方形的长度（length）和宽度（width）的值只要不改变，计算属性也就不更新。

使用计算属性还是方法取决于是否需要根据响应式数据自动更新视图，但通常遍历大数组和做大量计算时，应当使用计算属性。

4.1.4　案例——输入内容的综合查询

【例4–5】输入内容的综合查询

说明：本案例的运行结果如图4-5所示，当用户在图4-5的文本框中输入查询关键字时，使用计算属性方法在数据文件中找出包含输入关键字的书名。例如，当用户输入的关键字为空时，列出数据文件中的所有数据，当输入的关键字是“实战”时，则包含“实战”关键字书籍名的查询结果会显示在网页中，如图4-6所示。

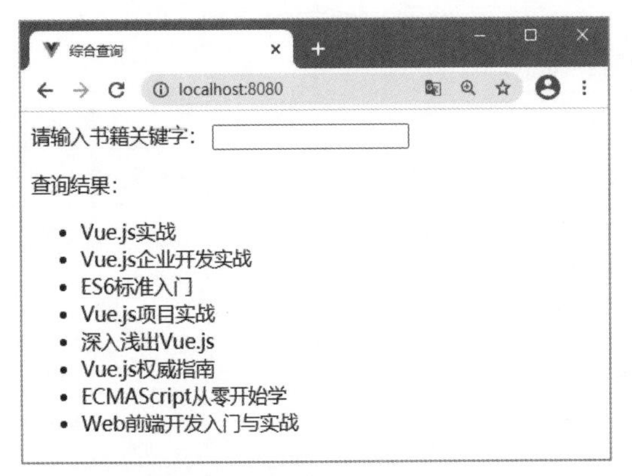

图4-5　综合查询1

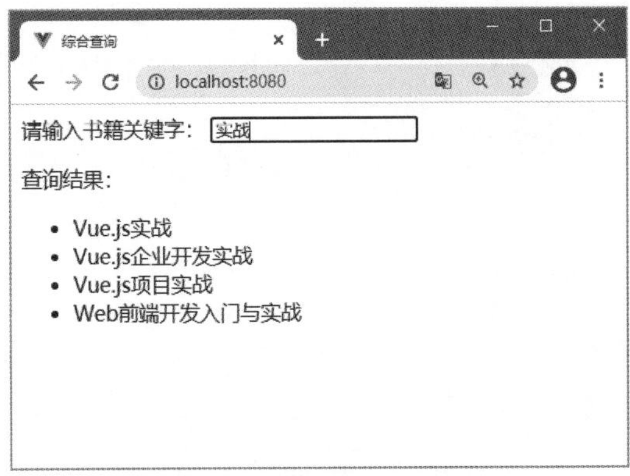

图4-6　综合查询2

实现步骤及代码如下。

1. 数据文件

在Vue-cli脚手架的public目录中创建test.json文件，文件的内容如下：

```
{
  "list": [
    "Vue.js实战",
    "Vue.js企业开发实战",
    "ES6标准入门",
    "Vue.js项目实战",
    "深入浅出Vue.js",
    "Vue.js权威指南",
```

```
    "ECMAScript从零开始学",
    "Web前端开发入门与实战"
  ]
}
```

在该文件中定义了list的JSON对象（在实际项目中可以从服务器端获取相关数据），在该对象中列举了一些书名，在本例的文件中使用异步方式将其引入到文件中进行使用。

2. 主文件example4-5.vue

```
<template>
  请输入书籍关键字：
  <input type="text" v-model="mytext" /><p></p>
  查询结果：
  <ul>
    <li v-for="(item, index) in computedList" :key="index">
      {{item}}
    </li>
  </ul>
</template>

<script>
import { reactive, toRefs, computed, onMounted } from 'vue'

export default {
  setup () {
    const state = reactive({
      mytext: '',
      list: []
    })
    onMounted(() => {                    // 生命周期函数
      fetch('/test.json')                // 异步导入数据
        .then(res => res.json())
        .then(res => {
          state.list = res.list          // 将导入数据转换成响应式数据
        })
    })
    const computedList = computed(() => {
      // 过滤掉不包含关键字的数据
      const newlist = state.list.filter(item => item.includes(state.mytext))
      return newlist
    })
    return {
      ...toRefs(state),
      computedList                       // 返回数据到模板
    }
  }
}
</script>
```

在例4-5中，先使用生命周期函数（也叫作钩子函数）onMounted，在网页加载完之前对状态数据list数组进行赋值，使用异步方式从test.json文件中读取定义的JSON数据进行初始化。然后定义计算属性变量computedList，该变量在所依赖的mytext发生变化时会进行自动计算，计算的结果会在页面模板中进行渲染。

4.2 侦听属性

4.2.1 侦听属性简介

Vue.js提供了一种通用的方式来观察和响应当前活动的数据变动，这种方式叫作侦听属性。虽然计算属性在大多数情况下更合适，但有时也需要一个自定义的侦听属性。这就是Vue.js通过侦听属性提供了一个更通用的方法来响应数据的变化的原因。当需要在数据变化时执行异步或开销较大的操作时，这个方式是最有用的。

侦听属性用Vue.js 3.0的watch函数来实现。在watch函数中自带两个变量，当使用reactive定义的状态数据时，两个变量都是函数。其中，第一个函数是所侦听变量的返回函数，当该函数值有变化时，立即会触发该侦听watch函数；第二个函数是回调函数，是当触发该侦听watch函数后执行什么操作的函数。侦听属性的语法格式如下：

```
export default {
  setup () {
    const state = reactive({
      watchData: '',                // reactive中定义的状态数据
     ......
    })
    // 侦听state.watchData数据的变化
    watch(() => state.watchData, () => {
     // watch触发所执行的回调函数
    })
}
```

另外，在使用侦听watch函数之前，一定要先使用下面的语句把侦听watch函数从Vue.js中引入：

```
import { watch } from 'vue'
```

侦听watch函数的另一种使用方法是在使用ref定义的数据时，两个变量中的第一个变量是侦听ref定义的数据，当该数据值有变化时会立即触发侦听watch函数，第二个变量是回调函数，是当触发该侦听watch函数后执行什么操作的函数。这种方式侦听属性的语法格式如下：

```
export default {
  setup () {
    const watchData= ref('')     // 用ref定义的数据
    ......
    // 侦听watch函数
    watch(watchData, () => {
    // watch触发所执行的回调函数
    })
  }
}
```

【例4-6】使用侦听属性显示与数字对应的英文字母

说明：在例4-6中监听用户输入的一个数字（0~25），然后把其对应的大写和小写字母显示出来。其在浏览器中的运行结果如图4-7所示。

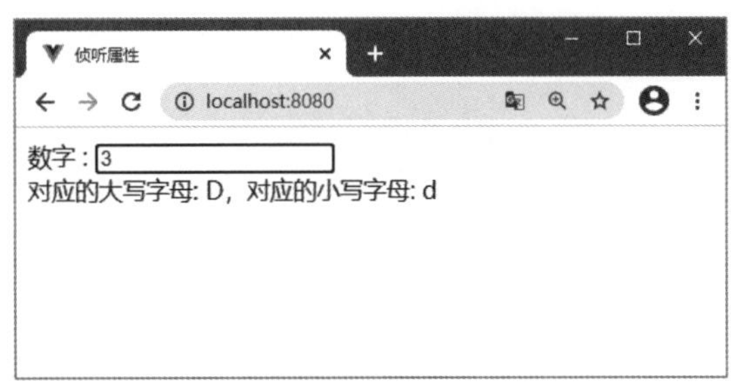

图 4-7　侦听属性

程序代码如下：

```
// 文件：example4-6.vue
<template>
  数字 : <input type = "text" v-model = "num"><br>
  对应的大写字母: {{ strA }}，对应的小写字母: {{ stra }}
</template>

<script>
import { reactive, toRefs, watch } from 'vue'

export default {
  setup () {
    const state = reactive({
      num: 0,             // 定义数据初值
      strA: 'A',          // 定义对应大写字母数据变量
      stra: 'a'           // 定义对应小写字母数据变量
    })
    watch(() => state.num, () => {
     // 计算对应大写字母，大写字母的ASCII码的十进制从65开始
     // String.fromCharCode(数值)函数将 Unicode 编码的数值转为一个字符
      state.strA = String.fromCharCode(65 + parseInt(state.num % 26))
     // 计算对应小写字母，小写字母的ASCII码的十进制从97开始
      state.stra = String.fromCharCode(97 + parseInt(state.num % 26))
    })
    return {
      ...toRefs(state)
    }
  }
}
</script>
```

扫一扫，看视频

4.2.2　侦听属性案例

在本小节中通过创建与例4-5具有相同功能的输入内容的综合查询，让读者体会侦听属性在实际案例中的使用方法，其代码的两种实现方法如例4-7（侦听使用reactive定义的数据）和例4-8（侦听使用ref定义的数据）所示。其在浏览器中的显示结果如图4-5和图4-6所示。

【例 4-7】侦听用reactive定义的数据以实现输入内容的综合查询

说明：在例4-7中侦听用reactive定义的数据以实现输入内容的综合查询。其在浏览器中的运行结果如图4-5和图4-6所示。

程序代码如下：

```
// 文件：example4-7.vue
<template>
    请输入书籍关键字：
    <input type="text" v-model="mytest" ><br>
     查询结果：
     <ul>
         <li v-for="(item,index) in list" :key="index">
             {{item}}
         </li>
     </ul>
</template>

<script>
import {  onMounted, reactive, toRefs, watch } from 'vue'

export default {
    setup () {
        const state = reactive({
            mytest:'',
            lists:[],
            list:[]
        })
        onMounted(()=>{
            fetch('test.json')
            .then(res=>res.json())
            .then(res=>{
                state.lists=res.lists
                state.list=res.lists

            })
        })
        watch(()=>state.mytest,()=>{
            state.list=state.lists.filter(item=>item.includes(state.mytest))
        })
        return {
            ...toRefs(state)
        }
    }
}
</script>
```

【例4-8】侦听用ref定义的数据以实现输入内容的综合查询

说明：在例4-8中侦听用ref定义的数据以实现输入内容的综合查询。其在浏览器中的运行结果如图4-5和图4-6所示。

程序代码如下：

```
// 文件：example4-8.vue
<template>
  请输入书籍关键字：
  <input type="text" v-model="mytext" /><p></p>
  查询结果：
  <ul>
    <li v-for="(item, index) in list" :key="index">
      {{item}}
    </li>
  </ul>
</template>
```

扫一扫，看视频

扫一扫，看视频

```
<script>
import { watch, ref, onMounted } from 'vue'

export default {
  setup () {
    const mytext = ref('')
    const list = ref([])
    const caschList = []
    watch(mytext, () => {
      console.log(mytext.value)
      list.value = caschList.value.filter(item => item.includes(mytext.value))
    })
    onMounted(() => {
      fetch('/test.json')
        .then(res => res.json())
        .then(res => {
          list.value = res.list
          caschList.value = res.list
        })
    })
    return {
      mytext,
      list
    }
  }
}
</script>
```

4.3 综合案例：制作一个购物车

【例4-9】制作一个购物车

说明：在例4-9中制作一个购物车，综合应用了前面所学的知识，包括数据绑定、各种Vue.js指令、计算属性等。最终实现效果如图4-8所示。可以通过单击数量前后的“+”或“–”按钮来增加或减少某个商品的数量，单击“移除”按钮可以删除对应的商品。

综合案例

localhost:8080

购物车

	名称	价格	数量	操作
1	华为mate30	￥3465.00	- 1 +	移除
2	华为mate40	￥4166.00	- 2 +	移除
3	苹果12	￥7500.00	- 2 +	移除
4	OPPO	￥2180.00	- 1 +	移除
总价格		￥28977.00		

图4-8　购物车

例4-9的操作步骤如下。

（1）新建一个Vue文件，文件名为example4-9.vue。

（2）在example4-9.vue文件中输入Vue.js 3.0基本程序框架。具体代码如下：

```
<template>
// 此处输入组件内容
</template>

<script>
import { reactive, toRefs } from 'vue'

export default {
  setup () {
    const state = reactive({
                      //此处定义响应数据
    })

    return {
      ...toRefs(state)    //此处输入返回的数据和方法
    }
  }
}
</script>

<style lang="scss" scoped>
/* 此处定义样式  */
</style>
```

（3）在<template></template>模板元素内先设定<div>元素，以便所包含元素可以整体移动。

```
<div id="app">

</div>
```

（4）在<div id="app"></div>元素内，加入当购物车的内容不为空时显示的相应表格以展示出加入购物车的商品列表，当购物车为空时则在页面上显示文字“购物车为空”。判断依据是购物车的列表长度是否为0。

```
<div v-if="books.length">
  <!--购物车内容列表 -->
</div>
<h2 v-else>
  购物车为空
</h2>
```

（5）购物车内容列表通过<table>元素实现。

```
<table border="1" align="center" width="500">
  <caption><h2>购物车</h2></caption>
  <thead>
    <tr>
      <th></th>
      <th>名称</th>
      <th>价格</th>
      <th>数量</th>
      <th>操作</th>
    </tr>
  </thead>
  <tbody>
```

```
    <tr v-for="(item,index) in books" :key="index" align="center">
      <td>{{item.id}}</td>
      <td>{{item.name}}</td>
      <td>{{filter(item.price)}}</td>
      <td>
        <button @click="decrement(index)" v-bind:disabled="item.count<=0">
          -
        </button>
          {{item.count}}
        <button @click="increment(index)">+</button>
      </td>
      <td>
        <button @click="removeHandle(index)">移除</button>
      </td>
    </tr>
    <tr align="center">
      <td colspan="2">总价格</td>
      <td colspan="3">{{filter(computedName)}}</td>
    </tr>
  </tbody>
</table>
```

（6）把在setup函数中所需用到的相关方法从Vue.js中引入。语句如下：

```
import { reactive, toRefs, computed } from 'vue'
```

（7）在reactive中定义以下数据，在实际项目中，这些数据可以从服务器端获取，此例先使用固定的初始数据。

扫一扫，看视频

```
const state = reactive({
  books: [            // 定义手机对象数组
    {
      id: 1,
      name: '华为mate30',
      price: 3465,
      count: 2
    },
    {
      id: 2,
      name: '华为mate40',
      price: 4166,
      count: 3
    },
    {
      id: 3,
      name: '苹果12',
      price: 7500,
      count: 2
    },
    {
      id: 4,
      name: 'OPPO',
      price: 2180,
      count: 4
    }
  ]
})
```

（8）定义“+”“-”“移除”按钮的方法。代码如下：

```
const decrement = (index) => {
  state.books[index].count--          // index用于指定手机对象的id值减1
}
const increment = (index) => {
  state.books[index].count++          // index用于指定手机对象的id值加1
}
const removeHandle = (index) => {
  state.books.splice(index, 1)        // 删除index指定的手机对象
  for (let i = 0; i < state.books.length; i++) {
    state.books[i].id = i + 1         // 重新排序计算所含数据的id值
  }
}
```

（9）Vue.js 3.0中已经不再支持Vue 2.0的过滤器，可以通过计算属性或普通的函数方法去实现。此处采用普通的函数方法实现。代码如下：

```
const filter = (price) => {
  return '￥' + price.toFixed(2)
}
```

（10）定义计算属性。

```
const computedName = computed(() => {
  let totalPrice = 0                 //  初始化总价为0
  for (let i = 0; i < state.books.length; i++) {
                                     // 把数组中的每个元素的价格*数量，加到totalPrice
    totalPrice += state.books[i].price * state.books[i].count
  }
  return totalPrice                  // 返回总价
})
```

（11）返回定义的数据、方法、计算属性的名字，以便在<template></template>模板元素内使用。

```
return {
  ...toRefs(state),
  computedName,
  decrement,
  increment,
  removeHandle,
  filter
}
```

4.4 本章小结

Vue.js是以数据驱动和组件化的思想构建的，本章重点讲解数据驱动中的计算属性和侦听属性。计算属性会根据所依赖的所有响应式数据的变化而进行自动的重新计算，并同步刷新页面视图，4.1节说明计算属性的使用方法，以及和事件方法执行的区别；而侦听属性可以通过指定某一个响应式数据的变化而自动计算侦听属性，4.2节说明侦听属性的定义及其使用方法。

4.5 习题四

一、说明下面程序代码执行后，在页面上的显示结果

```
<template>
    <input type="text" v-model="firstName" />
    <input type="text" v-model="lastName" /><br>
    完整名称：{{fullName}}
</template>

<script>
import { reactive, toRefs, computed } from 'vue'

export default {
    setup () {
        const state = reactive({
          firstName: 'hello',
          lastName: 'Vue 3.0'
        })
        const fullName =computed(() => {
            return state.firstName + ' ' + state.lastName;
        })
        return {
            ...toRefs(state),
            fullName
        }
    }
}
</script>
```

二、说明下面程序代码执行后，在页面和控制台中的执行结果

```
<template>
    {{state}}
</template>

<script>
import {ref, watch} from 'vue'
export default {
    setup() {
        const state = ref(0)

        watch(state, (newValue, oldValue) => {
          console.log('原值为${oldValue}')
          console.log('新值为${newValue}')
        })
        setTimeout(() => {
          state.value++
        }, 1000)
        return{
            state
        }
    }
}
</script>
```

4.6 实验四　使用Vue.js制作购物车

一、实验目的及要求

1. 掌握Vue.js的基础语法。
2. 掌握Vue.js的计算属性。
3. 掌握Vue.js的事件触发处理方法。

二、实验要求

使用Vue.js制作购物车，要求单击“+”“–”按钮对应数量可改变，相对应的总价也会重新计算可改变；当某个商品数量减为0时，其“–”按钮为不可用状态，如实验图4-1所示。

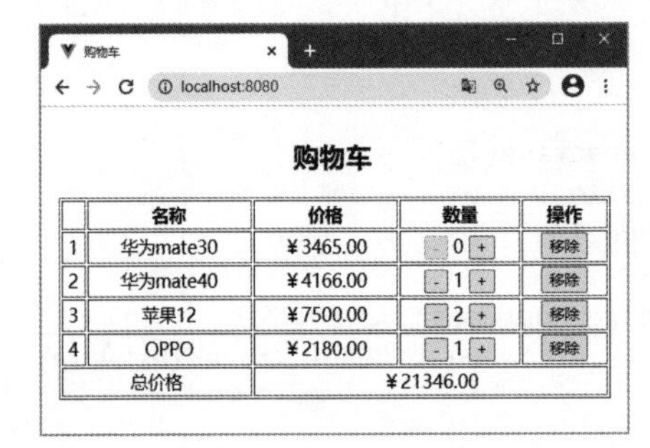

实验图 4-1　购物车

第 5 章

综合实战案例——制作影院订票系统前端页面

学习目标

本章通过讲解基础篇综合实战案例——制作影院订票系统前端页面，让读者对本书前面所学习的内容进行综合实训。通过本章的学习，读者应该掌握以下主要内容：

- Vue.js 3.0 的数据绑定、事件触发响应。
- Vue.js 3.0 的计算属性。
- Vue.js 3.0 的各种指令。

思维导图（用手机扫描右边的二维码可以查看详细内容）

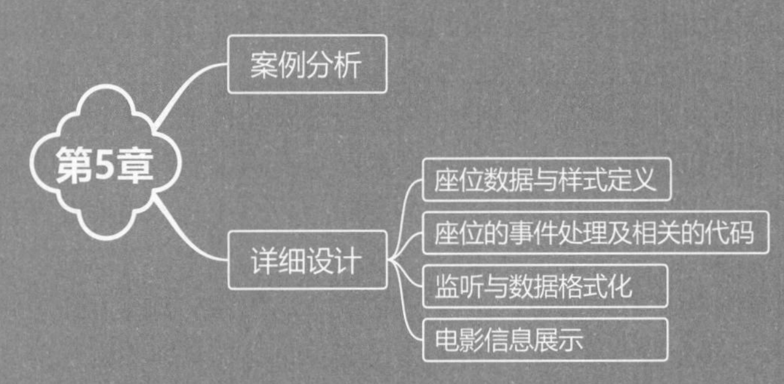

5.1 案例分析

影院售票系统是电影院进行电影票销售的一个非常重要的环节，直接影响到用户的操作是否方便、界面是否直观。该系统包括用户注册、影片信息管理、订票信息管理、站内新闻管理等模块。本节仅对其中的订票系统前端页面进行阐述，目的是让读者能对本书前期学习的知识进行综合运用。本节完成的购票页面如图5-1所示。

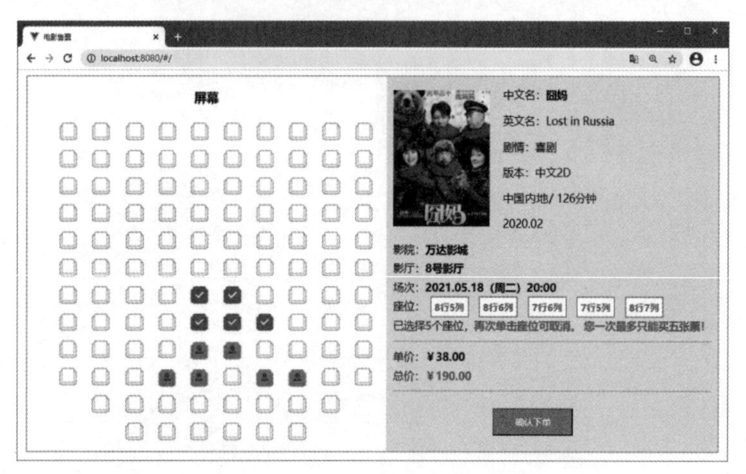

图5-1　购票页面

该页面要求以图形方式进行电影座位的选择，也就是能够通过单击图5-1左边的可选座位来选中所要购买的座位，当单击可选座位后，该座位会变成选中状态；当单击已选中座位后，该座位会重新变回可选状态；图中灰色的座位表示已售出状态。

另外，当用户选中或取消某一个座位后，在图5-1的右边会自动显示出已选中座位是“几排几号”，并能根据用户所选择的电影票数，自动计算出本次购票的总价，同时还能限制用户最多一次只能购买五张电影票，当票数达到上限时能动态提示用户，此时不能再选择新的可选座位，但可以取消已选座位。

通过图5-1可以看出该页面分为左右两部分，这个实现方式采用CSS+DIV方式布局，即左右各使用一个DIV块，其中右半部分被分成两行，分别是电影信息行和电影票购买信息行，而电影信息行又分成两列，电影的海报和电影的基本信息。其实现代码如下：

```
<template>
  <div class="film">
    <div class="filmLeft">
      <!--电影的座位-->
    </div>
    <div class="filmRight">
      <div class="rightTop">
        <div class="rightTopleft">
         <!--电影的海报-->
        </div>
        <div class="rightTopRight">
         <!--电影的基本信息-->
        </div>
      </div>
      <div class="rightBootom">
```

```
        <!--电影票的购买信息-->
      </div>
    </div>
  </div>
</template>
```

基础框架的样式定义代码如下：

```
.film{
    margin: 0 auto;
    width: 1050px;
    border:1px solid grey;
    height: 550px;

  }
  .filmLeft{
    width:550px;
    height: 500px;
    float: left;
  }
  .filmLeft h3{
    text-align: center;
  }
  .filmLeft ul {
    list-style: none;
  }
  .filmRight{
    width:500px;
    height: 550px;
    float: left;
    background-color: bisque;
  }
.rightTopleft{
  float: left;
  margin: 20px 15px 5px 10px;
}
.rightTopRight{
  float: left;
  margin:0px 0px 5px 5px
}
.rightBootom{
  clear: both;
  margin: 0px 10px;
}
.rightBootom p{
  line-height: 12px;
}
```

5.2 详细设计

5.2.1 座位数据与样式定义

座位实现方式是在<li></li>标记中使用背景图，并且背景图有4种座位样式：无座位（空

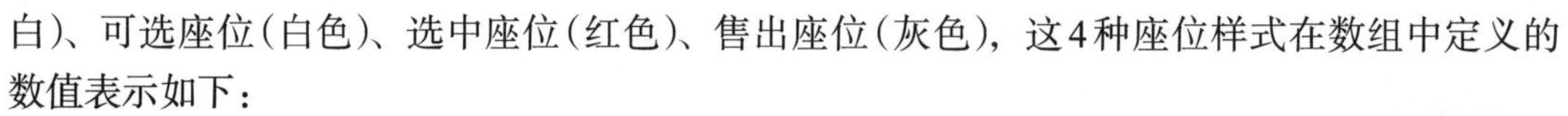

白)、可选座位(白色)、选中座位(红色)、售出座位(灰色),这4种座位样式在数组中定义的数值表示如下:

```
-1: 无座位  0: 可选座位   1: 选中座位   2: 售出座位
```

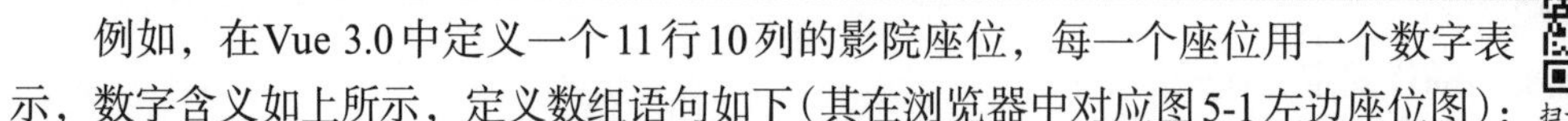

例如,在Vue 3.0中定义一个11行10列的影院座位,每一个座位用一个数字表示,数字含义如上所示,定义数组语句如下(其在浏览器中对应图5-1左边座位图):

```
seatflag: [
  0, 0, 0, 0, 0, 0, 0, 0, 0, 0,
  0, 0, 0, 0, 0, 0, 0, 0, 0, 0,
  0, 0, 0, 0, 0, 0, 0, 0, 0, 0,
  0, 0, 0, 0, 0, 0, 0, 0, 0, 0,
  0, 0, 0, 0, 0, 0, 0, 0, 0, 0,
  0, 0, 0, 0, 0, 0, 0, 0, 0, 0,
  0, 0, 0, 0, 0, 0, 0, 0, 0, 0,
  0, 0, 0, 0, 0, 0, 0, 0, 0, 0,
  0, 0, 0, 0, 2, 2, 0, 0, 0, 0,
  0, 0, 0, 2, 2, 0, 2, 2, 0, 0,
  -1, 0, 0, 0, 0, 0, 0, 0, 0, -1,
  -1, -1, 0, 0, 0, 0, 0, 0, -1, -1
]
```

从定义的seatflag数组可以看出这是个一维数组,让其变成能够显示行列的二维数组的方法是:定义表示一行多少座位的数据seatCol,当用户单击某一个座位后,在程序中可以得到该座位在数组中的序号,然后用该序号整除seatCol得到的商就是行号,对seatCol取余数就是相对应的列号。

CSS中对座位<li>元素的样式通过4个座位的背景图(见图5-2)实现,通过上下移动该背景图使得用户在<li>元素的窗口看到不同的座位样式。其样式定义如下:

```
.seat {                    // 座位统一样式
  float: left;             // 左浮动,让座位横向排列
  width: 30px;             // 宽度30像素
  height: 30px;            // 高度30像素
  margin: 5px 10px;        // 座位之间左右间隔10像素,上下间隔5像素
  cursor: pointer;         // 鼠标指针手形
}
.seatSpace {               // 选座位样式
  // 背景图bg.png,不重复,向右1像素,向上29像素
  background: url("../assets/bg.png") no-repeat 1px -29px;
}

.seatActive {              // 选中座位样式
  // 背景图bg.png,向右1像素,向上0像素
  background: url("../assets/bg.png") 1px 0px;
}
.seatNoUse {               // 售出座位样式
  // 背景图bg.png,向右1像素,向上56像素
  background: url("../assets/bg.png") 1px -56px;
}
.noSeat {                  // 无座位样式
  // 背景图bg.png,向右1像素,向上84像素
  background: url("../assets/bg.png") 1px -84px;
}
```

使用Vue 3.0中的v-for命令将上面的数据动态生成多个座位的<li>元素。首先，每个座位都有seat样式类，然后根据每个座位对应的数据来显示其对应的样式背景图，当对应座位数据是-1时，添加noSeat样式类，即该座位无；当对应座位数据是0时，添加seatSpace 样式类，即该座位是可选座位；当对应座位数据是1时，添加seatActive样式类，即该座位是已选中座位；当对应座位数据是2时，添加seatNoUse样式类，即该座位是已售出座位。其在HTML中的循环语句如下：

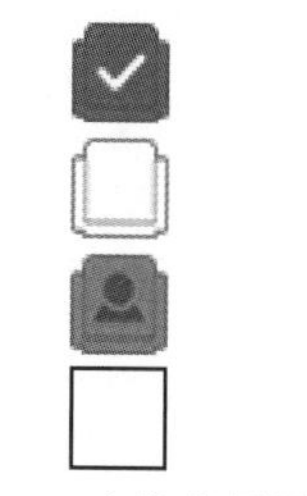
图 5-2　座位背景图

```
<h3>屏幕</h3>
<ul>
  <li v-for="(item, index) in seatflag" :key="index" class="seat"
      :class="{'noSeat' : seatflag[index]==-1,
               'seatSpace' : seatflag[index]==0,
               'seatActive' : seatflag[index]==1,
               'seatNoUse' : seatflag[index]==2}"
      @click="handleClick(index)">
  </li>
</ul>
```

确定行列由单击座位对应序号和数据seatCol来实现，但在浏览器中显示由<li>的父级元素来确定，也就是由<ul>元素的宽度来控制，这些数据以后都可以通过后台服务器动态获取。该<ul>元素的样式定义如下：

```
.filmLeft{
  width:550px;              //设定宽度，目的行显示多少座位，其他座位另起新行
  height: 500px;
  float: left;
}
.filmLeft ul {
  list-style: none;         /*去除列表样式*/
}
```

5.2.2　座位的事件处理及相关的代码

当用户单击某个座位后，会执行相应座位的单击事件处理函数handleClick(index)，处理函数的入口参数index是用户单击某个座位在一维数组seatflag中的位置值，利用Vue 3.0中的数据绑定，当用户修改了数组seatflag的数据值，会自动刷新相对应的座位背景图。该函数实现方式如下：

扫一扫，看视频

```
const handleClick = (index) => {
   if (state.seatflag[index] === 1) { // 当前是已选中座位
      state.seatflag[index] = 0        // 让当前座位值变为0，并驱动座位背景图自动刷新
     // 利用ES6语法的findIndex()方法找到当前已选中座位的索引值，再利用splice()方法将其删除
      state.curSeat.splice(state.curSeat.findIndex(item => item === index), 1)
      } else {                         // 当前是可选座位
        // 判断单击座位是否是可选座位,并且选中座位数小于5
       if (state.seatflag[index] === 0 && state.curSeat.length < 5) {
        state.seatflag[index] = 1      //让当前座位值变为1，并驱动座位背景图自动刷新
       // 把当前单击座位在数组中的索引值加入到已选座位数据中
        state.curSeat.push(index)          }
       }
      // 初始化当前选中的座位是几排几号的数组
     state.curSeatDisp = []
```

```
    for (const data of state.curSeat) { // 循环，取出已选中座位数组的每个座位值
    // 座位值除10加1得到行数，座位值对10取模加1得到列数，组合成“几行几列”字符串
    // 并压入到选中座位显示数组
      state.curSeatDisp.push((Math.floor(data / state.seatCol) + 1) + '行' + (data
% state.seatCol + 1) + '列')
    }
    // 计数已经选择了多少个座位，方法是统计数组seatflag中代表选中座位1的个数
    var mySeat = state.seatflag.filter(item => item === 1)
    state.count = mySeat.length
    // 判断达到购买上限，并显示提示语句“您一次最多仅能买五张票”
    if (state.count >= 5) state.maxFlag = true
    else state.maxFlag = false
  }
  return {
    ...toRefs(state),
    fileTotal,
    handleClick,
    numberFormat
  }
 }
}
```

说明：

（1）显示已选中座位“几排几列”是根据curSeatDisp数组来确定的，其在HTML中通过v-for命令实现。其代码如下：

```
<p id="seatSelect">
  座位：
  <span v-for="(item, index) in curSeatDisp" :key="index">
    {{item}}
  </span>
</p>
```

（2）显示已选择多少个座位根据count数据来确定，其在HTML中的实现代码如下：

```
<p>已选择
  <strong style="color:red;">{{count}}</strong>个座位
</p>
```

（3）判断购买票数上限后，是否显示“您一次最多仅能买五张票！”的提示语句，是通过数据maxFlag的值来确定的。在HTML中的语句如下：

```
<strong style="color:red;">再次单击座位可取消。
  <span v-if="maxFlag">您一次最多只能买五张票！</span>
</strong>
```

5.2.3 监听与数据格式化

Vue 3.0中通过监听count数据的变化来重新计算总价。其在Vue实例中的语句如下：

```
const fileTotal = computed(() => {
  return state.count * state.filmInfo.unitPrice
})
```

另外，电影票单价和总价通过Vue 3.0定义的方法实现保留小数点后两位，并在金额前面加上人民币符号。其在Vue实例中的语句如下：

```
// 使用方法代替Vue 2.0的过滤器
```

```
const numberFormat = (value) => '￥' + value.toFixed(2)
```

在HTML中使用该方法的代码如下：

```
<p>单价：<strong>{{numberFormat(filmInfo.unitPrice) }}</strong></p>
<p>总价：<strong style="color:red;">{{numberFormat(fileTotal)}}</strong></p>
```

5.2.4 电影信息展示

在图5-1的右上半部分是电影的海报和电影的基本信息，这部分的信息通过调用Vue实例中的filmInfo对象的相关数据来显示。这个filmInfo对象在Vue实例的data中定义如下：

扫一扫，看视频

```
filmInfo: {
  name: '囧妈',                                       // 影片中文名
  nameEnglish: 'Lost in Russia',                      // 影片英文名
  copyRight: '中文2D',                                 // 版本
  filmImg: 'require('@/assets/film1.png'),            // 影片海报文件名
  storyType: '喜剧',                                   // 影片类型
  place: '中国内地',                                   // 影片产地
  timeLength: '126分钟',                               // 影片时长
  timeShow: '2020.02',                                // 影片上映时间
  cinema: '万达影城',                                  // 电影院
  room: '8号影厅',                                     // 放映影厅
  time: '2020.05.18(周一) 20:00',                      // 场次
  unitPrice: 38,                                      // 单价
}
```

在此处的HTML实现方式如下：

```
<div class="filmRight">
 <div class="rightTop">
  <div class="rightTopleft">
   <a href="#">
    <img :src="filmInfo.filmImg" alt="..." height="200">
   </a>
  </div>
  <div class="rightTopRight">
   <p>影片中文名：<strong>{{filmInfo.name}}</strong></p>
   <p>影片英文名：{{filmInfo.nameEnglish}}</p>
   <p>影片类型：{{filmInfo.storyType}}</p>
   <p>版本：{{filmInfo.copyRight}}</p>
   <p>{{filmInfo.place}} / {{filmInfo.timeLength}}</p>
   <p>{{filmInfo.timeShow}}</p>
  </div>
 </div>
 <div class="rightBootom">
  <p>电影院：<strong>{{filmInfo.cinema}}</strong></p>
  <p>放映影厅：<strong>{{filmInfo.room}}</strong></p>
  <p>场次：<strong>{{filmInfo.time}}</strong></p>
  <p id="seatSelect">座位：<span v-for="(item, index) in curSeatDisp" :key="index">
{{item}}</span></p>
  <p>已选择<strong style="color:red;">{{count}}</strong>个座位，<strong style="color:
red;">再次单击座位可取消。
  <span v-if="maxFlag">您一次最多只能买五张票！</span></strong></p>
  <hr>
  <p>单价：<strong>{{numberFormat(filmInfo.unitPrice) }}</strong></p>
  <p>总价：<strong style="color:red;">{{numberFormat(fileTotal)}}</strong></p>
```

```
    <hr>
    <button type="button" class="btn" @click="filmSubmit">
     确认下单
    </button>
   </div>
  </div>
```

这里在HTML中进行数据绑定时使用了两种方式：一种是双大括号的数据绑定方式，即“{{数据}}”；另一种是属性绑定方式，即“:src='filmInfo.filmImg'”。

5.3 本章小结

本章主要讲解制作影院订票系统前端页面的综合案例，重点使用Vue 3.0的特性来实现，该案例要求具有较高的JavaScript程序设计能力和使用Vue 3.0控制网页行为的能力。通过这个案例的实现，读者不仅可以进一步、更深刻地理解前面章节学过的所有知识，而且能够体会到最新前端框架Vue 3.0的数据渲染、事件触发响应、监听属性、计算属性、各种指令等在实际项目中的灵活应用。

5.4 实验五　实现影院订票系统前端页面

一、实验目的及要求

1. 提高综合运用HTML、CSS、JavaScript的能力。
2. 掌握Vue 3.0的数据绑定、事件触发响应。
3. 掌握文本插值显示。
4. 掌握Vue 3.0的计算属性和各种指令。

二、实验要求

实现影院订票系统前端页面，如图5-1所示。要求具有以下主要功能：

（1）一次最多仅能选中五张电影票。

（2）显示所选电影票的单价和总价。

（3）可选的电影票、选中的电影票、售过的电影票要有图形颜色或样式区别。

（4）要能使用图形方式进行电影座位的选择。

3

掌握 Vue 3.0 进阶构建响应式网页

第 6 章

路由配置

学习目标

本章主要讲解构建单页面应用所需要的路由，重点阐述路由的基本概念及其在实际工程中的导航方法。通过本章的学习，读者应该掌握以下主要内容：

- 路由的基本概念。
- 编程式导航。
- 动态路由。

思维导图（用手机扫描右边的二维码可以查看详细内容）

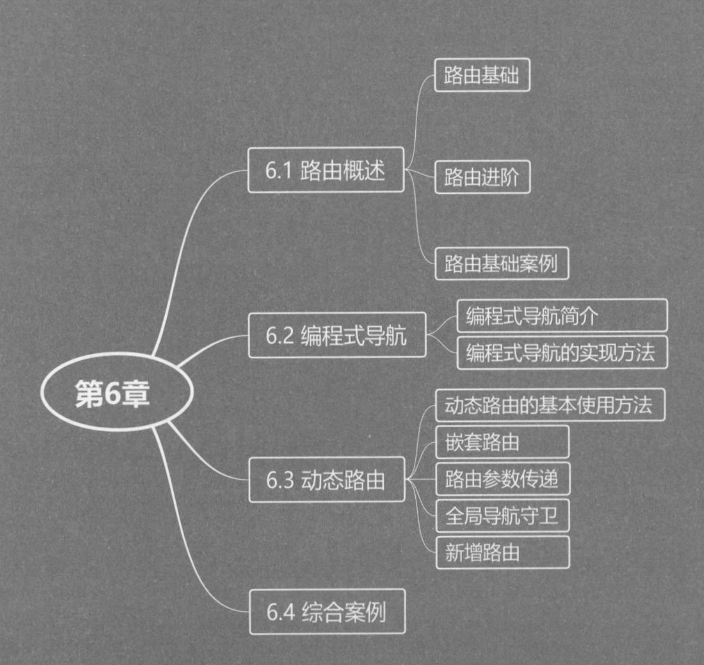

6.1 路由概述

6.1.1 路由基础

1. 什么是路由

假设有一台提供Web服务的服务器地址为www.lb.com，该Web服务器有三个提供给用户访问的页面，其页面的URL分别是：

```
http://www.lb.com
http://www.lb.com/list
http://www.lb.com/adduser
```

当用户使用http://www.lb.com/list网址访问页面时，Web服务器会接收到请求，然后解析URL中的路径/list。在Web服务器进程中，该路径对应着相应的处理逻辑，程序会把请求交给路径对应的处理逻辑，这样就完成了一次“路由分发”。

对于普通的网站，所有的超链接都是URL地址，都对应服务器上相应的资源，这个对应关系就是后端中的路由，即根据不同的用户URL请求，返回不同的服务器资源。

对于单页面应用程序来说，主要通过URL中的hash（#号）来实现不同页面之间的切换。HTTP请求中不会包含与hash相关的内容，所以单页面应用程序中的页面跳转主要由hash实现。在单页面应用程序中，这种通过hash改变切换页面的方式，称作前端路由（区别于后端路由）。

前端路由主要是根据不同的用户事件，显示不同的页面内容，本质上是用户事件与事件处理函数之间的对应关系。

2. Vue Router

Vue.js官方提供了一套专用的路由工具库Vue Router（官网:https://router.vuejs.org/zh/），也叫作路由管理器，并且与Vue.js的核心深度集成，让构建单页面应用程序变得非常简单。路由实际上可以理解为指向，就是在页面上单击一个按钮需要跳转到对应的页面，这就是路由跳转。这里需要理解以下三个词语的区别。

（1）route：是个单数，译为路由。即可以理解为单个路由或某一条路由。

（2）routes：是个复数，表示多个路由的集合，JavaScript中表示多种不同状态的集合形式只有数组和对象两种，事实上官方定义routes是表示多个数组的集合。

（3）router：译为路由器。一个包含route和routes的容器，或者说router是一个管理者，负责管理route和routes。例如，当用户在页面上单击按钮时，router就会在routes中查找route，即路由器会在路由集合中查找对应的路由。具体功能如下：

- 嵌套的路由/视图表。
- 模块化的、基于组件的路由配置。
- 路由参数、查询、通配符。
- 基于Vue.js过渡系统的视图过渡效果。
- 细粒度的导航控制。
- 自定义的滚动条行为。

3. 安装路由

安装路由有两种方法：一种是在创建项目时，选中安装路由，如图1-10所示，生成项目的配置项选择时，使用上、下箭头键和空格键选中Router；另一种是在创建项目时没有安装Router，使用以下命令进行安装。

```
npm i vue-router@next
```

6.1.2 路由进阶

Vue Router是Vue的一个插件，需要在Vue的全局应用中通过Vue.use()方法将其纳入到实例中。项目中main.js是程序入口文件，所有的全局配置都在这个文件中进行，该文件的内容如下：

```
import { createApp } from 'vue'                // 从Vue中引入createApp方法
import App from './App.vue'                     // 将App.vue文件引入
import router from './router'                   // 从router文件夹下导入路由器
createApp(App).use(router).mount('#app')  // 将路由器启动并挂载到id='app'的div上
```

在入口文件main.js中导入router文件夹下的index.js文件，即可以使用路由配置的信息。

1. 建立路由器模块

先建立一个路由器模块来配置和绑定相关信息。在router文件夹下的index.js文件中使用createRouter方法创建一个路由器router。在路由器router中指定两个内容，一个是用什么方法使用路由（有两种方法：history模式和hash模式）；另一个是路由数组。

其中，history模式使用下面的命令进行指定：

```
history: createWebHistory(process.env.BASE_URL)
```

hash模式使用下面的命令进行指定：

```
history: createWebHashHistory()
```

路由数组中的每一个元素是一条路由对象，一条路由对象由三部分组成:name、path和component。其中，name表示链接名称；path表示当前路由规则匹配的hash地址；component表示当前路由规则对应要展示的组件。

【例6-1】建立路由

说明：在例6-1中建立默认路由和login路由。

程序代码如下：

```
// 文件：router/index.js
// 从vue-router中引入createRouter、createWebHashHistory方法
import { createRouter, createWebHashHistory } from 'vue-router'
// 把../views/HelloWorld.vue文件引入，使用组件名HelloWorld
import HelloWorld from '../views/HelloWorld.vue'
//  下面定义路由数组
const routes = [
//  每一条路由对象由三部分组成：name、path和component
  {
    path: '/',                  // 链接路径，'/'表示根目录
    name: 'HelloWorld',         // 命名路由
    component: HelloWorld       // 对应的组件模板
  },
  {
    path: '/Login',             // 链接路径
```

扫一扫，看视频

```
    name: 'Login',          // 命名路由
    component: () => import('../views/Login.vue') // 引入文件的另一种方法
  }
]
// 使用createRouter方法创建路由器router
const router = createRouter({
  history: createWebHistory(process.env.BASE_URL),// 指定history模式
  routes                    // 定义路由数组，相当于 routes: routes
})

export default router       // 输出路由器
```

2. 路由重定向

路由重定向是当用户在访问地址A时，强制用户跳转到地址B，从而展示特定的组件页面。通过路由规则的redirect属性指定一个新的路由地址，以设置路由的重定向。其中，path表示需要被重定向的原地址；redirect表示将要被重定向到的新地址。

例如，把根目录地址'/'重定向到'/Login'，其代码如下：

```
import { createRouter, createWebHashHistory } from 'vue-router'
import Login from '../views/Login'.vue'
const routes = [
  {
    path: '/',                // 根目录
    redirect: '/Login'        // 路由重定向到 '/Login'
  },
  {
    path: '/Login',
    component: Login
  }
]
const router = createRouter({
  history: createWebHistory(process.env.BASE_URL),
  routes
})

export default router
```

3. 添加路由链接

<router-link> 是Vue中提供的标签，默认会被渲染为<a>标签，to属性可以用来指定目标地址，to属性会被渲染为<a>标签的href属性。例如：

```
<router-link to="home">Home</router-link>
```

其渲染结果为：

```
<a href="home">Home</a>
```

使用v-bind的JavaScript表达式表示：

```
<router-link v-bind:to="'home'">Home</router-link>
<router-link :to="'home'">Home</router-link>
<!-- 同上 -->
<router-link :to="{ path: 'home' }">Home</router-link>
```

在v-bind绑定的to属性中定义对象，而在该对象中定义name属性进行路由命名。其实现语句如下：

```
<router-link :to="{name: 'applename'}"> to apple</router-link>
```

在使用命名路由之前，需要在项目脚手架router目录下的index.js文件中进行路由命名，然后name属性值才起作用。其实现语句如下：

```
const routes = [
  {
    path: '/home/:color',
    name: 'applename',        // 命名路由
    component: () => import('../views/Home.vue')
  }
]
```

如果需要定义带查询参数的路由，在对象中定义query属性，其属性值也定义为一个对象，在该对象中再来定义相关的属性和属性值。例如，需要在/apple地址后面加color=red属性和属性值，即地址变成/apple?color=red，使用如下语句：

```
<router-link :to="{path: 'apple', query: {color: 'red' }}">
    to apple
</router-link>
```

无论是直接路由path、命名路由name还是带查询参数query，其地址栏将转换成如下结果：

```
/url?查询参数名:查询参数值
```

直接路由path带路由参数params时，params将不会生效；命名路由name带路由参数params，其地址栏保持是“/url/路由参数值”，也就是说参数params仅在命名路由中起作用。

例如，让导航/apple带red参数（即/apple/red）可以使用以下语句：

```
<router-link :to="{name: 'apple', params: { color: 'red' }}">
    to apple
</router-link>
```

另外，给<router-link>在激活状态时添加一些样式，可以使用以下代码实现：

```
<router-link to="/" active-class="active">Home</router-link> |
<router-link to="/about" active-class="active">About</router-link>
```

再通过<style></style>编写样式。例如，把激活状态的文字转变成红色。具体代码如下：

```
<style scoped>
  .active{
    color: #f00;
  }
</style>
```

4. 添加路由填充位

路由填充位也叫作路由占位符，是用来将通过路由规则匹配到的组件渲染到路由占位符的位置。添加路由占位符的代码如下：

```
    <router-view> </router-view>
```

6.1.3 路由基础案例

使用Vue 路由需要以下几个步骤：

（1）使用createRouter方法创建路由组件。

（2）配置路由映射：即确定组件和路由的映射关系。

（3）使用路由：通过<router-link>和<router-view>实现。

【例6-2】路由基础案例

说明：建立3个路由对应2个组件文件，2个组件文件存储在项目脚手架的views目录中，分别是Home.vue和About.vue；3个路由分别是根目录“/”“/home”“/about”。其中，根目录路由被重定向到“/home”。

程序实现步骤及相关文件代码如下。

1. main.js文件

在Vue-cli脚手架的src目录下编写main.js文件。其文件内容如下：

```
import { createApp } from 'vue'
import App from './App.vue'
import router from './router'
createApp(App).use(router).mount('#app')
```

2. index.js文件

在Vue-cli脚手架的src/router目录下编写index.js文件，用来创建路由。其文件内容如下：

```
import { createRouter, createWebHashHistory } from 'vue-router'
import Home from '../views/Home.vue'
import About from '../views/About.vue'
const routes = [
  {
    path: '/',                  // 根目录
    redirect: '/home'           // 路由重定向到“/home”
  },
  {
    path: '/home',
    name: 'Home',
    component: Home
  },
  {
    path: '/about',
    name: 'About',
    component: About
  }
]

const router = createRouter({
  history: createWebHashHistory(),
  routes
})

export default router
```

3. App.vue文件

在Vue-cli脚手架的src目录下编写App.vue文件。其文件内容如下：

```
<template>
  <div id="nav">
    <img src="./assets/logo.png"><br>
```

```
    <router-link to="/" active-class="active">Home</router-link> |
    <router-link to="/about" active-class="active">About</router-link>
  </div>
  <router-view/>
</template>
<style scoped>
  #nav {
    text-align: center;
  }
  .active{
    color: #f00;
  }
</style>
```

在App.vue文件中编写两个链接及一个路由占位符。当与某个路由规则匹配，就把匹配路由所对应的组件文件内容渲染到路由占位符<router-view/>内。

4. Home.vue和About.vue文件

在Vue-cli脚手架的src/views目录下编写 Home.vue文件，如果用户单击路由转到该文件组件，则该组件文件内容将被渲染到App.vue的<router-view/>标签内。Home.vue文件内容如下：

```
<template>
  <div class="home">
    <h1>网站主页</h1>
  </div>
</template>
```

About文件与Home.vue文件类似。其文件内容如下：

```
<template>
  <div class="about">
    <h1>关于网站</h1>
  </div>
</template>
```

6.2 编程式导航

6.2.1 编程式导航简介

1. 页面导航方式

Vue中页面的导航有两种主要方式：一种是通过单击定义的链接实现导航的方式，叫作声明导航。例如，普通网页中的<a></a>链接或Vue中的<router-link></router-link >，在6.1.3小节的例6-2中实现的就是声明导航；另一种是通过调用JavaScript形式的API实现导航的方式，叫作编程式导航。

2. 编程式导航的基本方法

本小节所指的router是通过Vue 3.0的useRouter方法创建的，使用该方法之前必须从Vue中引入useRouter。其使用的语句如下：

```
import { useRouter } from 'vue-router'        // 引入useRouter

const router = useRouter()                    // 创建router
```

（1）router.push()方法。如果要导航到不同的URL，则使用router.push()方法。这个方法会向history栈添加一个新的记录，这样当用户单击浏览器中的“后退”按钮时，则退回到上一次访问的浏览器网页。另外，单击<router-link :to="...">等同于调用router.push()方法，该方法的参数可以是一个字符串路径，或者一个描述地址的对象。例如：

```
// 字符串
router.push('home')

// 对象
router.push({ path: 'home' })

// 命名的路由
router.push({ name: 'user', params: { userId: '123' }})

// 带查询参数，变成 /register?plan=private
router.push({ path: 'register', query: { plan: 'private' }})
```

需要强调的是，如果提供了path参数，则params参数将会被忽略，上述例子中的query并没有这个限制。当需要提供命名路由name或手写完整的参数path时，可以使用以下语句实现：

```
const userId = '123'
router.push({ name: 'user', params: { userId }})     // 导航到：/user/123
router.push({ path: `/user/${userId}` })             // 导航到：/user/123
// 下面的 params 不生效
router.push({ path: '/user', params: { userId }})    // 导航到：/user
```

同样的规则也适用于router-link组件的 to 属性。

（2）router.replace()方法。该方法与router.push()方法基本相同，唯一的区别是不向浏览器的history添加新记录，而是替换当前的history记录。

（3）router.go()方法。router.go()方法的参数是一个整数，意思是在浏览器的history记录中向前或后退多少步，类似原生JavaScript脚本的window.history.go(n)方法。以下语句是router.go()方法的基本使用：

```
// 在浏览器记录中前进1步，等同于history.forward()
router.go(1)

// 后退1步记录，等同于history.back()
router.go(-1)

// 前进3步记录
router.go(3)

// 如果history 记录不够用，将导航失败
router.go(-100)
router.go(100)
```

6.2.2 编程式导航的实现方法

编程式导航的实现方法如下。

（1）从vue-router引入useRouter()方法，使用如下语句：

```
import { useRouter } from 'vue-router'
```

（2）使用引入的useRouter()方法创建路由器，使用如下语句：

```
const router = useRouter()
```

（3）使用新建路由器的push()方法动态导航到不同的链接，使用如下语句：

```
const homeClick = () => {    // 用户单击时触发该事件
  router.push('about')       // 路由匹配到about
}
```

（4）在模板<template></template>中定义导航的触发元素，并绑定单击导航事件。例如，定义按钮为导航的触发元素，使用如下语句：

```
<button @click="homeClick">about home program</button>
```

【例6-3】编程式导航案例

说明：例6-3是上面编程式导航的完整实现，其在浏览器中的显示结果如图6-1所示。当用户单击“编程式导航”按钮时，将实现和单击About超级链接相同的功能，如图6-2所示。

图6-1　编程式导航Home

图6-2　编程式导航

程序代码如下：

```
// 文件：App.vue
<template>
  <div id="nav">
    <img src="./assets/logo.png"><br>
    <router-link to="/" active-class="active">Home</router-link> |
    <router-link to="/about" active-class="active">About</router-link> |
    <button @click="homeClick">编程式导航</button>
  </div>
  <router-view/>
</template>

<script>
import { reactive, toRefs } from 'vue'
import { useRouter } from 'vue-router'
export default {
  setup () {
    const state = reactive({
      count: 0
    })
    const router = useRouter()
    const homeClick = () => {
```

扫一扫，看视频

```
      router.push('/about')
    }
    return {
      ...toRefs(state),
      homeClick
    }
  }
}
</script>

<style scoped>
 #nav {
    text-align: center;
  }
  .active{
    color: #f00;
  }
</style>
```

6.3 动态路由

6.3.1 动态路由的基本使用方法

在某些情况下，一个页面的path路径可能是不确定的。例如，进入用户页面时，不仅希望有路径信息，还需要有一些其他信息。例如：

```
/user/lb
/user/wq
```

这种路径与组件之间的匹配关系，称为动态路由（也是路由传递数据的一种方式）。读者可以思考如果针对上面的用户lb和wq建立以下两个路由链接。其语句如下：

```
<router-link to="/user/lb">userLb</router-link>
<router-link to="/user/wq">userWq</router-link>
```

然后再定义这两个路由链接对应的路由规则。其语句如下：

```
const routes = [
  { path: '/user/lb', component: User},
  { path: '/user/wq', component: User}
]
```

这种方法虽然能够实现路由，但是动态性几乎不存在，因为用户增删是随时变化的。在Vue项目中，这种使用vue-router进行不传递参数的路由模式称为静态路由。

如果能够传递参数，并且对应路由数量是不确定的，则可以用动态路由实现。例如，上面说明的User组件，对于ID各不相同的用户都要使用这个组件来渲染。可以在 vue-router的路由路径中使用“动态路径参数”来达到这个效果。动态路由是以冒号开头的，其定义语句如下：

```
const routes = [
  { path: '/user/:userId', component: User}    // 动态路由参数以冒号开头
]
```

在路由组件中通过route.params获取路由参数，其使用的语句如下：

```
route.params.userID
```

【例6-4】实现动态路由

说明：例6-4是动态路由方法的实现。任务需求是实现任意用户ID值，然后在链接到User组件时，把用户ID值呈现在网页。使用字符拼接方法把字符lb和一个随机数拼接成一个用户ID值。该实例的运行结果如图6-3所示。

图6-3　动态路由

程序实现步骤及相关文件代码如下：

(1)在Components文件夹下创建组件User.vue。其组件内容如下：

```
<template>
 <h2>用户信息</h2>
 <p>收集到的用户信息</p>
 <h3>{{ userID }}</h3>
</template>

<script>
import { computed } from 'vue'
import { useRoute } from 'vue-router'
export default {
  setup () {
    // 获取列表页面传来的ID，利用此ID进行数据请求工作
    const route = useRoute()
    // 计算属性
    const userID = computed(() => {
      return route.params.userId     // 获取URL中的userID值
    })
    return {
      userID
    }
  }
}
</script>
```

扫一扫，看视频

(2)在router文件夹下的index.js文件中添加路径与路由之间的对应关系。其文件内容如下：

```
import { createRouter, createWebHashHistory } from 'vue-router'
import Home from '../views/Home.vue'
import About from '../views/About.vue'
import User from '../components/User.vue'
```

```
const routes = [
  {
    path: '/',
    name: 'Home',
    component: Home
  },
  {
    path: '/about',
    name: 'About',
    component: About
  },
  {
    path: '/user/:userId',
    name: 'User',
    component: User
  }
]

const router = createRouter({
  history: createWebHashHistory(),
  routes
})

export default router
```

（3）在App.vue中进行路由调用。其程序代码如下：

```
<template>
<div id="nav">
    <img src="./assets/logo.png"><br>
    <router-link to="/" active-class="active">主页</router-link> |
    <router-link to="/about" active-class="active">关于</router-link> |
    <router-link :to="`/user/${userId}`" active-class="active">
      用户
    </router-link>
  </div>
  <router-view/>
</template>

<script>
import { reactive, toRefs } from 'vue'
export default {
  setup () {
    const state = reactive({
      userId: 'lb' + Math.floor(Math.random() * 10)
    })

    return {
      ...toRefs(state),
    }
  }
}
</script>

<style scoped>
 #nav {
    text-align: center;
  }
  .active{
```

```
    color: #f00;
  }
</style>
```

6.3.2 嵌套路由

在实际的项目应用中，嵌套路由通常由多层嵌套的组件组合而成。同样地，URL中各段动态路径也按某种结构对应嵌套的各层组件。

例如，在home页面中，希望通过路径/home/message和/home/news访问一些内容，这就需要用到嵌套路由。通过路径/home访问一个组件，路径/home/message和/home/news通过路由占位符将渲染这两个路径对应的组件。其路径和组件的关系如图6-4所示。

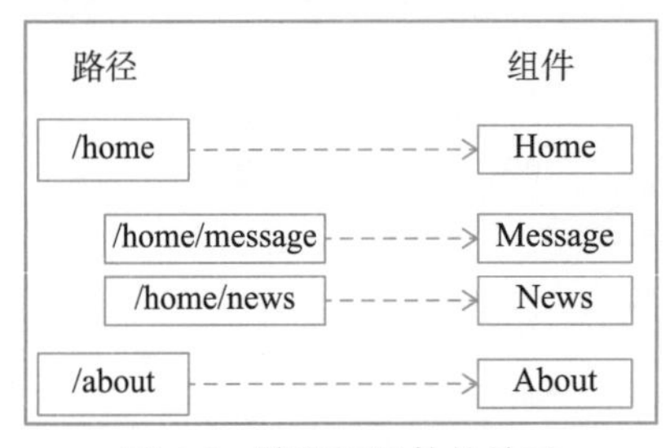

图 6-4 路径和组件的关系

实现嵌套路由需要两个步骤：

（1）创建对应的子组件，并且在路由映射中配置对应的子路由。

（2）在父组件内部使用<router-view>标签。

【例6-5】实现嵌套路由

说明：在例6-5（example6-5）中实现/home/news和/home/message的嵌套路由。其运行结果如图6-5和图6-6所示。

图 6-5 子路由 /home/news

图 6-6 子路由 /home/message

程序实现步骤及相关文件代码如下：

（1）在Components文件夹下创建两个组件，分别是HomeNews.vue和HomeMsg.vue。其组件内容如下。

组件名：HomeNews.vue。

```
<template>
  <ul>
```

扫一扫，看视频

```
      <li>新闻1</li>
      <li>新闻2</li>
      <li>新闻3</li>
    </ul>
  </template>
```

组件名:HomeMsg.vue。

```
<template>
  <ul>
    <li>消息1</li>
    <li>消息2</li>
    <li>消息3</li>
  </ul>
</template>
```

(2)在router文件夹的路由配置文件index.js中增加蓝色文字所示内容。需要注意的是，子路由的path值直接写路由信息，不能加根目录符号。index.js代码如下：

```
import { createRouter, createWebHashHistory } from 'vue-router'
import Home from '../views/Home.vue'
import About from '../views/About.vue'
import User from '../components/User.vue'
const HomeNews = () => import('../components/HomeNews.vue')
const HomeMsg = () => import('../components/HomeMsg.vue')

const routes = [
  {
    path: '/',
    redirect: '/home'
  },
  {
    path: '/home',
    name: 'Home',
    component: Home,
    children: [               // 子路由
      {
        path: '',             // 设置默认子路由
        component: HomeNews // 不使用路由重定向
      },
      {
        path: 'news',         // 设置/home/news子路由
        component: HomeNews // 设置匹配成功后所渲染的组件
      },
      {
        path: 'msg',          // 设置/home/msg子路由
        component: HomeMsg    // 设置匹配成功后所渲染的组件
      }
    ]
  },
  {
    path: '/about',
    name: 'About',
    component: About
  }
]

const router = createRouter({
```

```
  history: createWebHashHistory(),
  routes
})

export default router
```

（3）在主页组件Home.vue文件中增加蓝色文字所示的内容，即在文件中增加路由链接和路由占位符。代码如下：

```
<template>
  <div class="home">
    <h1>网站主页</h1>
   <router-link to="/home/news">新闻</router-link>  
   <router-link to="/home/msg">消息</router-link>
   <router-view />
  </div>
</template>
<style >
ul li{
  list-style: none;
}
</style>
```

（4）在App.vue主组件内使用<router-view />语句引入Home.vue组件。App.vue文件内容如下：

```
<template>
  <div id="nav">
    <img src="./assets/logo.png"><br>
    <router-link to="/">主页</router-link> |
    <router-link to="/about">关于</router-link>
  </div>
  <router-view/>
</template>

<style lang="scss">
#app {
  font-family: Avenir, Helvetica, Arial, sans-serif;
  -webkit-font-smoothing: antialiased;
  -moz-osx-font-smoothing: grayscale;
  text-align: center;
  color: #2c3e50;
}

#nav {
  padding: 30px;

  a {
    font-weight: bold;
    color: #2c3e50;

    &.router-link-exact-active {
      color: #42b983;
    }
  }
}
</style>
```

(5)入口文件main.js的文件内容如下：

```
import { createApp } from 'vue'
import App from './App.vue'
import router from './router'

createApp(App).use(router).mount('#app')
```

6.3.3 路由参数传递

route路由对象通过useRoute()方法来创建，并且在使用useRoute()方法之前必须先从vue-router中引入。其使用的语句如下：

```
import { useRoute } from 'vue-router'
const route = useRoute()
```

通过route路由对象可以获取URL中所传递的路由。通常有两种主要的方式：

(1)使用<route-link>标签传递参数。

(2)使用事件方法传递路由参数。

下面分别介绍这两种方式的实现步骤及代码。

1. 使用<route-link>标签传递参数

【例6-6】使用<route-link>标签传递参数

说明：在例6-6（example6-6）中使用<route-link>标签在调用相应组件的同时传递一些参数，当用户单击该链接后，可以把标签内所输送的参数显示在页面上。其在浏览器中的显示结果如图6-7所示。

扫一扫，看视频

图 6-7　通过 <route-link> 标签进行路由参数传递

程序实现步骤及相关文件代码如下：

(1)在脚手架的components文件夹下新建组件，本例使用的组件名为Profile.vue。

```
<template>
  详细信息： <br>
  姓名：{{route.query.name}}<br>          <!--通过route的query访问参数-->
  年龄：{{route.query.age}}<br>
  身高：{{route.query.height}}
</template>
<script>
import { useRoute } from 'vue-router'   // 引入useRoute 方法
export default {
```

```
    setup () {
      const route = useRoute()              // 生成route路由实例
      return {
        route
      }
    }
  }
</script>
```

（2）路由文件index.js。

```
import { createRouter, createWebHashHistory } from 'vue-router'
import Profile from '../components/Profile.vue'
// 此处省略其他组件导入

const routes = [
   {
    path: '/profile/',
    component: Profile
  },
// 此处省略其他路由
]

const router = createRouter({
  history: createWebHashHistory(),
  routes
})
export default router
```

（3）在需要路由链接文件（本例是App.vue）中写入以下query内容。

```
<template>
  <!--此处省略其他链接-->
  <router-link :to="{path:'/profile',
    query:{name:'刘兵',age:25,height:1.88}}" active-class="active">
    Profile
  </router-link>
  <hr>
  <router-view></router-view>
</template>
```

2. 使用事件方法传递路由参数

除了在图6-7中通过<route-link>标签传递路由参数，还可以使用按钮单击事件或者其他事件的触发方法实现路由参数的传递。

【例6-7】使用事件方法传递路由参数

说明：在例6-7（example6-7）中使用事件方法传递路由参数，事件响应函数内通过route路由的push()方法携带相关参数，当用户单击页面上的按钮时，在触发的按钮事件中把相关参数展示在页面中。其与<route-link>标签实现代码的步骤（3）略有不同。其在浏览器中的显示结果如图6-8所示。

扫一扫，看视频

图 6-8　通过事件方法进行路由参数传递

程序文件代码如下：

```
// 文件：App.vue
<template>
  <!--此处省略其他链接-->
  <hr>
    <button @click="profileClick">profile</button>
  <hr>
   <router-view></router-view>
</template>
<script>
import { useRouter } from 'vue-router'

export default {
  setup () {
    const router = useRouter()
    const profileClick = () => {
      router.push({
        path: '/profile',
        query: {
          name: '汪琼',
          age: 18,
          height: 168
        }
      })
    }
    return {
      profileClick
    }
  }
}
</script>
```

6.3.4　全局导航守卫

在Vue-cli脚手架页面中，网页标题仅有一个，是通过<title>标签展示的，当切换到不同的页面时，标题并不会改变。但是可以通过下面的JavaScript语句修改< title >的内容：

```
window.document.title ='新的标题'
```

普通的修改方式比较容易想到修改标题的位置是在每一个路由对应的组件文件中，通过onMounted声明周期函数，也就是在组件渲染之前执行对应的JavaScript代码进行修改。但缺点是当页面比较多时，这种方式不容易维护（因为需要在多个页面中执行类似的代码）。

此时可以使用全局导航守卫方式进行修改。Vue-router提供的全局导航守卫主要用来监听路由的进入和离开，然后通过Vue-router提供的beforeEach和afterEach的生命周期（钩子）函数，分别在路由即将改变前和改变后触发。这样就可以在Vue-cli脚手架router文件夹下的index.js路由文件中进行设置。

1. 全局前置守卫

使用router.beforeEach注册一个全局前置守卫，其使用方法如下：

```
const router = new VueRouter({ ... })
router.beforeEach((to, from, next) => {
  // ...
})
```

当一个导航触发时，全局前置守卫按照创建顺序调用。守卫是异步解析执行，此时导航在所有守卫解析完之前一直处于等待中。每个守卫方法接收三个参数。

（1）to：即将要进入的目标路由对象。

（2）from：当前导航正要离开的路由。

（3）next：一定要调用该方法来解析这个生命周期函数。执行效果依赖next()方法的调用参数如下。

1）next()：执行下一个生命周期函数。如果全部生命周期函数执行完毕，则导航的状态就是 confirmed（确认的）。

2）next(false)：中断当前的导航。如果浏览器的URL改变（可能是用户手动修改或者单击浏览器后退按钮），那么URL地址会重置到 from 路由对应的地址。

3）next('/') 或next({ path: '/' })：跳转到一个不同的地址。当前的导航被中断，然后进行一个新的导航。可以向next传递任意位置对象，且允许设置如 replace: true、name: 'home' 之类的选项，以及任何用在router-link的to prop或router.push中的选项。

Router.afterEach的生命周期（钩子）函数的使用方法与router.beforeEach相同，只是触发时间点不同而已。

2. 路由元信息

定义路由时可以配置meta字段，在其中配置的内容叫路由元信息。其使用语句如下：

```
const router = new VueRouter({
  routes: [
    {
      path: '/foo',
      component: Foo,
      children: [
        {
          path: 'bar',
          component: Bar,
          meta: {                    // meta域
           requiresAuth: true        // 属性: 属性值
          }
        }
```

```
        ]
      }
    ]
})
```

routes配置中的每个路由对象为路由记录。路由记录可以是嵌套的，因此当一个路由匹配成功后，可能匹配多个路由记录。例如，根据上面的路由配置，/foo/bar 这个URL将会匹配父路由记录以及子路由记录。

一个路由匹配到的所有路由记录会暴露为route对象的route.matched数组。因此，需要遍历route.matched 数组来检查路由记录中的meta字段。访问路由元信息可以通过下面的语句实现：

```
to.meta.属性
```

3. 路由懒加载

在单页应用中，如果没有使用路由懒加载，webpack会在打包时把所有用到的组件全部打包到一个文件中，这样打包后的文件会很大，当用户访问进入首页时的加载时间会很长，不利于良好的用户体验。运用路由懒加载则可以将页面进行划分，需要的时候再加载页面，可以有效地分担首页所承担的加载压力，减少首页加载所用的时间。下面是使用箭头函数进行路由懒加载的语句：

```
const 组件名 = () => import('组件路径');
```

下面的代码没有指定webpackChunkName，而是将每个组件打包成一个独立的JavaScript文件：

```
const Home = () => import('@/components/home')
const Index = () => import('@/components/index')
const About = () => import('@/components/about')
```

如果需要把组件按组分块，可以通过指定相同的webpackChunkName合并打包成一个JavaScript文件。例如，把Home、Index和About三个组件打包成一个JavaScript文件可以使用的语句如下：

```
const Home = () => import(/* webpackChunkName: 'ImportFuncDemo' */ '@/components/
home')
const Index = () => import(/* webpackChunkName: 'ImportFuncDemo' */ '@/components/
index')
const About = () => import(/* webpackChunkName: 'ImportFuncDemo' */ '@/components/
about')

const routes = [
  {
    path: '/about',
    component: About
  },
  {
     path: '/index',
     component: Index
   },
   {
      path: '/home',
      component: Home
    }
]
```

4. 案例实现

对例6-5进行改进，实现进入到不同页面组件时显示不同的页面标题。其实现代码如下所示(其在浏览器中的显示结果如图6-9所示)：

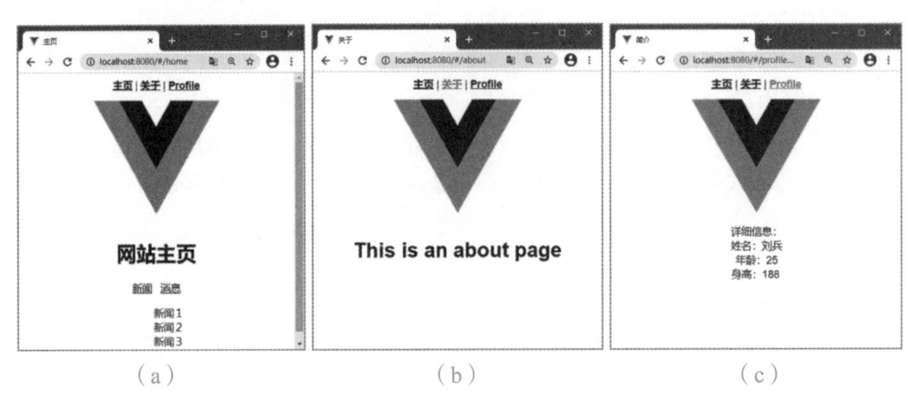

(a) (b) (c)

图 6-9 修改网页标题的三种页面状态

```
// router/index.js文件内容
import { createRouter, createWebHashHistory } from 'vue-router'
import Home from '../views/Home.vue'
import About from '../views/About.vue'
import Profile from '../components/Profile.vue'
// 下面以路由懒加载方式导入
const HomeNews = () => import('../components/HomeNews.vue')
const HomeMsg = () => import('../components/HomeMsg.vue')

const routes = [
  {
    path: '/',
    redirect: '/home'
  },
  {
    path: '/profile/',
    component: Profile,
    meta: {
      title: '简介'
    }
  },
  {
    path: '/home',
    name: 'Home',
    component: Home,
    meta: {
      title: '主页'
    },
    children: [
      {
        path: '',
        component: HomeNews
      },
      {
        path: 'news',
        component: HomeNews,
        meta: {
```

```
          title: '新闻'
        }
      },
      {
        path: 'msg',
        component: HomeMsg,
        meta: {
          title: '消息'
        }
      }
    ]
  },
  {
    path: '/about',
    name: 'About',
    component: About,
    meta: {
      title: '关于'
    }
  }
]

const router = createRouter({
  history: createWebHashHistory(),
  routes
})
router.beforeEach((to, form, next) => {
  if (to.matched[0].name === 'User'){ // 如果用户单击User链接，路由将被拦截
  console.log('拦截')
  } else {                           // 如果用户不是单击User链接
    document.title = to.meta.title   // 读取路由元信息，并修改网页标题
    next()                           // 跳转到指定页面
  }
})
export default router
```

6.3.5 新增路由

在最新的Vue-router中增加了router.addRoute()方法，该方法有以下两种使用方法：

```
router.addRoute({})                  // 增加单条路由
router.addRoute('父路由名', {})      // 增加指定父路由的子路由
```

例如，增加一条msg路由信息，然后在这条msg路由下创建一条info的子路由。在创建这两条路由后，应该创建对应的组件。在router文件夹下的index文件中增加以下代码：

```
import { createRouter, createWebHashHistory } from 'vue-router'
//此处省略与新增路由无关的代码
const router = createRouter({
  history: createWebHashHistory(),
  routes
})

router.addRoute({
  path: '/msg',
  name: 'Msg',                 // 命名路由
```

```
    component: () => import('../components/Msg.vue')
  })
  router.addRoute('Msg', {     //  指定父路由，然后添加相关子路由
    path: '/msg/info',
    component: () => import('../components/Info.vue')
  })
  //此处省略与新增路由无关的代码
```

从上例代码可以看出，如果完成需求还必须在components文件夹下新建Msg.vue和Info.vue组件文件。

6.4 综合案例

【例6–8】XX管理系统

说明：例6-8是基于Vue-router的综合案例，实现的结果如图6-10所示。细心的读者可能会发现此处不是首页而是users页面，原因是此处用到了路由重定向。当用户单击图6-10中编号为2的“详情”按钮时，会打开用户详情信息页面，如图6-11所示。这个过程需要用到编程式导航和导航传参，即把用户单击的记录索引值通过路由参数传递给相应组件。在图6-10中单击页面左侧导航条可以显示相应的组件内容。例如，单击“系统设置”，打开系统设置页面，如图6-12所示，此处用到的是路由配置的基本用法。

扫一扫，看视频

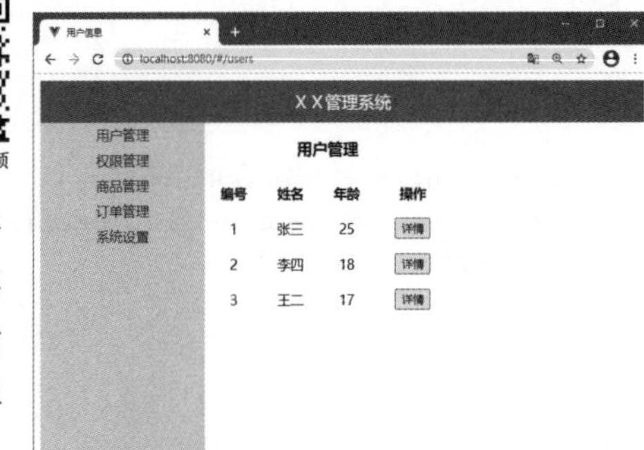

图 6-10　路由综合案例主页面

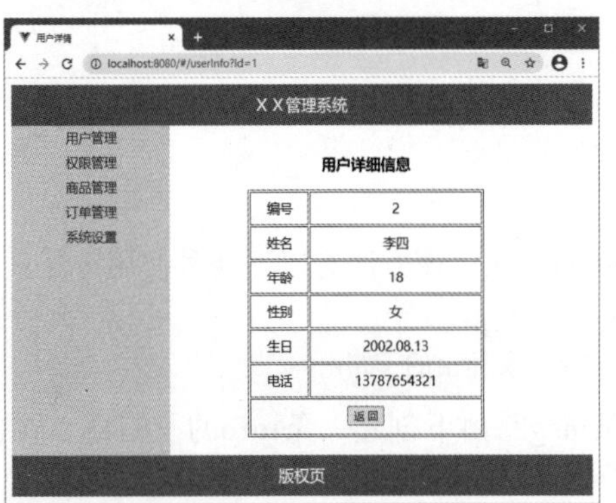

图 6-11　用户详细信息页面

图 6-12　系统设置页面

程序实现步骤和相关代码如下。

1. main.js文件

在Vue-cli脚手架的src目录下编写main.js文件，其文件内容如下：

```
import { createApp } from 'vue'
import App from './App.vue'
import router from './router'
createApp(App).use(router).mount('#app')
```

2. index.js文件

在Vue-cli脚手架的src/router目录下编写index.js文件，用来创建路由。其文件内容如下：

```
import { createRouter, createWebHashHistory } from 'vue-router'
import User from '../components/User'
import UserInfo from '../components/UserInfo'
const routes = [
  {
    path: '/',
    redirect: '/users'          // 路由重定向到users
  },
  {
    path: '/users',
    name: 'User',
    component: User,
    meta: {
      title: '用户信息'
    }
  },
  {
    path: '/userInfo',
    name: 'UserInfo',
    component: UserInfo,
    meta: {
      title: '用户详情'
    }
  },
  {
    path: '/rights',
    name: 'Right',
    component: () =>
      import(/* webpackChunkName: "rights" */ '../components/Rights.vue'),
    meta: {
      title: '权限管理'
    }
  },
  {
    path: '/goods',
    name: 'Goods',
    component: () =>
      import(/* webpackChunkName: "rights" */ '../components/Goods.vue'),
    meta: {
      title: '商品管理'
    }
  },
  {
    path: '/orders',
    name: 'Orders',
    component: () => import(/* webpackChunkName: "rights" */ '../components/Orders.
vue'),
    meta: {
      title: '订单管理'
    }
  },
  {
    path: '/settings',
```

```
    name: 'Settings',
    component: () =>
      import(/* webpackChunkName: "rights" */ '../components/Settings.vue'),
    meta: {
      title: '系统设置'
    }
  }
]

const router = createRouter({
  history: createWebHashHistory(),
  routes
})
router.beforeEach((to, form, next) => {
  document.title = to.meta.title   // 读取路由元信息，并修改网页标题
  next()                           // 跳转到指定页面
})
export default router
```

3. App.vue文件

在Vue-cli脚手架的src目录下编写 App.vue文件。其文件内容如下：

```
<template>
  <div class="header">
    XX管理系统
  </div>
  <div class="content left">
    <ul>
      <li><router-link to="/users">用户管理</router-link></li>
      <li><router-link to="/rights">权限管理</router-link></li>
      <li><router-link to="/goods">商品管理</router-link></li>
      <li><router-link to="/orders">订单管理</router-link></li>
      <li><router-link to="/settings">系统设置</router-link></li>
    </ul>
  </div>
  <div class="content right">
      <router-view></router-view>
  </div>
  <div class="footer">
    版权页
  </div>
</template>

<style  scoped>
  * {
    margin: 0px;
    padding: 0px;
  }
  .header, .footer {
     height: 50px;
     background-color: grey;
     color: white;
     font-size: 20px;
     text-align: center;
     line-height: 50px;
   }
```

```
    .content {
      height: 400px;
      float: left;
      width:500px;
    }
    .left {
      background-color: wheat;
      width: 200px;
    }
  .left li {
    list-style: none;
    text-align: center;
    height: 30px;
    line-height: 30px;
    border-bottom: thistle;
    cursor: pointer;
  }
  .left li a{
    text-decoration-line: none;
  }
  .left li:hover {
    background-color: yellowgreen;
  }

  .footer {
    clear: both;
  }
  </style>
```

4. components/User.vue文件

该组件用于显示用户基本信息，在此读者应重点理解如何进行编程式导航和路由参数传递。其程序代码如下：

```
<template>
  <table class="table" width="60%">
   <caption> <h3>用户管理</h3></caption>
   <thead>
     <tr>
       <th>编号</th>
       <th>姓名</th>
       <th>年龄</th>
       <th>操作</th>
      </tr>
    </thead>
    <tbody align="center">
      <tr v-for="item in userlist" :key="item.id">
        <td> {{ item.id }}</td>
        <td> {{ item.name }}</td>
        <td> {{ item.age }}</td>
        <td>
            <button @click="goDetail(item.id-1)">详情</button>
        </td>
      </tr>
    </tbody>
  </table>
```

扫一扫，看视频

```
</template>

<script>
import { reactive, toRefs } from 'vue'
import { useRouter } from 'vue-router'
export default {
  setup () {
    const state = reactive({
      userlist: [
        {
          id: 1,
          name: '张三',
          age: 25
        },
        {
          id: 2,
          name: '李四',
          age: 18
        },
        {
          id: 3,
          name: '王二',
          age: 17
        }
      ]
    })
    const router = useRouter()
    const goDetail = (index) => {
      router.push({
        path: '/userInfo',
        query: {
          id: index
        }
      })
    }
    return {
      ...toRefs(state),
      goDetail
    }
  }
}
</script>

<style  scoped>
tr {
  height: 40px;
}
</style>
```

5. components/UserInfo.vue文件

当用户单击用户组件的“详情”按钮后，UserInfo.vue组件将接收路由传递的索引值来展示对应用户的详细信息。在此组件的实现中，读者应该着重掌握如何接收路由所传递的参数，以及如何使用该参数，另外还有如何实现按钮回退功能。其代码如下：

```
<template>
```

```
  <p />
    <table width="300" height="300" align="center" border="1">
      <caption><h3>用户详细信息</h3></caption>
      <tr align="center">
        <td>编号</td>
        <td>{{userlist[index].id}}</td>
      </tr>
      <tr align="center">
        <td>姓名</td>
        <td>{{userlist[index].name}}</td>
      </tr>
      <tr align="center">
        <td>年龄</td>
        <td>{{userlist[index].age}}</td>
      </tr>
       <tr align="center">
        <td>性别</td>
        <td>{{userlist[index].sex}}</td>
      </tr>
       <tr align="center">
        <td>生日</td>
        <td>{{userlist[index].birthday}}</td>
      </tr>
       <tr align="center">
        <td>电话</td>
        <td>{{userlist[index].telphone}}</td>
      </tr>
      <tr>
         <td align="center" colspan="2"><button @click="goback()"> 返 回 </button></
td>
      </tr>
    </table>

</template>

<script>
import { reactive, toRefs } from 'vue'
import { useRoute, useRouter } from 'vue-router'
export default {
  setup () {
    const state = reactive({
      userlist: [
        {
          id: 1,
          name: '张三',
          age: 25,
          sex: '男',
          birthday: '1995.04.01',
          telphone: '13712345678'
        },
        {
          id: 2,
          name: '李四',
          age: 18,
          sex: '女',
          birthday: '2002.08.13',
          telphone: '13787654321'
```

```
      },
      {
        id: 3,
        name: '王二',
        age: 17,
        sex: '女',
        birthday: '2003.09.20',
        telphone: '13712345678'
      }
    ],
    index: 0
  })
  const route = useRoute()
  // 读取路由传递的id参数
  state.index = route.query.id
  const router = useRouter()
  const goback = () => router.go(-1)
  return {
    ...toRefs(state),
    goback
  }
 }
}
</script>
```

6. 其他组件

本案例的其他组件包括Settings.vue、Orders.vue、Goods.vue和Right.vue等，由于篇幅原因在此没有编写，仅给出一个显示名称的组件模板。例如，系统设计组件Settings.vue的代码如下：

```
<template>
  <h1>系统设置</h1>
</template>
```

7. 案例总结

从本案例的实现过程可以看出，首先要根据项目的整体布局划分好组件结构，然后通过路由导航控制组件的显示。案例实现的过程如下：

（1）抽离并渲染App根组件。

（2）将左侧菜单改造为路由链接。

（3）创建左侧菜单对应的路由组件。

（4）在右侧主体区域添加路由占位符。

（5）添加子路由规则。

（6）通过路由重定向默认渲染用户组件。

（7）渲染用户列表数据。

（8）从编程式导航跳转到用户详情页。

（9）实现后退功能。

6.5 本章小结

Vue路由是指根据URL分配到对应的处理程序，其作用就是解析URL调用对应视图组件的方法，而且在调用过程中还可以通过URL传递参数。本章6.1节介绍Vue路由的基本概念，包括建立路由、路由重定向、添加路由链接等；6.2节介绍编程式导航，重点说明router所提供的方法及相应的实现程序代码；6.3节介绍动态路由，主要包括动态路由的基本使用方法、嵌套路由、路由参数的传递、全局导航守卫等。

6.6 习题六

一、选择题

1. 以下选项中不可以进行路由跳转的是________。

   A. push()　　B. replace()　　C. route-link　　D. jump()

2. 在Vue 3.0中，以下获取动态路由{ path: '/user/:id' }中id的值正确的是________。

   A. this.$route.params.id　　B. route.params.id

   C. $route.params.id　　D. $route.params.id

3. 在Vue 3.0中，下列 Vue-router 插件的安装命令正确的是________。

   A. npm i vue-router@next

   B. node install vue-router

   C. npm Install vueRouter

   D. npm I vue-router

4. 路由设置是在________文件中定义。

   A. store/index.js　　B. main.js　　C. router/index.js　　D. App.vue

5. 下列关于query方式传参的说法正确的是________。

   A. query方式传递的参数会在地址栏中展示

   B. 在页面跳转的时候，不能在地址栏中看到请求参数

   C. 在目标页面中使用“route.query.参数名”获取参数

   D. 在目标页面中使用“$route.params.参数名”获取参数

6. <route-view />标签的作用是________。

   A. 显示超级链接　　B. 渲染符合路由规则的组件内容

   C. 显示路由规则　　D. 监听数据

二、简答题

1. 安装路由的DOS指令是什么?
2. Vue-router有哪两种模式?
3. Vue 3.0设置路由是修改哪个文件?
4. Vue-router是什么?它有哪些组件?
5. 请简述 Vue-router 路由的作用。
6. 怎么定义Vue-router的动态路由? 怎么获取传过来的值?
7. Vue-router 有哪几种导航钩子?

8. 简述route和router的区别。

9. 简述params和query的区别。

三、程序阅读，解释下面每一条语句的含义或作用

```
import Vue from 'vue';
import VueRouter from 'vue-router';
import page1  from './page1.vue';
import page2  from './page2.vue';
const routes=[
    {path:'/page1',component:page1},
    {path:"/page2",component:page2}
]
const router=new VueRouter({
    routes
});
export default router
```

四、编程题

请使用Vue路由相关知识动手实现Tab栏切换案例，要求如下：

1. 创建一个components/Message.vue 组件，用来展示页面内容。

2. 创建三个子路由，分别是“待付款”“待发货”“待收货”页面，在每个子路由页面单独写出相应的内容。

6.7 实验六　路由综合案例

一、实验目的及要求

1. 掌握在脚手架上路由的安装及使用方法。

2. 掌握基础路由和编程式导航实现。

3. 掌握动态路由和路由的参数传递方式。

4. 掌握路由守卫的实现方式。

二、实验要求

使用路由方式实现如实验图6-1 ～ 实验图6-3所示的内容，与6.4节内容的要求相同。

实验图 6-1　路由综合案例主页面

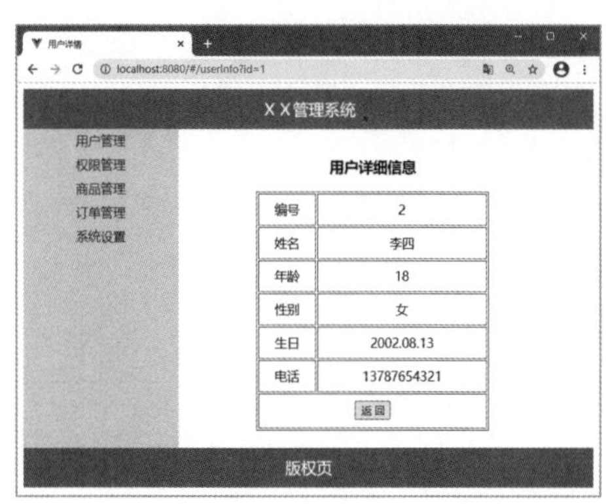

实验图 6-2　用户详细信息页面

实验图 6-3　系统设置页面

第 7 章

组件与过渡

学习目标

本章主要讲解 Vue 的两个强大功能之一——组件化，即可以把很多独立的功能封装成组件，再用这些组件去拼装成一个复杂的网页。通过本章的学习，读者应该掌握以下主要内容：

- Vue 的组件定义与切换。
- Vue 的组件之间的数据传递。
- Vue 的动态组件与插槽。
- Vue 的动画过渡实现方法。

思维导图（用手机扫描右边的二维码可以查看详细内容）

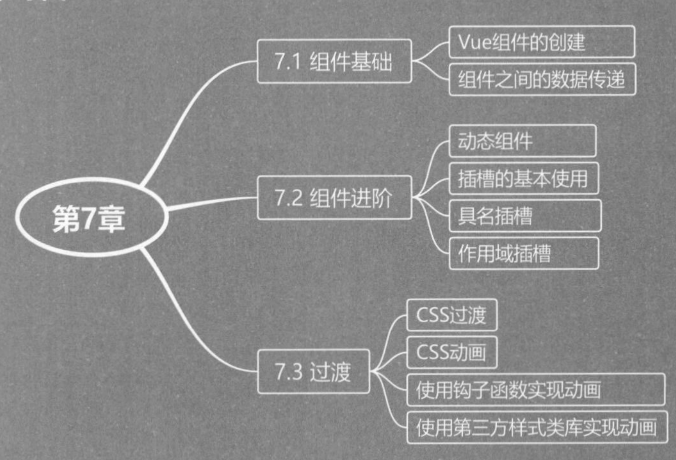

7.1 组件基础

7.1.1 Vue 组件的创建

1. 什么是组件

所谓组件化，就是把页面拆分成多个组件，每个组件单独使用HTML、CSS、JavaScript、模板、图片等资源进行开发与维护，然后在网页制作过程中根据需要调用相关的组件。因为组件是资源独立的，所以组件在系统内部可复用，组件和组件之间可以嵌套，如果项目比较复杂，可以极大地简化代码量，并且对后期需求的变更和维护也更加友好。

也就是说组件是为了拆分Vue实例的代码量，能够以不同的组件来划分不同的功能模块，需要什么样的功能，去调用对应的组件即可。

组件化和模块化是完全不同的两个概念。组件化是从UI界面的角度进行划分，前端的组件化方便UI的复用；模块化是从代码逻辑的角度进行划分，方便代码开发，保证每个功能模块的职能单一。

例如，每个网页中可能会有页头、侧边栏、导航等区域，把多个网页中这些统一的内容定义成一个组件，可以在使用的地方像搭积木一样快速创建网页。

组件化是Vue.js中的重要思想，提供了一种抽象。利用组件可以开发出一个个独立可复用的小组件来构造应用。任何的应用都会被抽象成一棵组件树，如图7-1所示。

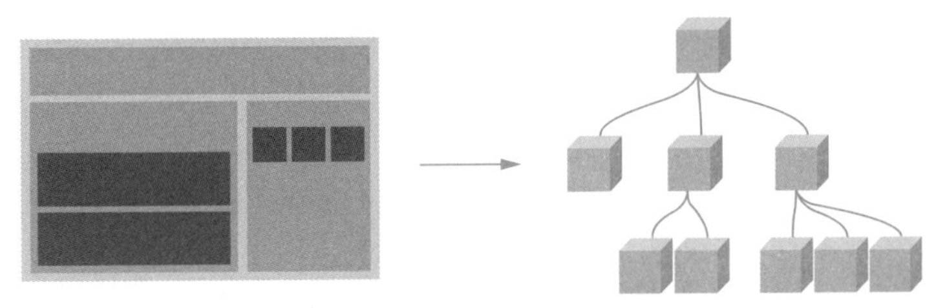

图 7-1　应用被抽象成一棵组件树

2. 使用组件的基本步骤

组件的使用分三个步骤：创建组件、注册组件和使用组件。

【例7-1】Vue组件的创建与使用

说明：在例7-1（example7-1）中实现用户单击按钮，对应计数器加1的组件。其在浏览器中的显示结果如图7-2所示。

扫一扫，看视频

程序实现步骤及相关代码如下。

（1）在脚手架的components文件夹下创建子组件ChildComp.vue，该子组件的内容主要包括一个按钮、计数器、按钮事件触发函数等。其代码如下：

```
<template>
  子组件<br>
  <button v-on:click="count++">                    <!--定义按钮，单击事件计数器加1-->
    您单击了 {{ count }} 次.                       <!--渲染计数器-->
  </button>
```

```
</template>

<script>
import { reactive, toRefs } from 'vue'

export default {
    setup () {
        const state = reactive({
            count: 0                // 定义计数器
        })

        return {
            ...toRefs(state)
        }
    }
}
</script>
```

在组件中定义了数据count，其初始值是0，三次调用该组件形成三个不同的计数器，其在浏览器中显示的结果如图7-2所示，图7-2中的第1个按钮被单击了2次，第2个按钮被单击了8次，第3个按钮被单击了5次。

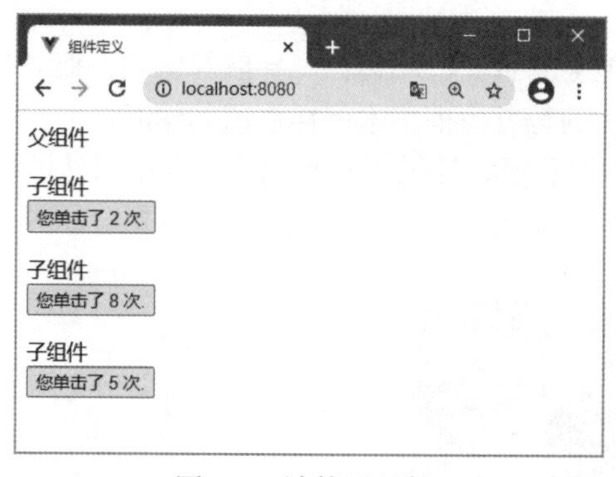

图7-2　计数子组件

（2）在脚手架的components文件夹下创建父组件fatherComp.vue，父组件内容完成导入子组件，然后在父组件中通过components声明子组件，在模板中使用子组件。其代码如下：

```
<template>
    父组件<p />
    <child-comp></child-comp><p />            <!--第三步：使用子组件-->
    <child-comp></child-comp><p />
    <child-comp></child-comp>
</template>

<script>
import { reactive, toRefs } from 'vue'
import ChildComp from './ChildComp.vue'       // 第一步：导入子组件
export default {
    components: {
        ChildComp                             // 第二步：注册子组件
    },
    setup () {
        const state = reactive({
            count: 0
        })
```

```
        return {
            ...toRefs(state)
        }
    }
}
</script>
```

在这里的模板中，重复三次使用了子组件。注意当单击不同的按钮时，每个组件都会各自独立维护count。因为每使用一次组件，就会有一个新的实例被创建。

（3）在入口文件src/main.js中，引入父组件'./components/FatherComp.vue'，然后把其挂载到id=app的Div块中，这样程序运行首先访问的就是FatherComp.vue组件。

```
import { createApp } from 'vue'
import App from './components/FatherComp.vue'
createApp(App).mount('#app')
```

7.1.2　组件之间的数据传递

Vue的组件传值分为两种方式：一种是父组件传递数据给子组件；另一种是子组件传递数据给父组件。一般父组件通过props属性给子组件下发数据，子组件通过事件给父组件发送消息。

1. 父组件向子组件传递数据

当子组件在父组件中当作标签使用时，给这个标签（也就是子组件）定义一个自定义属性，值为想要传递给子组件的数据。在子组件中通过props属性进行接收，特别强调的是props是专门用来接收外部数据的，该属性有两种接收数据的方式，分别是数组和对象，其中对象可以限制数据的类型。

父组件向子组件传递数据时，子组件不允许更改父组件的数据，因为父组件会向多个子组件传值，如果某个子组件对父组件的数据进行修改，很有可能会导致其他的组件发生错误，很难对数据的错误进行捕捉。

【例7-2】实现父组件向子组件传递数据

说明：在例7-2（example7-2）中展示父组件使用v-for指令向子组件传递一些标题，子组件接收标题并将其渲染到页面中。其在浏览器中的显示结果如图7-3所示。

扫一扫，看视频

程序实现步骤及相关代码如下：

（1）在脚手架的components文件夹下创建子组件ChildComp.vue，该子组件通过props属性接收数据，并把这些数据变成响应式数据在模板中进行渲染。其代码如下：

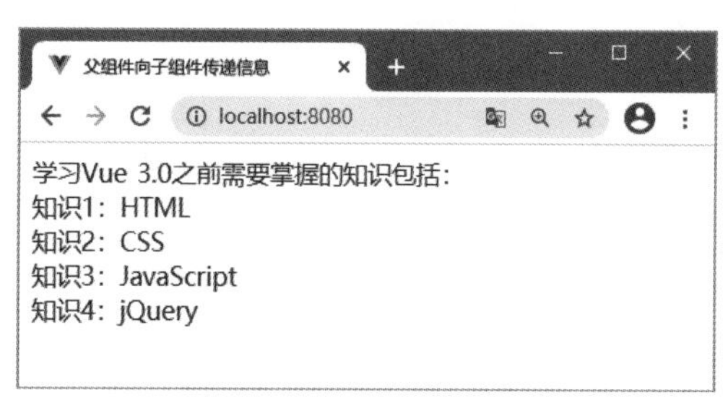

图7-3　父组件向子组件传递数据

```
<template>
    前期所需要的知识{{myid}}: {{mytext}}<br>
</template>

<script>
import { reactive, toRefs } from 'vue'

export default {
    props:['title','id'],                    // 接收父组件传递来的数据
    setup (props) {
        const state = reactive({
            mytext: props.title,             // 把数据变成响应式数据
            myid: props.id
        })

        return {
            ...toRefs(state),
        }
    }
}
</script>
```

(2)在脚手架的components文件夹下创建父组件fatherComp.vue，父组件内容通过自定义属性向子组件传递数据。其代码如下：

```
<template>
    学习Vue 3.0之前需要掌握的知识包括：<br>
   <blogpost v-for="post in posts" :key="post.id" :title="post.title"
:id="post.id"></blogpost>
</template>

<script>
import { reactive, toRefs } from 'vue'
import blogpost from './ChildComp'
export default {
    components: {
        blogpost
    },
    setup () {
        const state = reactive({
            posts: [
                { id: 1, title: 'HTML' },
                { id: 2, title: 'CSS' },
                { id: 3, title: 'JavaScript' },
                { id: 4, title: 'jQuery' }
            ]
        })

        return {
            ...toRefs(state)
        }
    }
}
</script>
```

如上所述，会发现可以使用v-for指令动态传递props。这在一开始不清楚要渲染的具体内容时非常有用。

2. 子组件向父组件传递数据

子组件向父组件传递数据是通过setup()方法进行，其使用的语法格式如下。

```
setup (props, {emit}) {
  // 定义数据及方法
}
```

其中，props参数是用于接收父组件传递给子组件的数据；{emit}是解构参数，使用emit方法通过事件向父组件传递数据。其使用的语法如下。

```
emit('父组件调用子组件标签所绑定的事件名', 子组件向父组件传送的参数)
```

例如，父组件调用子组件标签所绑定的事件名为event，其代码如下：

```
<navbar @event="handleClick"></navbar>
```

在子组件中使用emit方法向父组件传递数据的语句如下：

```
emit('event', '我是子组件传送过来的数据')
```

【例7-3】实现子组件向父组件传递数据

说明：在例7-3（example7-3）中实现子组件向父组件传递数据。例7-3中定义了两个子组件，一个父组件。在一个子组件中定义了一个按钮，用户单击该按钮后，向父组件传递数据并调用父组件上提供的函数来控制另一个组件内容的显示与否。其在浏览器中的显示结果如图7-4所示。

扫一扫，看视频

程序实现步骤及相关代码如下。

（1）创建父组件，在父组件中定义方法，然后子组件来调用。在这个调用过程中传递数据。其代码如下：

```
<template>
    <navbar @event="handleClick"></navbar>
    <br>{{mytext}}<br>
    <listbar v-if="isShow"></listbar>
</template>

<script>
import { reactive, toRefs } from 'vue'
import navbar from './ChildComp'                // 导入子组件
import listbar from './ListComp'                // 导入子组件

export default {
    components: {
        navbar,                                 // 注册子组件
        listbar
    },
    setup () {
        const state = reactive({
            isShow: false,
            mytext: ''
        })
       // 定义方法，其中入口参数sonData就用来接收子组件传递的数据
        const handleClick = (sonData) => {
        state.isShow = !state.isShow            // 控制另一个子组件是否显示
         if (state.isShow) state.mytext = sonData
         else state.mytext=''
        }
```

```
        return {
            ...toRefs(state),
            handleClick
        }
    }
}
</script>
```

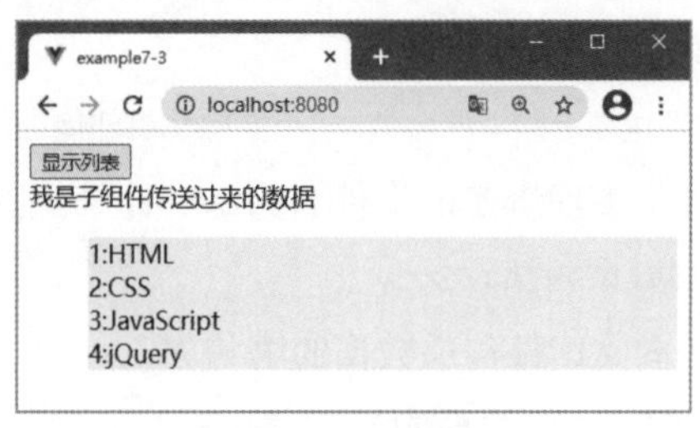

图 7-4　子组件传递数据给父组件

（2）创建子组件ChildComp.vue，其代码如下：

```
<template>
    <button @click="showList">显示列表</button>
</template>

<script>
import { reactive, toRefs } from 'vue'

export default {
  setup (props, {emit}) {
    const state = reactive({
      count: 0
    })
    const showList = () => {                        // 按钮的单击事件处理函数
      emit('event', '我是子组件传送过来的数据')  // 通过emit()调用父组件绑定事件event
    }                                               // emit()的第二个参数是向父组件传递的数据
    return {
        ...toRefs(state),
        showList
    }
  }
}
</script>
```

该子组件中的setup函数的入口参数有两个：第一个是父组件向子组件传递数据的接口props；第二个是解构出来的emit，用来向父组件传递数据的方法。

（3）另一个子组件ListComp.vue仅仅是显示一些数据，然后通过子组件ChildComp.vue调用父组件的方法来修改isShow的取值，以确定ListComp.vue组件是否显示。其代码如下：

```
<template>
    <ul>
        <li v-for="item in posts" :key="item.id">
            {{item.id}}:{{item.title}}
        </li>
    </ul>
</template>
```

```
<script>
import { reactive, toRefs } from 'vue'

export default {
    setup () {
        const state = reactive({
            posts: [
                { id: 1, title: 'HTML' },
                { id: 2, title: 'CSS' },
                { id: 3, title: 'JavaScript' },
                { id: 4, title: 'jQuery' }
            ]
        })

        return {
            ...toRefs(state)
        }
    }
}
</script>

<style lang="scss" scoped>
ul li{
    list-style: none;
    background-color: yellow;
}
</style>
```

7.2 组件进阶

7.2.1 动态组件

Vue提供<component>组件标签元素，在该组件标签元素中使用v-bind指令搭配is属性来动态渲染对应名称的组件，即<component>组件标签元素是一个占位符，is属性可以用来指定要展示组件的名称。其切换代码如下：

```
<component v-bind:is="切换组件的名称"></component>
```

简写形式如下：

```
<component :is="切换组件的名称"></component>
```

简单地说，就是使用<component>组件标签元素动态地绑定多个组件名称到is属性。

【例7-4】选项卡

说明：在例7-4（example7-4）中实现一个选项卡页面，当用户单击不同的选项卡，通过切换组件实现显示不同的组件内容。其在浏览器中的显示结果如图7-5所示。

扫一扫，看视频

图 7-5 选项卡运行结果

程序实现步骤及相关代码如下。

(1)创建父组件，其实现的代码如下：

```
<template>
  <div id="dynamic-component-demo" class="demo">
    <button v-for="(tab, index) in tabsName" v-bind:key="index"
        v-bind:class="['tab-button', { active: currentTab === index }]"
        v-on:click="currentTab = index">
      {{ tab }}
    </button>
    <component :is="currentTabComponent" class="tab"></component>
  </div>
</template>

<script>
import { reactive, toRefs, computed } from 'vue'
import tabhome from './TabHome.vue'          // 导入子组件
import tabposts from './TabPosts.vue'
import tabarchive from './TabArchive.vue'

export default {
    components: {
        tabhome,                                 // 注册子组件
        tabposts,
        tabarchive
    },
    setup () {
      const state = reactive({
        currentTab: 0,
        // 定义切换子组件的组件名数组
        tabsCompName: ['tabhome', 'tabposts', 'tabarchive'],
        // 定义子组件对应的中文选项卡标题
        tabsName: ['学校主页', '校内新闻', '大千世界']
      })
      // 通过计算属性来侦听state.currentTab数据的变化，以改变不同的选项卡及内容
      const currentTabComponent = computed(() => {
        return state.tabsCompName[state.currentTab]
      })
      return {
        ...toRefs(state),
        currentTabComponent,
      }
    }
}
</script>

<style scoped>
```

```
.tab-button {             /* 定义选项头的样式*/
  padding: 6px 10px;
  border-top-left-radius: 3px;
  border-top-right-radius: 3px;
  border: 1px solid #ccc;
  cursor: pointer;
  background: #f0f0f0;
  margin-bottom: -1px;
  margin-right: -1px;
}
.tab-button:hover {
  background: #f5d1d1;
}
.tab-button.active {
  background: #e0e0e0;
}
.demo-tab {
  border: 1px solid #ccc;
  padding: 10px;
}
</style>
```

选项卡标题是一个按钮，当用户单击不同的选项卡标题后，执行绑定的click单击事件。在该单击事件中，执行“currentTab = index”语句，让响应式变量currentTab等于现在单击的第几个选项卡。然后通过按钮中的“active: currentTab === index”使当前选项卡标题按钮处于激活状态，再通过计算属性切换在<component>标签内容中需要渲染的组件。

（2）创建选项卡内容的子组件：TabHome.vue、TabPosts.vue和TabArchive.vue。其中的内容类似，仅是<div>块内的文字略有不同，此处仅列出TabHome.vue的文件内容。其代码如下：

```
<template>
  <div class="demo-tab">学校主页组件</div>
</template>
```

7.2.2 插槽的基本使用

在自定义组件时，插槽（slot）可以把需要调用该组件并且要传递内容的位置预留出来，留给使用该组件的父组件来自定义，同时还可以传递一些数据供其使用。插槽使组件具有扩展性。

也就是说，同一个组件根据用户调用的不同，需要渲染不同的内容。插槽就好像组件开发时定义的一个参数，该参数通过name值来区分，如果不传入值，就使用默认值来渲染；如果传入了新值，在组件调用时就会替换定义时的默认值。

插槽的定义语法格式如下：

```
<slot >默认内容</slot>
```

需要说明的是，这种插槽称为不具名插槽或默认插槽，只能有一个并且默认内容是在插槽没有被匹配时才生效。

【例7-5】默认插槽的定义与使用

说明：例7-5（example7-5）定义了一个提示框，提示框包括头部、中间内容和底部三个部分。其中，头部和底部的内容是不变的，改变的仅是中间的内容。此处

扫一扫，看视频

中间的内容使用匿名slot进行定义。其在浏览器中的显示结果如图7-6所示。

程序实现步骤及相关代码如下。

（1）创建子组件Popup.vue，在该组件内写入以下代码：

```
<template>
    <div>头部区域</div>
    <slot>默认显示内容</slot>
    <div>底部区域</div>
</template>
```

图7-6　插槽的基本使用

（2）在父组件中引用子组件，并使用两种方式引用子组件：一种是直接引用，让子组件采用默认方式显示中间内容；另一种是参数引用，用参数代替<slot></slot>插槽中的默认内容。其代码如下：

```
<template>
    <popup></popup>                 <!--直接引用子组件-->
    <hr>
    <popup>                         <!--带参数引用子组件-->
      <h1>                          <!--h1标签将代替插槽中的内容-->
        主要内容 <button>测试</button>
     </h1>
    </popup>
</template>

<script>
import { reactive, toRefs } from 'vue'
import popup from './Popup.vue'

export default {
    components:{
        popup
    },
    setup () {
        const state = reactive({
            count: 0
        })

        return {
            ...toRefs(state)
        }
    }
}
</script>
```

7.2.3 具名插槽

具名插槽就是给每一个插槽<slot>都取个名字，取名的方法是在插槽<slot>标签中使用name属性配置如何分发内容，并且多个插槽<slot>可以有不同的名字。例如，在子组件中定义一个footer插槽。其使用语句如下：

```
<slot name="footer" />
```

在父组件中使用这个插槽的语句如下：

```
<template v-slot:footer>
  这里的文字显示在组件的具名插槽footer内
</template>
```

【例7-6】具名插槽的定义与使用

说明：在例7-6（example7-6）中在子组件内定义了两个插槽：一个是匿名插槽；另一个是具名插槽，然后在父组件中分别使用匿名插槽和具名插槽。其在浏览器中的显示结果如图7-7所示。

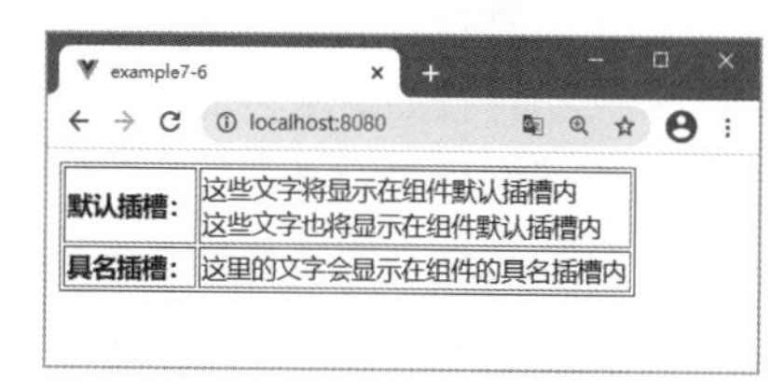

图7-7　具名插槽

程序实现步骤及相关代码如下。

（1）创建子组件Popup.vue，在该组件内写入以下代码：

```
<template>
  <table border="1">
    <tr>
      <th>默认插槽：</th>
      <td><slot /></td>
    </tr>
    <tr>
      <th>具名插槽：</th>
      <td><slot name="footer" /></td>
    </tr>
  </table>
</template>
```

（2）在父组件中引用子组件，并使用两种方式引用子组件：一种是直接引用，让子组件采用默认方式显示内容；另一种是具名插槽引用。其代码如下：

```
<template>
    <popue>
      这些文字将显示在组件的默认插槽内
      <template v-slot:footer>
        这里的文字会显示在组件的具名插槽内
      </template>
      <br>这些文字也将显示在组件的默认插槽内
    </popue>
</template>
```

```
<script>
import popue from "./Popup.vue";
export default {
  components: {
        popue
  }
}
</script>
```

所有没使用具名插槽的内容，都将被渲染到匿名插槽内，而不管其在模板的什么位置。

7.2.4 作用域插槽

通过7.2.2和7.2.3两个小节的讲述可以得出这样的结论：插槽是子组件提供了可替换模板，父组件可以用自定义的内容去替换子组件中的插槽；具名插槽是在子组件内定义多个插槽，每个插槽提供一个插槽名，在父组件内所编写的内容可以通过指定插槽名替换指定的插槽。

如果希望在父组件下有不一样的子组件样式渲染，这个在子组件中是没法做到的。只能通过把子组件的数据传递给父组件，让父组件按照需求再渲染到页面，也就得到了一个子组件模板，渲染出不同的页面效果。数据是在子组件中定义的但在父组件中使用，这样数据就超出其作用域。作用域插槽指的就是跨越数据作用域来实现数据在页面中的渲染。

现在有这样的需求，在子组件Popup.vue中定义了一个数组信息数据，然后需要在父组件中通过插槽渲染这个数据信息。但在父组件中并没有这个数组信息数据，所以直接在父组件中使用这个数组信息数据是获取不到数据的，只有子组件可以访问这个数组信息数据。这时可以把子组件的这个数组信息数据传送到父组件再来按照指定的格式渲染数据。在子组件中定义传递数据webLanguages的语句如下：

```
<slot name='footer' :data="webLanguages">
  // 此处是默认渲染内容及格式
</slot>
```

在父组件中通过子组件标签<popue>获取webLanguages数据的语句如下：

```
<popue>
  <template v-slot:footer="message">
    // 此处是指定渲染内容及格式，其中message就是子组件内的webLanguages数据
  </template>
</popue>
```

【例7-7】作用域插槽的定义与使用

说明：在例7-7（example7-7）中在子组件内定义了一个数组数据，然后定义作用域插槽，并在作用域插槽中把数组数据传递出去，且定义显示数组数据的渲染方式；在父组件中分别进行默认数组数据渲染、数组数据以短横线分隔样式渲染、数组数据以星号分隔样式渲染。其在浏览器中的显示结果如图7-8所示。

扫一扫，看视频

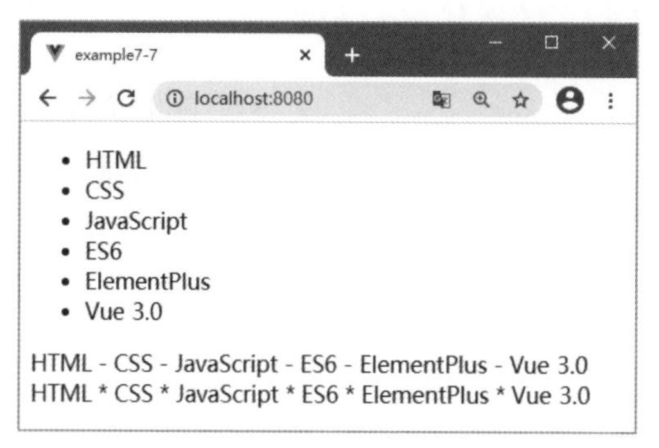

图 7-8　作用域插槽

程序实现步骤及相关代码如下。

（1）创建子组件Popup.vue，在该组件内写入以下代码：

```
<template>
  <slot name='footer' :data="webLanguages">    <!--定义作用域插槽-->
    <ul>                                        <!--定义默认渲染方式-->
      <li v-for="(item,index) in webLanguages" :key="index">
        {{item}}
      </li>
    </ul>
  </slot>
</template>

<script>
import { reactive, toRefs } from 'vue'

export default {
  setup () {
    const state = reactive({
      webLanguages: [              //  定义数组数据
       'HTML',
       'CSS',
       'JavaScript',
       'ES6',
       'ElementPlus',
       'Vue 3.0'
      ]
    })

    return {
      ...toRefs(state)
    }
  }
}
</script>
```

（2）在父组件中引用子组件，引用方式有三种：直接引用、短横线分隔样式渲染、星号分隔样式渲染。其代码如下：

```
<template>
    <popue></popue>                              <!--直接引用-->
    <popue>                                      <!--作用域插槽-->
      <template v-slot:footer="message">
        {{message.data.join(' - ')}}             <!--数组元素以短横线分隔-->
      </template>
```

```
    </popue>
    <br>
    <popue>                                       <!--作用域插槽-->
      <template v-slot:footer="message">
        {{message.data.join(' * ')}}              <!--数组元素以星号分隔-->
      </template>
    </popue>
</template>

<script>
import popue from "./Popup.vue";
export default {
   components: {
       popue
   }
}
</script>
```

7.3 过渡

Vue提供了在响应某些变化时可以使用过渡和动画的抽象概念，这些抽象的概念包括：

- 在CSS和JavaScript中，使用内置<transition>组件钩住组件中进入和离开的DOM。
- 过渡模式，以便在过渡期间编排顺序。
- 在处理多个元素位置更新时，使用<transition-group>组件通过FLIP技术来提高性能。
- 使用侦听属性watchers处理应用中不同状态的过渡。

7.3.1 CSS 过渡

在需要有过渡效果的标签外面添加<transition></transition>标签才能实现过渡。其语句定义格式如下：

```
<transition  name="mytran">
  <!-- 实现过渡效果的标记元素，如<div>、<li>等 -->
</transition>
```

Vue对添加<transition>标签的元素提供了三个进入过渡的样式类和三个离开过渡的样式类，如图7-9所示。

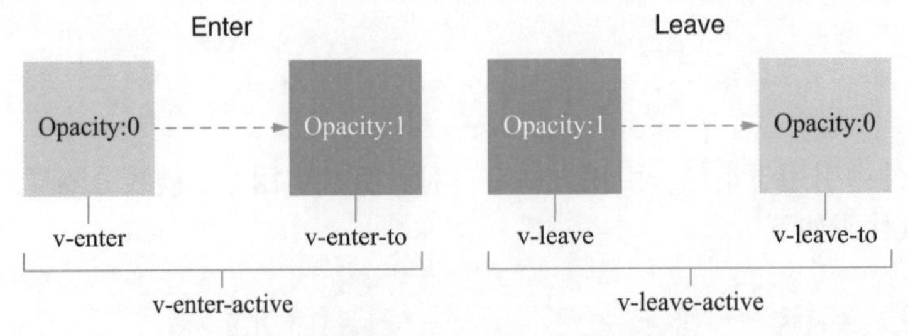

图 7-9　元素进入和离开的过渡示意图

对于图7-9中的Opacity的说明：过渡动画的显示和隐藏会使用Opacity属性表示。其中，“Opacity:1”表示不透明，元素在网页中显示；“Opacity:0”表示元素透明，元素在网页中不显示。图7-9中的进入、离开过渡样式类说明如下。

- v-enter：定义进入过渡的开始状态。在元素被插入之前生效，在元素被插入之后的下一帧被移除。
- v-enter-active：定义进入过渡生效时的状态。在整个进入过渡的阶段中应用，在元素被插入之前生效，在过渡/动画完成之后被移除。这个类可以用来定义进入过渡的过程时间、延迟和曲线函数。
- v-enter-to：定义进入过渡的结束状态。在元素被插入之后下一帧生效（与此同时v-enter被移除），在过渡/动画完成之后被移除。
- v-leave：定义离开过渡的开始状态。在离开过渡被触发时立刻生效，下一帧被移除。
- v-leave-active：定义离开过渡生效时的状态。在整个离开过渡的阶段中应用，在离开过渡被触发时立刻生效，在过渡/动画完成之后被移除。这个类可以被用来定义离开过渡的过程时间、延迟和曲线函数。
- v-leave-to：离开过渡的结束状态。在离开过渡被触发之后下一帧生效（与此同时v-leave被删除），在过渡/动画完成之后被移除。

需要说明的是如果使用一个没有name属性的<transition>标记时，"v-"是这些样式类的默认前缀。例如，默认进入动画过渡状态是v-enter、v-enter-to和v-enter-active。如果使用了含有name属性的<transition>标记，如<transition name="fade">，那么这个进行动画的三个状态名会变成：fade-enter、fade-enter-to和fade-enter-active。

【例7-8】使用CSS过渡实现字符串的显示与隐藏

说明：在例7-8（example7-8）中当用户单击按钮时，实现网页中的字符串"Hello Vue 3.0 World!"的显示与隐藏，在进行显示与隐藏的过程中使用CSS过渡方法。其在浏览器中的显示结果如图7-10所示。

扫一扫，看视频

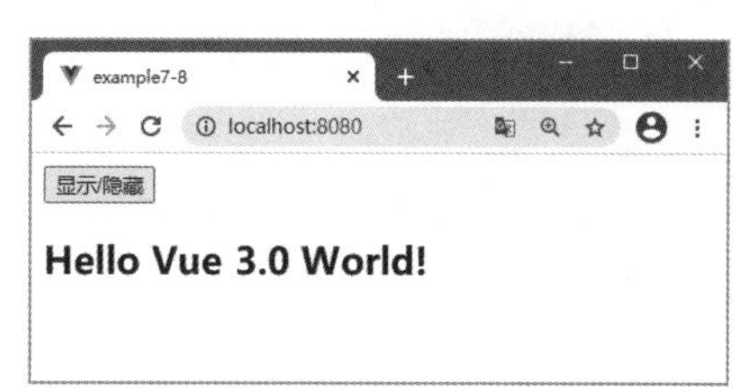

图 7-10　CSS 过渡

程序实现步骤及相关代码如下：

```
<template>
   <button @click="fadeInOut">显示/隐藏</button>
   <transition name="fade">
       <h2 v-if="isShow">{{msg}}</h2>
   </transition>
</template>

<script>
import { reactive, toRefs } from 'vue'

export default {
    setup () {
        const state = reactive({
            isShow: true,
            msg: 'Hello Vue 3.0 World!'
```

```
        })
        const fadeInOut= () => {
            state.isShow = !state.isShow
        }
        return {
            ...toRefs(state),
            fadeInOut
        }
    }
}
</script>

<style scoped>
// 可以设置不同的进入和离开动画
// 设置持续时间和动画函数

// 元素进入过程状态设置
.fade-enter-active {
    // 所有元素0.3秒完成状态过渡变化，ease-out慢速结束的过渡效果
  transition: all 0.3s ease-out;
}

// 元素离开过程状态设置
.fade-leave-active {
    // 所有元素0.8秒完成状态过渡变化，cubic-bezier贝塞尔曲线方法
  transition: all 0.8s cubic-bezier(1, 0.5, 0.8, 1);
}

// 元素进入时开始状态、离开时结束状态
.fade-enter-from, .fade-leave-to {
  transform: translateX(20px); // X轴移动20像素
  opacity: 0;                  // 透明度设置为0
}
</style>
```

另外，除了使用<transition>标签默认进入离开的默认样式类，用户还可以自定义过渡class类名，即通过以下属性自定义过渡类名：

- enter-from-class
- enter-active-class
- enter-to-class
- leave-from-class
- leave-active-class
- leave-to-class

这种自定义样式类要比默认样式类名的优先级高，这对于Vue的过渡系统和使用其他第三方CSS动画库（例如，与Animate.css结合使用）都非常有用。其使用方法的示意语句如下：

```
<transition
    name="custom-classes-transition"
    enter-active-class="animate__animated animate__tada"
    leave-active-class="animate__animated animate__bounceOutRight"
  >
    <p v-if="show">hello</p>
</transition>
```

在很多情况下，Vue可以自动得出过渡效果的完成时机。有时要拥有一个精心编排的一系列过渡效果，其中一些嵌套的内部元素相比过渡效果的根元素有延迟的或更长的过渡效果。在这种情况下，可以使用<transition>组件中的duration属性定制一个显性的过渡持续时间(以毫秒为单位)：

```
<transition :duration="1000">...</transition>
```

也可以把进入和移出的持续时间分别进行定义：

```
<transition :duration="{ enter: 500, leave: 800 }">...</transition>
```

7.3.2　CSS 动画

CSS动画的用法与CSS过渡相同，区别是在动画中v-enter-from类名在节点插入DOM后不会立刻被删除，而是在animationend事件触发时删除。

【例7-9】使用CSS动画实现字符串的显示与隐藏

说明：在例7-9（example7-9）中当用户单击按钮时，对网页中的字符串“Hello Vue 3.0 World!”进行放大与缩小。其在浏览器中的显示结果如图7-11所示。

图 7-11　CSS 动画放大的过程

程序实现步骤及相关代码如下：

扫一扫，看视频

```
<template>
   <button @click="fadeInOut">显示/隐藏</button>
   <transition name="bounce">
      <h2 v-if="isShow">{{msg}}</h2>
   </transition>
</template>

<script>
import { reactive, toRefs } from 'vue'

export default {
    setup () {
        const state = reactive({
            isShow: true,
            msg: 'Hello Vue 3.0 World!'
        })
        const fadeInOut= () => {
            state.isShow = !state.isShow
        }
        return {
            ...toRefs(state),
            fadeInOut
        }
```

```
    }
  }
</script>

<style scoped>
.bounce-enter-active {
  animation: bounce-in 0.5s; /* 关键帧名称：bounce-in，完成时间0.5秒  */
}
.bounce-leave-active {
  /* 关键帧名称：bounce-in，完成时间0.5秒，reverse表示动画反向播放 */
  animation: bounce-in 0.5s reverse;
}
@keyframes bounce-in {        /* 定义关键帧，名称为bounce-in  */
  0% {
    transform: scale(0);
  }
  50% {
    transform: scale(1.25);
  }
  100% {
    transform: scale(1);
  }
}
</style>
```

7.3.3 使用钩子函数实现动画

7.3.1和7.3.2小节中说明了Vue中动画过渡的方法，用这种方法同时实现了入场和离场这两个半场动画，即实现了整个动画，但是有时仅需要实现其中的一个离场或一个入场动画（如将商品加入购物车的过程），前面学到的这种方式就不适用，这时可以使用钩子函数实现入场和离场这样的半场动画。

实现半场动画的钩子函数分成两类：一类是入场的；另一类是离场的。其中，实现入场的钩子函数有以下4个。

（1）@before-enter="beforeEnter"：表示动画入场之前，此时动画还未开始，可以在其中设置元素开始动画之前的起始样式。

（2）@enter="enter"：表示动画开始之后的样式，可以设置完成动画的结束状态。

（3）@after-enter="afterEnter"：表示动画完成之后的状态。

（4）@enter-cancelled="enterCancelled"：用于取消开始动画。

与入场相对应的离场钩子函数也有以下4个。

（1）@before-leave="beforeLeave"：表示动画离场之前，此时动画还未开始离场，可以在其中设置元素离场动画之前的起始样式。

（2）@leave="leave"：表示动画离开，可以设置完成动画的结束状态。

（3）@after-leave="afterLeave"：表示动画完成之后的状态。

（4）@leave-cancelled="leaveCancelled"：用于取消离开动画。

使用半场动画的钩子函数需要在方法中定义对应的函数，因为只需实现半场动画，所以实现进入和离开对应的4个函数即可。其中，enterCancelled 和 leaveCancelled 函数基本没有用到，这样仅实现另外3个钩子函数即可。

使用钩子函数实现入场动画的步骤如下（离场步骤与之相同）：

（1）需要将动画作用的那个元素使用<transition>元素包裹起来，然后给<transition>绑定3个事件，分别是before-enter事件、enter事件和after-enter事件。示例代码如下：

```
<transition @before-enter="beforeEnter" @enter="enter" @after-enter="afterEnter">
  <div class="ball" v-show="flag"></div>
</transition>
```

（2）在Vue实例中的methods中定义3个相应的事件处理函数beforeEnter()、enter()、afterEnter()函数。示例代码如下：

```
const beforeEnter = (el) => {
  el.style.transform='translate(50px,50px)'
}
const enter = (el,done) => {
  el.offsetWidth
  el.style.transform='translate(150px,450px)'
  el.style.transition='all 1s ease'
  done()
}
const afterEnter = () => state.isShow = false
```

需要说明的是，这3个钩子函数的第1个参数都是el，表示执行动画的那个DOM元素是一个原生的JavaScript对象。可以理解为el是通过document.getElementById()获取的JavaScript对象。

【例7-10】使用钩子函数实现将商品加入购物车的动画

说明：在例7-10（example7-10）中利用钩子函数实现半场动画，展示将商品加入购物车的效果。

扫一扫，看视频

程序实现步骤及相关代码如下：

```
<template>
  <button @click="fadeInOut">显示/隐藏</button>
  <transition @before-enter="beforeEnter" @enter="enter" @after-enter="afterEnter">
    <div class="ball" v-show="isShow"></div>
  </transition>
</template>

<script>
import { reactive, toRefs } from 'vue'

export default {
  setup () {
    const state = reactive({
      isShow: false
    })
    const fadeInOut= () => {
      state.isShow = !state.isShow
    }
    const beforeEnter = (el) => {
      el.style.transform='translate(50px,50px)'
    }
    const enter = (el,done) => {
      el.offsetWidth
      el.style.transform='translate(150px,450px)'
      el.style.transition='all 1s ease'
      done()
```

```
        }
        const afterEnter = () => state.isShow = false
        return {
          ...toRefs(state),
          fadeInOut,
          beforeEnter,
          enter,
          afterEnter
        }
      }
    }
    </script>

    <style scoped>
    .ball{
        width:20px;
        height: 20px;
        border-radius: 50%;
        background-color: red;
    }
    </style>
```

其中，el.offsetWidth语句的作用是强制动画刷新，另外，el.offsetHeight、el.offsetLeft、el.offsetRight等也具有同样作用；done()函数是立即调用afterEnter函数，如果没有调用 done()函数，就会造成afterEnter函数调用的延迟。

7.3.4 使用第三方样式类库实现动画

在Vue中，可以通过第三方样式类库实现动画。本小节中使用的第三方样式类库是animate.min.css，可以在https://daneden.github.io/animate.css/上查看可以使用的第三方样式类库及其应用效果。第三方样式类库animate.min.css中主要包括attention（晃动效果）、bounce（弹性缓冲效果）、fade（透明度变化效果）、flip（翻转效果）、rotate（旋转效果）、slide（滑动效果）、zoom（变焦效果）、special（特殊效果）这8类。

使用第三方样式类库animate.min.css实现动画的步骤如下。

（1）引入animate.min.css文件，其使用语句如下。

```
<link rel="stylesheet" href="css/animate.min.css">
```

（2）设置类名，在<transition>标签中添加需要使用样式类库中的效果类名，需要强调的是<transition>标签中必须添加animated基础通用类才可以呈现动画过渡效果。程序代码如下：

```
<transition
enter-active-class="animated bounceIn"
leave-active-class="animated bounceOut"
:duration={enter:1000,leave:800}>
  <!--需要过渡的元素-->
</transition>
```

其中，enter-active-class用来设置进入的样式类；leave-active-class用来设置离开的样式类；“:duration”是绑定一个对象，用来设置进入和离开时的动画时长，本例中进入时长是1000ms，离开时长是800ms；bounceIn是弹性缓冲进入效果样式类；bounceOut是弹性缓冲离开效果样式类。

【例7-11】使用第三方样式类库实现字符串的显示与隐藏

说明：在例7-11（example7-11）中利用第三方样式类库实现弹性缓冲进入和离开。

程序实现步骤及相关代码如下：

扫一扫，看视频

```
<template>
  <button @click="fadeInOut">显示/隐藏</button>
  <transition enter-active-class="animated bounceIn"
              leave-active-class="animated  bounceOut"
              :duration={enter:1000,leave:800}>
    <h3 v-if="isShow">{{msg}}</h3>
  </transition>
</template>

<script>
import { reactive, toRefs } from 'vue'

export default {
  setup () {
    const state = reactive({
      isShow: true,
      msg:'Hello Vue World!'
    })
    const fadeInOut= () => {
      state.isShow = !state.isShow
    }
    return {
      ...toRefs(state),
      fadeInOut
    }
  }
}
</script>

<style scoped>
@import url(../assets/animate.min.css)          // 导入第三方样式类库
</style>
```

7.4 本章小结

本章详细讲解了组件、组件进阶和过渡三方面的内容。组件是Vue.js最强大的功能之一，其核心目标是为了提高代码的可重用性，减少重复性的开发。本章7.1节重点对组件的创建方法、组件中数据的定义和引用方法、各个组件之间的数据传递方法、组件的切换方法等内容进行阐述；父组件调用子组件所显示的内容都是相同的，如果需要父组件根据不同的内容动态渲染子组件内容时，可以使用插槽实现。7.2节重点说明插槽的实现方式，包括插槽的基本使用、具名插槽和作用域插槽；在网页制作中可能需要增加、删除或隐藏网页中的某些元素，可以通过过渡效果使这些组件在网页中以动画的方式呈现或消失。7.3节重点说明使用CSS方式、第三方样式类库、钩子函数方式实现动画效果过渡。

7.5 习题七

一、选择题

1. 组件定义必须包含的属性是________。

A. template　B. extend　C. props　D. component

2. 在Vue 3.0组件定义中，template属性可以有________个根元素标签。

A. 1　B. 2　C. 3　D. 没有限制

3. Vue 3.0 中通过________属性定义私有组件。

A. template　B. extend　C. props　D. component

4. 子组件通过________向父组件发送数据。

A. emit方法　B. props属性　C. component属性　D. inserted方法

5. 当父组件给子组件传值时，需要在子组件中定义________属性，值为想要传递的数据。

A. template　B. extend　C. props　D. component

6. 全局自定义指令，在HTML元素上使用时需要加上________前缀。

A. v-　B. v:　C. v.　D. v>

7. 以下不是自定义指令钩子函数的是________。

A. bind　B. inserted　C. deleted　D. update

8. 在过渡效果的标签外面添加Vue.js提供的________标签。

A. <transition>　B. <component>　C. <div>　D. <template>

二、程序分析

1. 写出下面父组件引用子组件后在网页中的运行结果。

子组件:ChildComp.vue

```
<template>
    <h3>{{msg}}</h3>
    <ul>
        <li v-for="(value,index) in arr" :key="index">
           {{index}} -- {{value}}
        </li>
    </ul>
</template>

<script>
import { reactive, toRefs } from 'vue'

export default {
    setup () {
        const state = reactive({
            msg:'武汉欢迎您! ',
            arr:['lb','wq','lyd']
        })

        return {
            ...toRefs(state)
        }
    }
}
```

```
</script>
```

父组件:FatherComp.vue

```
<template>
  <my-hello></my-hello>
  <my-hello></my-hello>

</template>

<script>
import myHello from './ChildComp.vue'
export default {
  components:{
    myHello
  }
}
</script>
```

2. 写出下面组件在网页中的运行结果。

```
<template>
   <button @click="myBtn">toggle</button>
   <transition name="fade">
    <div class="box" v-if="show"></div>
   </transition>
</template>

<script>
import { reactive, toRefs } from 'vue'

export default {
    setup () {
        const state = reactive({
           show: true
        })
        const myBtn = () => {
           state.show=!state.show
        }
        return {
           ...toRefs(state),
           myBtn
        }
    }
}
</script>

<style scoped>
 .box {
   width:100px;
   height: 200px;
   background-color:greenyellow;
  }
  .fade-enter-active, .fade-leave-active {
   transition: height 5s;
  }
  .fade-enter {
   height: 0;
```

```
    }
    .fade-enter-to {
     height: 200px;
    }
    .fade-leave {
     height: 200px;
    }
    .fade-leave-to {
     height: 0;
    }
</style>
```

7.6 实验七　使用组件实现简易轮播图

一、实验目的及要求

1. 掌握Vue组件的创建。
2. 掌握组件的注册。
3. 掌握Vue父子组件之间的数据传递。

二、实验要求

制作轮播图，如实验图7-1所示。具体要求如下：

（1）通过父组件调用轮播图子组件。

（2）显示的图片路径由父组件传递给子组件。

（3）有数字显示当前是第几张图片。

（4）图片的改变方法任意。可以是直接替换，或者向左移出。

实验图 7-1　轮播图

第 8 章

生命周期

学习目标

网页在加载前、加载过程中和加载后可能需要一些操作，此时可以使用本章阐述的生命周期函数进行处理。另外，本章还会说明自定义指令和模态框。通过本章的学习，读者应该掌握以下主要内容：

- Vue 的生命周期。
- Vue 的自定义指令。
- Vue 的模态框。

思维导图（用手机扫描右边的二维码可以查看详细内容）

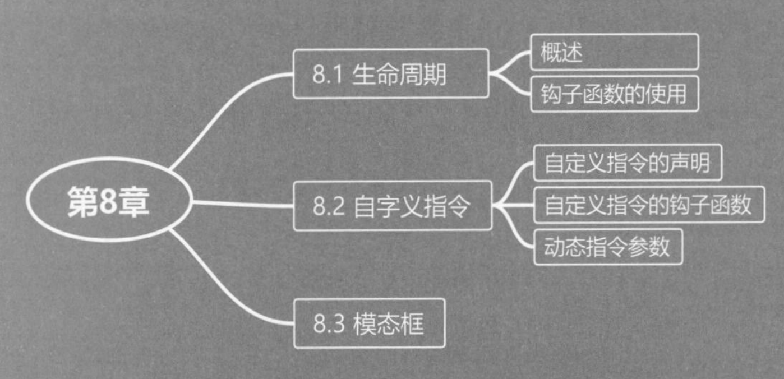

8.1 生命周期

8.1.1 概述

每个组件在被创建时都要经过一系列的初始化过程。例如，需要设置数据监听、编译模板、将实例挂载到DOM并在数据变化时更新DOM等。把Vue 3.0的App从创建到销毁的过程称为生命周期，在这个过程中运行的一些函数称为生命周期的钩子函数。这些钩子函数为用户在生命周期的不同阶段进行程序控制提供了可能。

Vue 3.0的生命周期主要分成四个阶段，分别是create（初始创建）、mount（加载）、update（更新）和destroy（销毁）。其生命周期及钩子函数的运行时机说明如下（其示意流程图如图8.1所示）。

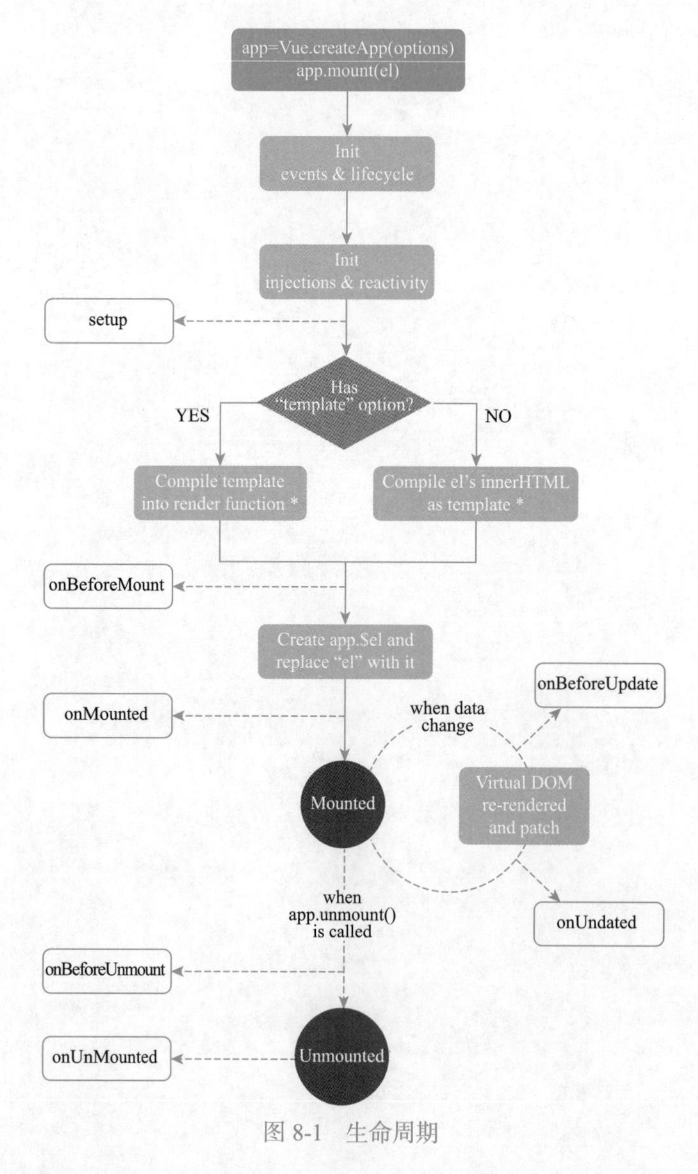

图 8-1 生命周期

（1）Vue.createApp(options)：根据options的要求创建Vue的应用。

（2）init events & lifecycle：执行一些与初始化和生命周期相关的操作。

（3）init injections & reactivity：初始化注入和校验。

（4）setup：完成组件实例创建并且属性已经绑定，但是DOM还没有生成。

（5）Has "template" option?：判断是否存在模板，如果有模板，将使用render()函数进行渲染；如果没有模板，将外部的HTML作为模板进行编译。

（6）onBeforeMount：App挂载之前该函数被调用，onBeforeMount之前el还是undefined。

（7）Create app.$el and replace "el" with it：给Vue应用对象添加$el成员，并且替换挂载的DOM元素。

（8）onMounted：组件挂载到页面之后执行的钩子函数，该函数可以用来向后端发起请求并取回数据。

（9）onBeforeUpdate：是可以监听到数据变化的钩子函数，但是该函数是在数据变化之前被触发，也就是视图层并没有被重新渲染，视图层的数据也并没有变化。

（10）onUpdated：是可以监听到数据变化的钩子函数，该函数是在数据变化之后被触发，也就是视图层被重新渲染，视图层的数据被更新。

（11）onBeforeUnmount：该函数在App组件被销毁之前调用。

（12）onUnMountd：该函数在Vue的App被销毁后调用。调用后，Vue的App指示的所有东西都会解绑定，所有的事件监听器会被移除，所有的子组件也会被销毁。

8.1.2　钩子函数的使用

从Vue中引入的生命周期函数（也称为钩子函数）在注册函数时，只能在setup()方法中使用。钩子函数依赖于内部的全局状态来定位当前组件案例，不在当前组件下调用这些函数会抛出一个错误。

要使用钩子函数必须要从Vue中引入。例如，使用onMounted钩子函数的引入语句如下：

```
import { onMounted } from 'vue'
```

然后，在setup()中定义该钩子函数响应时所完成的任务。其代码如下：

```
setup()
{
  onMounted(()=>{
    // 组件加载后的响应行为
  })
}
```

【例8-1】验证钩子函数的实现顺序

说明：在例8-1（example8-1）中说明钩子函数的使用方法和这些钩子函数所执行的先后顺序。其在浏览器中的显示结果如图8-2所示。

图 8-2　钩子函数

程序相关代码如下：

扫一扫，看视频

```
<template>
  <div>
    <button
      v-for="(item, index) in arr"
      v-bind:key="index"
      @click="selectOneFun(index)"
    >
      {{ index }}:{{ item }}
    </button>
  </div>
  <div>你选择了【{{ selectOne }}】</div>
</template>

<script >
import {
  reactive,
  toRefs,
  onBeforeMount,
  onMounted,
  onBeforeUpdate,
  onUpdated,
  onBeforeUnmount,
  onUnmounted,
  onDeactivated,
} from "vue";

export default {
  name: "App",
  setup() {
    console.log("1...setup()开始创建组件");

    const data = reactive({
      arr: ["Yes", "NO"],
      selectOne: "",
    });
    const selectOneFun=(index) => {
```

```
      data.selectOne = data.arr[index];
    },

    onBeforeMount(() => {
      console.log("2...onBeforeMount()组件挂载到页面之前执行");
    });

    onMounted(() => {
      console.log("3...onMounted()组件挂载到页面之后执行");
    });

    onBeforeUpdate(() => {
      console.log("4...onBeforeUpdate()在组件更新之前执行");
    });

    onUpdated(() => {
      console.log("5...onUpdated()在组件更新之后执行");
    });

    onBeforeUnmount(() => {
      console.log("6...onBeforeUnmount()在组件卸载之前执行");
    });

    onUnmounted(() => {
      console.log("7...onUnmounted()在组件卸载之后执行");
    });

    onDeactivated(() => {
      console.log("8...onDeactivated()在组件切换中旧组件消失的时候执行");
    });

    const refData = toRefs(data);
    return {
      ...refData,
    };
  },
};
</script>
```

8.2 自字义指令

8.2.1 自定义指令的声明

Vue中内置了很多指令(如v-model、v-show、v-html等),但是有时这些指令并不能满足一些特殊需要,或者说想为某些元素附加一些特别的功能,这时就需要用到Vue中的自定义指令。需要明确的是自定义指令解决的问题,或者说适用场合是对普通DOM元素进行底层操作,所以不能盲目使用自定义指令。

1. 全局自定义指令

对于全局自定义指令的创建需要使用Vue.directive命令,其语法格式如下:

```
createApp(App).directive('自定义指令名', { })
```

createApp(App).directive()中的第一个参数是自定义指令名，自定义指令名在声明的时候不需要加 “v-” 前缀，而在使用自定义指令的HTML元素中需要加上 “v-” 前缀；第二个参数是一个对象，对象中可以定义钩子函数，并且这些钩子函数可以带一些参数。其中，el是当前绑定自定义指令的DOM元素，通过el参数可以直接操作DOM元素，可以利用 “$(el)” 无缝连接jQuery。

【例8-2】全局自定义指令的定义与使用

说明：在例8-2（example8-2）中指定某个特定文本框获得焦点。其实现是先声明一个全局自定义指令focus，再在网页中通过给文本框添加v-focus指令进行引用。其在浏览器中的显示结果如图8-3所示。

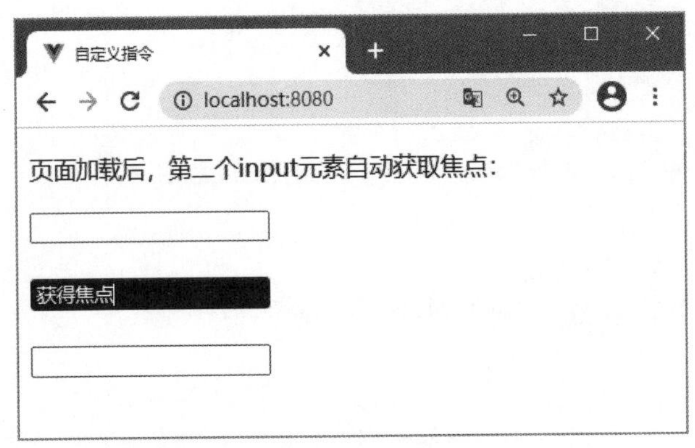

图8-3　自定义指令

程序实现步骤及相关代码如下。

（1）在Vue-cli脚手架中修改main.js文件，其代码如下：

扫一扫，看视频

```
import { createApp } from 'vue'
import App from './components/AllComp.vue'

const app = createApp(App)
// 注册一个全局自定义指令
app.directive('focus',{
  // 当被绑定的元素插入到DOM时执行
  mounted(el){                   // 参数el相当于DOM元素
    el.focus();                  // 让绑定元素获得焦点
    el.value = '获得焦点'        // 修改绑定元素的表单值
  }
})
app.mount('#app')
```

（2）在components文件夹下新建AllComp.vue文件，该文件的程序代码如下：

```
<template>
   <p>{{msg}}</p>
       <input /><br /><br />
       <input v-focus /><br /><br />
       <input/>
</template>
```

```
<script>
import { reactive, toRefs } from 'vue'

export default {
    setup () {
        const state = reactive({
            msg: '页面加载后，第二个input元素自动获取焦点：'
        })

        return {
            ...toRefs(state)
        }
    }
}
</script>

<style scoped>
input:focus{            // input焦点样式：黑底、白字
  background-color:black;
  color:white;
}
</style>
```

上面定义了一个全局自定义指令focus，并通过v-focus指令将其绑定到需要聚焦的input元素上。如果其他组件或模块也需要聚焦功能，只要简单地绑定此指令即可。

2. 局部自定义指令

全局自定义指令在脚手架的任何一个组件中都可以使用。在Vue 3.0中也可以在组件内使用directives注册局部自定义指令，这种局部自定义指令只能在组件内进行使用。

【例8-3】局部自定义指令的定义与使用

说明：在例8-3（example8-3）中使用局部自定义指令实现例8-2的功能。

程序相关代码如下：

```
<template>
    <p>页面加载后，第二个input 元素自动获取焦点：</p>
    <input /><br /><br />
    <input v-focus /><br /><br />
    <input/>
</template>

<script>
export default {
    directives: {
        // 局部指令的定义，调用时要加“v-”，即v-focus
        focus: {
            mounted(el) {
                el.focus()
                el.value="获得焦点"
            }
        }
    }
}
</script>
```

```
<style scoped>
input:focus{
  background-color:black;
  color:white;
}
</style>
```

8.2.2　自定义指令的钩子函数

前面讲的生命周期和钩子函数是组件的，此处说明的是自定义指令的钩子函数，例8-2和例8-3中在自定义指令的定义中都使用了mounted钩子函数，自定义指令除了有mounted钩子函数，Vue 3.0还提供了以下钩子函数（用代码的形式列出）。

```
app.directive('directiveName', {
  beforeMount(el) {
    // 指令绑定元素挂载前
  },
  mounted(el, binding) {
    // 指令绑定元素挂载后
  },
  beforeUpdate(el) {
    // 指令绑定元素数据修改前触发
  },
  updated(el) {
    // 指令绑定元素数据修改后触发
  },
  beforeUnmount(el) {
    // 指令绑定元素销毁前
  },
  unmounted(el) {
    // 指令绑定元素销毁后
  }
})
```

钩子函数可以传入以下参数。

- el：指令所绑定的元素，可以用来直接操作DOM元素。
- binding：一个对象，包含以下属性。
  - value：指令的绑定值。例如，在v-my-directive="1+1" 中，绑定值为 2。
  - oldValue：指令绑定的前一个值。
  - arg：传给指令的参数，可选。例如，在 “v-my-directive:foo” 中，参数为 foo 。
  - modifiers：一个包含修饰符的对象。例如，在 “v-my-directive.foo.bar” 中，修饰符对象为{ foo: true, bar: true }。
- vnode：Vue编译生成的虚拟节点。

需要特别强调说明的是，除了对el进行操作之外，其他参数都是只读的，切勿进行修改。

【例8-4】自定义指令的钩子函数的定义与使用

说明：例8-4（example8-4）是对钩子函数beforeMount中参数的引用实例。其在浏览器中的显示结果如图8-4所示。

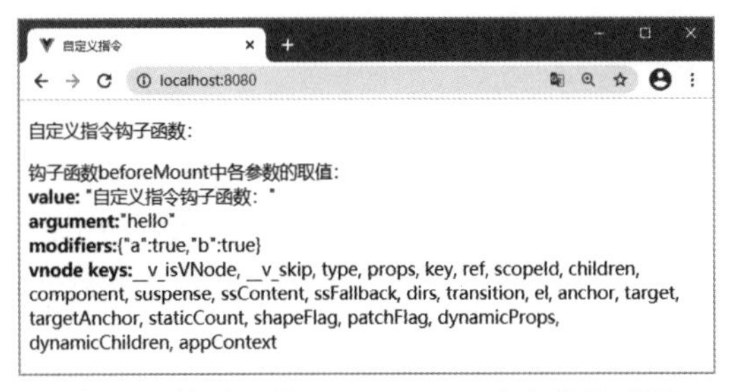

图 8-4　钩子函数 beforeMount 中参数的引用

程序实现步骤及相关代码如下。

(1)在main.js文件中定义全局自定义指令，其代码如下：

扫一扫，看视频

```
import { createApp } from 'vue'
import App from './components/AllComp.vue'

const app = createApp(App)

app.directive('direct', {
  beforeMount(el,binding, vnode) {
    console.log(binding)
    var s = JSON.stringify
    el.innerHTML =
      '钩子函数beforeMount中各参数的取值：<br />' +
       '<b>value:</b> '       + s(binding.value) + '<br>' +
       '<b>argument:</b>'    + s(binding.arg) + '<br>' +
       '<b>modifiers:</b>'  + s(binding.modifiers) + '<br>' +
       '<b>vnode keys:</b>' + Object.keys(vnode).join(', ')
  }
})
app.mount('#app')
```

(2)在components文件夹下创建AllComp.vue文件，其中引入全局指令如下：

```
<template>
   <p>{{message}}</p>
   <div v-direct:hello.a.b="message">
      abc
    </div>
</template>

<script>
import { reactive, toRefs } from 'vue'

export default {
    setup () {
        const state = reactive({
            message: '自定义指令钩子函数：'
        })

        return {
            ...toRefs(state)
        }
    }
}
</script>
```

8.2.3 动态指令参数

指令的参数可以是动态的。例如，在v-mydirective:[argument]="value"中，argument参数可以根据组件实例数据进行更新，这使得自定义指令可以在应用中被灵活使用。

例如，创建一个自定义指令实现固定布局并将某个元素固定在页面指定位置上，固定的位置由带参数的自定义指令来确定。实现代码如下：

（1）页面中调用。

```
<div>
  <p>元素滚动页面</p>
  <p v-pin="200">页面被定位到离本页top端200像素 </p>
</div>
```

（2）全局自定义指令。

```
const app = Vue.createApp({})

app.directive('pin', {
  mounted(el, binding) {
    el.style.position = 'fixed'
    // binding.value就是200
    el.style.top = binding.value + 'px'
  }
})

app.mount('#app')
```

这样会把元素固定在距离页面顶部200像素的位置。但如果需要把元素固定在右侧而不是默认指定的顶部时，可以使用动态参数根据每个组件的要求进行更新。

自定义指令使用动态参数已经使指令具有非常大的灵活性，但为了使其更具动态性，还可以允许修改绑定值。

【例8-5】使用动态参数修改自定义指令的绑定值来实现字符串移动

说明：在例8-5（example8-5）中创建数据变量 pinPadding，并将其绑定到<input type="range">，这样可以通过调节杆改变 pinPadding值来动态调整页面元素的位置。其在浏览器中的显示结果如图8-5所示。

扫一扫，看视频

图 8-5 动态指令参数

程序实现步骤及相关代码如下。

（1）在main.js文件中定义全局自定义指令，其代码如下：

```
import { createApp } from 'vue'
import App from './components/AllComp.vue'

const app = createApp(App)

app.directive('direct', {
  mounted(el, binding) {
    el.style.position = 'fixed'
    const s = binding.arg || 'top'      // binding.arg为空，默认是距离顶端
    el.style[s] = binding.value + 'px'
  },
  updated(el, binding) {
    const s = binding.arg || 'top'
    el.style[s] = binding.value + 'px'
  }
})

app.mount('#app')
```

（2）在components文件夹下的AllComp.vue文件页面中使用全局自定义指令，其代码如下：

```
<template>
  <div>
    <h2>滚动定位页面</h2>
    <input type="range" min="0" max="1000" v-model="pinPadding">
     <p  v-direct:[direction]="pinPadding">页面被定位到离本页{{direction}}端
{{pinPadding}}像素</p>
  </div>
</template>

<script>
import { reactive, toRefs } from 'vue'

export default {
    setup () {
        const state = reactive({
           direction: 'right',        // 指定距离方向
           pinPadding: 200            // 指定距离
        })

        return {
           ...toRefs(state)
        }
    }
}
</script>
```

8.3 模态框

在使用模态框组件时，需将组件放在模板template中使用，但是由于模态框组件一般位于页面的最上方，这时应将模态框组件挂载在body上面是最好控制的，能够很好地通过z-index属性进行模态框位置的控制。但是嵌套在模板<template>标签内，处理嵌套组件的定

位position、层级关系z-index和样式并不容易实现，而使用Teleport标签就可以方便地解决组件间的CSS的这些问题。也就是说，Teleport是一种能够将模板排除在Vue App之外，移动到DOM中其他位置的技术。Teleport能够直接将组件渲染到页面中的任意地方，只要通过to属性指定了渲染的目标对象即可。

【例8-6】模态框的定义与使用

说明：在例8-6（example8-6）中实现在子组件中单击模态框打开按钮，Vue将模态内容渲染为body标签的子级。例8-6在页面初始显示的内容如图8-6所示，当单击页面中的“使用Teleport全屏打开模态框”按钮后显示的结果如图8-7所示。

扫一扫，看视频

图8-6　使用Teleport制作模态框1

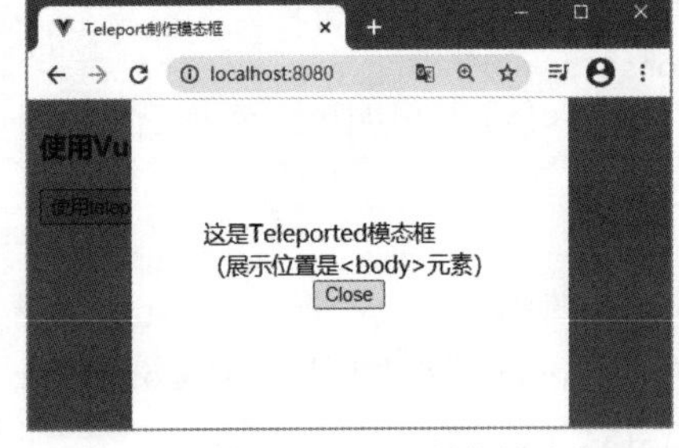

图8-7　使用Teleport制作模态框2

程序实现步骤及相关代码如下。

（1）在程序的入口main.js文件中输入以下代码：

```
import { createApp } from 'vue'
import App from './components/Teleport.vue'

createApp(App).mount('#app')
```

（2）在components文件夹下创建Modal.vue文件，在该文件中定义模态框。其代码如下：

```
<template>
    <button @click="openModalHandle">
        使用Teleport全屏打开模态框
    </button>

    <teleport to="body">
      <div v-if="modalOpen" class="modal">
        <div>
          这是Teleported模态框<br>（展示位置是&lt;body&gt;元素）

          <button @click="closeModalHandle">
            Close
          </button>
        </div>
      </div>
    </teleport>
</template>

<script>
import { reactive, toRefs } from 'vue'

export default {
    setup () {
        const state = reactive({
```

```
            modalOpen: false
        })
        const openModalHandle = () =>{
            state.modalOpen = true
        }
        const closeModalHandle = () =>{
            state.modalOpen = false
        }
        return {
            ...toRefs(state),
            openModalHandle,
            closeModalHandle
        }
    }
}
</script>

<style scoped>
.modal {
  position: absolute;
  top: 0; right: 0; bottom: 0; left: 0;
  background-color: rgba(0,0,0,.5);
  display: flex;
  flex-direction: column;
  align-items: center;
  justify-content: center;
}

.modal div {
  display: flex;
  flex-direction: column;
  align-items: center;
  justify-content: center;
  background-color: white;
  width: 300px;
  height: 300px;
  padding: 5px;
}
</style>
```

（3）在components文件夹下的Teleport.vue文件中使用模态框指令，其代码如下：

```
<template>
  <div style="position: relative;">
    <h3>使用Vue 3.0的Teleport标签</h3>
    <div>
      <modalbutton></modalbutton>
    </div>
  </div>
</template>

<script>
import { reactive, toRefs } from 'vue'
import modalbutton from './Modal'

export default {
    components:{
```

```
            modalbutton
        }
    }
</script>
```

8.4 本章小结

本章详细讲解了生命周期、自定义指令和模态框三方面的内容。生命周期是App从创建到销毁的过程，本章8.1节重点对生命周期的工作过程、有哪些钩子函数以及这些钩子函数如何运用等进行阐述；Vue.js不提倡直接操纵页面中的DOM元素，但在页面制作中难免会有这样的需求，可以通过提供的自定义指令解决此种需求。本章8.2节重点说明自定义指令的声明方法、自定义指令的钩子函数、动态指令参数及其在网页中的使用方法。本章8.3节重点说明模态框的定义和使用方法。

8.5 习题八

一、选择题

1. 下面________不是Vue 3.0的生命周期阶段。

   A. create　　B. update　　C. mount　　D. extend

2. 下面________不是Vue 3.0的钩子函数。

   A. onMounted　　B. onUpdate　　C. onBeforeUnmount　　D. onCreated

3. 全局自定义指令的创建使用________命令。

   A. template　　B. extend　　C. props　　D. directive

4. 自定义指令名在声明时________加“v-”前缀

   A. 需要　　B. 不需要　　C. 可加也可不　　D. 没限制

5. 钩子函数可以传入的参数主要包括________参数。

   A. el、binding　　B. el、extend　　C. el、props　　D. el、component

6. 全局自定义指令，在HTML元素上使用时需要加上________前缀。

   A. v-　　B. v:　　C. v.　　D. v>

7. 以下不是自定义指令钩子函数的是________。

   A. beforeUnmount　　B. inserted　　C. mounted　　D. update

8. 模态框使用________标签。

   A. <teleport >　　B. <component>　　C. <div>　　D. <template>

二、简答题

1. 什么是Vue生命周期？
2. Vue 3.0生命周期的作用是什么？
3. Vue 3.0生命周期总共有几个阶段？
4. Vue 3.0第一次页面加载会触发哪几个钩子？
5. 请列举出三个Vue 3.0常用的声明周期钩子函数。
6. DOM渲染在哪个生命周期函数中已完成？

三、程序分析

1. 写出下面组件运行后，单击2次按钮后在网页上的运行结果。

```
<template>
  <div>
    <span>{{count}}</span> |
    <span>{{double}}</span> <br>
    <button @click="changecount">增加</button>
  </div>
</template>

<script>
  import { computed, reactive, toRefs, onMounted } from 'vue'
  export default {
    setup() {

      const data = reactive({
        count: 0,
        double: computed(() => {
          return data.count * 2
        }),
        changecount: () => {
          data.count++
        },
      })
      onMounted(() => {
        data.count = 8
      })
      const result = toRefs(data)
      return {
        ...result,
      }
    },
  }
</script>
```

2. 写出下面组件运行后：

（1）页面上按钮的内容，浏览器控制台显示的内容。

（2）单击1次按钮后，按钮的内容和浏览器控制台显示的内容。

（3）单击6次按钮后，按钮的内容和浏览器控制台显示的内容。

```
<template>
    <button v-if="msg<=5" v-btn @click="abtn">{{msg}}</button>
</template>

<script>
import { reactive, toRefs } from 'vue'

export default {

    setup () {
        const state = reactive({
            msg:0
        })
        const abtn = () => {
                state.msg++;
```

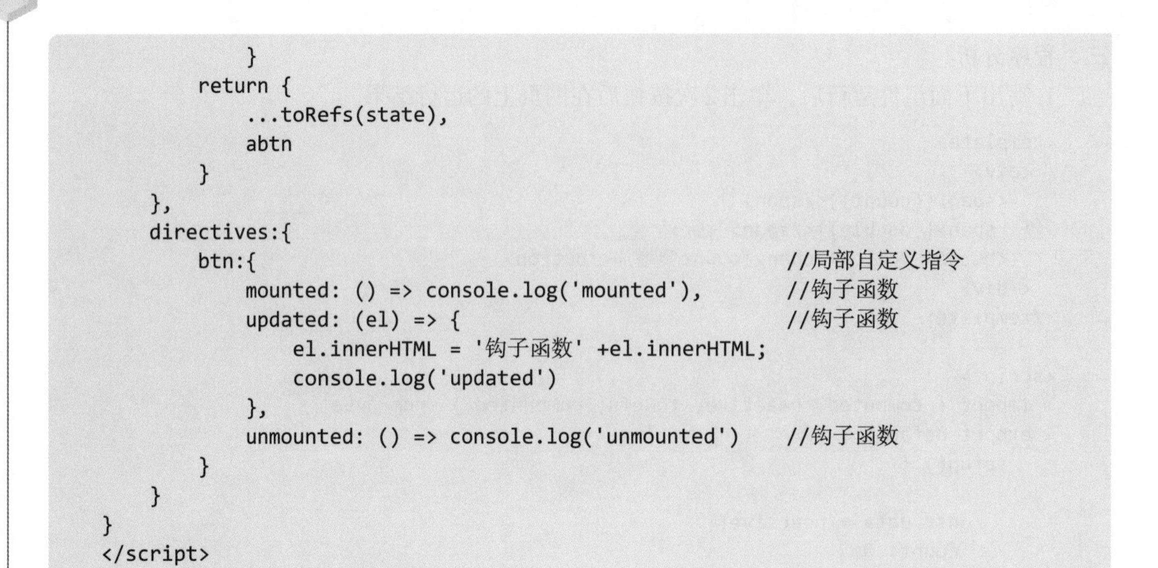

```
            }
            return {
                ...toRefs(state),
                abtn
            }
        },
        directives:{
            btn:{                                              //局部自定义指令
                mounted: () => console.log('mounted'),         //钩子函数
                updated: (el) => {                             //钩子函数
                    el.innerHTML = '钩子函数' +el.innerHTML;
                    console.log('updated')
                },
                unmounted: () => console.log('unmounted')      //钩子函数
            }
        }
    }
</script>
```

8.6 实验八　使用自定义指令实现全选和取消全选

一、实验目的及要求

1. 掌握局部自定义指令的定义方法。
2. 掌握局部自定义指令的钩子函数。
3. 掌握局部自定义指令的使用方法。

二、实验要求

使用自定义指令实现全选和取消全选。当单击“全选”按钮时，复选框全部被选中；当单击“取消全选”按钮时，复选框全部被取消选中，如实验图 8-1 所示。

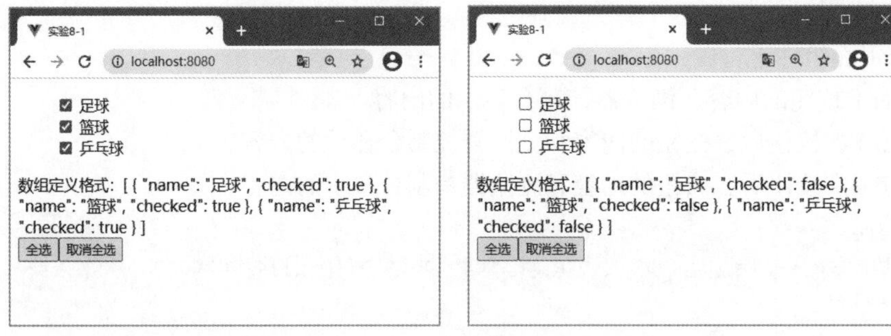

实验图 8-1　使用自定义指令实现全选和取消全选

第 9 章

组合式 API

学习目标

本章主要讲解响应式的基本概念和响应式数据的实现方法，另外阐述了一种多层级组件之间数据传递的简易实现指令。通过本章的学习，读者应该掌握以下主要内容：

- 响应式的基本概念。
- 响应式数据的实现方法。
- Provide（提供）/Inject（注入）。

思维导图（用手机扫描右边的二维码可以查看详细内容）

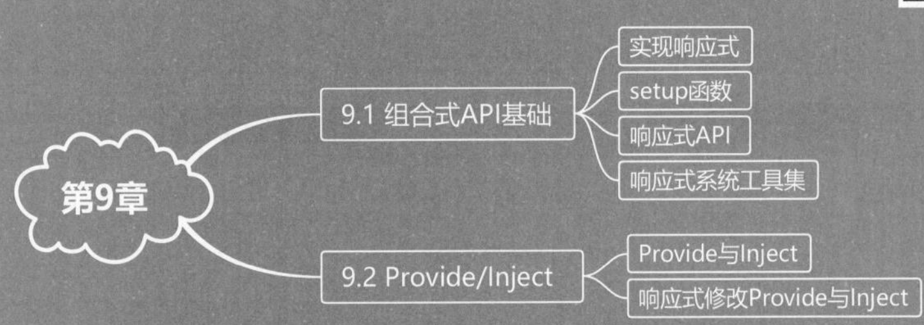

9.1 组合式API基础

9.1.1 实现响应式

API（Application Programming Interface，应用程序接口）是一些预先定义的接口（如函数、HTTP接口），或者是软件系统不同组成部分衔接的约定。

响应式是一种允许以声明式的方法去适应变化的编程范例。例如，JavaScript实现响应式地说明定义一个数据 count 如下：

```
let count
```

然后会根据这个数据count的情况定义另一个数据如下：

```
let doubleCount = count * 2
```

响应式就是要求当count发生变化时，doubleCount 也随之发生变化。这里就需要通过监听count数据的事件处理函数来执行doubleCount数据的变化。也就是说doubleCount会根据count的变化自动响应式地变化。

还有一种响应式是数据在网页上渲染之后，当数据发生变化后会自动在网页上重新渲染新的数据。这在原生JavaScript语言中实现起来是非常困难的。

【例9–1】响应式数据的验证

说明：在例9-1（example9-1）中用Vue 3.0实现上面说明的数据在页面上自动渲染和数据自动变化的响应式实例。其在浏览器中的显示结果如图9-1所示。

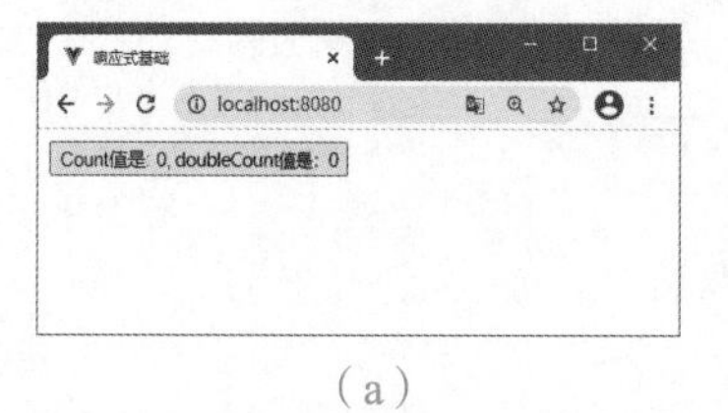

（a）

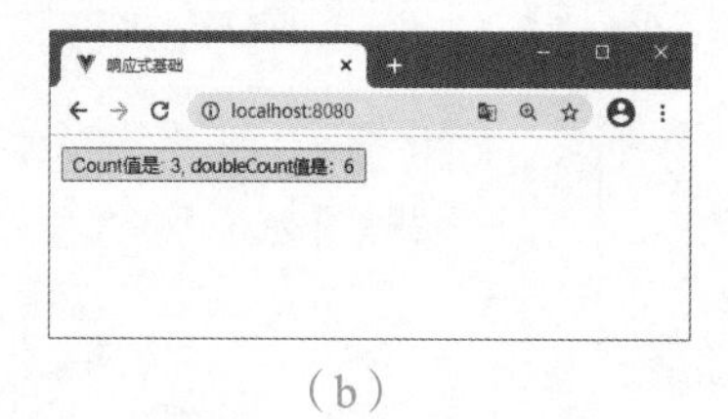

（b）

图 9-1　响应式基础的两个状态

程序相关代码如下：

```
<template>
  <button @click="increment">
    Count值是: {{ state.count }}, doubleCount值是: {{ state.doubleCount}}
  </button>
</template>

<script>
  import { reactive, computed } from 'vue'

  export default {
    setup() {
      const state = reactive({
        count: 0,
        doubleCount: computed(() => state.count * 2)
```

扫一扫，看视频

```
      })
    // 用户单击按钮后，修改count的值，使其加1
      const increment = () => state.count++

      return {
        state,
        increment
      }
    }
  }
</script>
```

下面简要说明其实现过程及原理。

1. 响应式状态

创建一个响应式的状态，使用以下语句：

```
// 从vue中引入reactive 方法
import { reactive } from 'vue'

// state是一个响应式的状态
const state = reactive({
  count: 0,
})
```

其中，reactive方法是接收一个普通对象然后返回该普通对象的响应式代理。Vue 中响应式状态可以在渲染期间使用。因为依赖跟踪的关系是当响应式状态改变时，视图会自动更新。也就是响应式状态数据会根据数据的变化自动刷新页面渲染内容。

2. 计算属性

在本书的Vue 3.0基础部分讲过计算属性，其含义是监听computed方法中所使用的数据，当其中的数据发生变化，就会自动重新计算定义的属性值，并自动刷新页面渲染内容。本例使用的语句如下：

```
doubleCount: computed(() => state.count * 2)
```

其中，该计算属性依赖于响应式数据state.count，当state.count发生变化时，将自动计算doubleCount属性，并更新模板中渲染的内容。

3. Vue 3.0的响应式

Vue 3.0中使用ES6的proxy语法实现响应式数据，其优点是可以检测到代理对象属性的动态添加和删除，可以监测到数组的下标和length属性的变更。

9.1.2 setup 函数

setup函数是一个新的组件选项，作为组件中composition API的起点，composition API的代码都在setup函数中去实现。使用setup函数时将接受两个参数：props和context。

1. props参数

setup函数中的第一个参数是 props，该参数是响应式的，当新的props参数传入时将被更新。例如：

```
export default {
```

```
  props: {
    title: String
  },
  setup(props) {
    console.log(props.title)
  }
}
```

由于props是响应式的，所以不能使用ES6进行解构，因为这样会消除props的响应性。如果需要解构props，可以使用setup函数中的toRefs方法来完成。例如：

```
import { toRefs } from 'vue'
export default {
  props: {
    title: String
  },
  setup(props) {
   const { title } = toRefs(props)
   console.log(title.value)
  }
}
```

2. context参数

传递给setup函数的第二个参数是context，context是一个普通的JavaScript对象，该对象有三个属性，分别是attrs、slots和emit。其代码如下：

```
export default {
  setup(props, context) {
    // Attribute (非响应式对象)
    console.log(context.attrs)

    // 插槽 (非响应式对象)
    console.log(context.slots)

    // 触发事件 (方法)
    console.log(context.emit)
  }
}
```

context参数不是响应式的，这意味着可以安全地对context使用ES6语法进行解构。其代码如下：

```
export default {
  setup(props, { attrs, slots, emit }) {
    ...
  }
}
```

attrs和slots是有状态的对象，总是会随组件本身的更新而更新。这意味着应该避免对它们进行解构，并始终以 attrs.x 或 slots.x 的方式引用属性，emit是主要用于子组件向父组件传递数据和调用父组件的方法。

3. 结合模板使用

setup函数必须要有返回值，该函数的返回值才能在模板中使用。例如，setup函数返回一个对象，则可以在组件的模板<template>标签中访问该对象的属性。其代码如下：

```
<template>
  <div>{{ readersNumber }} {{ book.title }}</div>
</template>

<script>
  import { ref, reactive } from 'vue'

  export default {
    setup() {
      const readersNumber = ref(0)
      const book = reactive({ title: 'Vue 3 Guide' })

      // 将setup的返回值暴露给模板
      return {
        readersNumber,
        book
      }
    }
  }
</script>
```

4. 使用渲染函数

setup函数还可以返回一个渲染函数，该函数可以直接使用在同一作用域中声明的响应式状态：

```
<script>
import { h, ref, reactive } from 'vue'

export default {
  setup() {
    const readersNumber = ref(0)
    const book = reactive({
      title: 'Vue 3 Guide'
    })
    return () => h('div', [readersNumber.value, book.title])
  }
}
</script>
```

9.1.3 响应式 API

1. ref函数

ref函数接受一个参数值并返回一个响应式且可改变的ref对象，该对象拥有一个指向内部值的单一value属性。例如：

```
const count = ref(0)
console.log(count.value)        // 显示数值0

count.value++
console.log(count.value)        // 显示数值1
```

当ref作为渲染上下文的属性返回，即在setup函数的return对象中到模板时会自动解套，不需要加上value属性，ref函数必须先从Vue中引用才能使用。其代码如下：

```
<template>
  <div>{{ count }}</div>
</template>

<script>
  import { ref } from 'vue'

  export default {
    setup() {
      return {
        count: ref(0)
      }
    }
  }
</script>
```

【例9-2】使用响应式数据实现电子钟

说明：在例9-2（example9-2）中实现一个电子钟。读取客户系统内的时间，并拼接成“年月日星期时分秒”的形式在模板中显示。读取系统时间调用JavaScript中的内置serInterval函数：

```
serInterval(函数名，间隔时间)
```

其中，间隔时间以毫秒为单位，该函数表示在定时的间隔时间内执行一次自定义的函数。其在浏览器中的显示结果如图9-2所示。

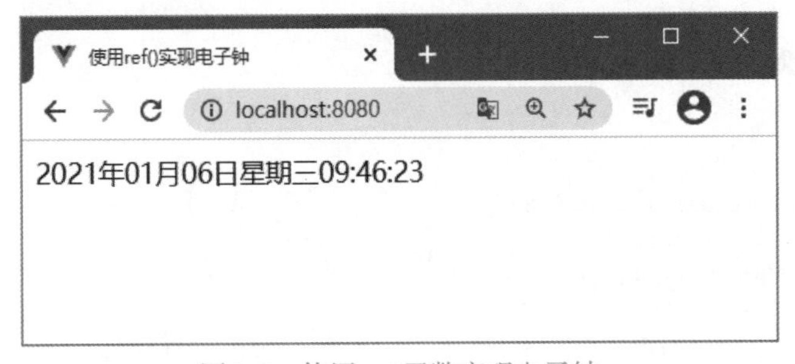

图9-2　使用ref函数实现电子钟

程序相关代码如下：

扫一扫，看视频

```
<template>
    {{msg}}
</template>

<script>
import { onMounted,ref } from 'vue'

export default {
  setup () {
    let msg = ref('')
    const week = ['星期天', '星期一', '星期二', '星期三', '星期四', '星期五', '星期六']
    onMounted(() => { // 钩子函数，表示网页加载后立即运行函数
      timeShow()
    })
    const timeShow = () =>{ // 拼接成“年月日星期时分秒”的函数
      let myTime= new Date()
      msg.value = myTime.getFullYear() + '年'
      msg.value += toTwo(myTime.getMonth()+1) + '月'
```

```
        msg.value += toTwo(myTime.getDate()) + '日'
        msg.value += week[myTime.getDay()]
        msg.value += toTwo(myTime.getHours()) + ':'
        msg.value += toTwo(myTime.getMinutes()) + ':'
        msg.value += toTwo(myTime.getSeconds())
      }
      const toTwo = (x) => x>9?x:'0'+x    // 把x变成两位数的函数
      setInterval(timeShow,1000)          // 定时1秒钟执行一次timeShow函数
      return {
        msg
      }
    }
  }
  </script>
```

2. reactive函数

reactive函数的用法与ref函数的用法相似，也是将数据变成响应式数据，当数据发生变化时UI也会自动更新。不同的是ref函数用于基本数据类型，而reactive函数用于复杂数据类型，其主要有对象和数组两种数据类型。reactive函数同样必须先从Vue中引用才能使用。其代码如下：

```
<template>
  {{state.msg}}
</template>
<script>
import { reactive } from 'vue'
export default {
setup() {
  const state= reactive({
   msg: 'Hello Vue World!'
  })
  return {
   state
  }
}
</script>
```

3. computed方法

computed方法接收一个getter函数，返回一个默认不可手动修改的ref对象。例如：

```
const count = ref(1)
const plusOne = computed(() => count.value + 1)

console.log(plusOne.value)      // 输出数据2

plusOne.value++                 // 错误，plusOne.value是常量
```

computed方法也可以接收一个拥有get函数和set函数的对象，创建一个可手动修改的计算状态。例如：

```
const count = ref(1)
const plusOne = computed({
  get: () => count.value + 1,
  set: (val) => {
    count.value = val - 1
```

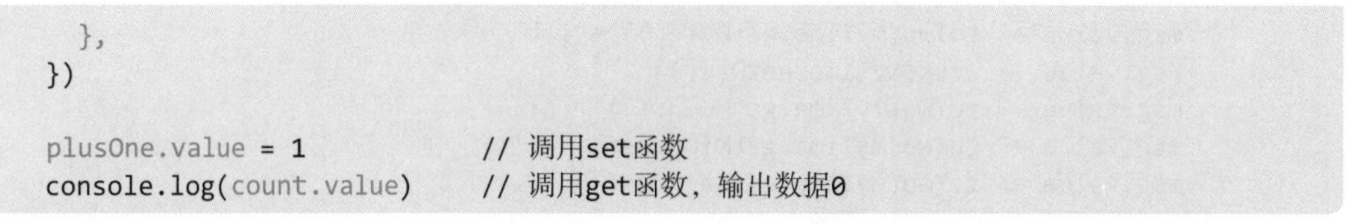

```
  },
})

plusOne.value = 1              // 调用set函数
console.log(count.value)       // 调用get函数，输出数据0
```

4. watchEffect方法

watchEffect方法的参数是一个函数，该方法可以响应式追踪其依赖，并在其依赖变更时重新运行该函数。该方法在使用之前必须要从Vue中引入。例如：

```
import { watchEffect, ref } from 'vue'
export default {
  setup () {
    const count = ref(0)
    watchEffect(() => console.log(count.value))// count发生变化则立即输出
    setTimeout(() => {
      count.value++                                  // count值每隔1秒加1
    }, 1000)
    return {
      count
    }
  }
}
```

watchEffect方法不需要指定监听哪一个属性，其会自动收集回调函数中引用到的响应式属性，当这些属性发生变化时这个回调函数都会自动执行，并且watchEffect在组件初始化时就会执行一次用以收集依赖。

停止侦听的两种方式分别是隐式停止和显示停止。其中，隐式停止是当watchEffect在组件的setup函数或生命周期钩子被调用时，侦听器会被链接到该组件的生命周期，并在组件卸载时自动停止；显示停止使用语句如下：

```
const stopWE=watchEffect(...)
stopWE.stop();
```

9.1.4　响应式系统工具集

1. toRef

toRef可以为一个reactive对象的属性创建一个ref。这个ref可以被传递并且能够保持响应性。例如：

```
const state = reactive({
  foo: 1,
  bar: 2,
})

const fooRef = toRef(state, 'foo')

fooRef.value++
console.log(state.foo)        // 输出显示值为2

state.foo++
console.log(fooRef.value)     // 输出显示值为3
```

上例的输出结果可以看出fooRef.value和state.foo指向的是同一个单元。如果需要将setup函数中的参数props的属性作为ref传给组合逻辑函数，也可以使用toRef。例如：

```
export default {
  setup(props) {
    useSomeFeature(toRef(props, 'foo'))
  }
}
```

2. toRefs

把一个响应式对象转换成普通对象，该普通对象的每个属性都是一个ref，和响应式对象属性一一对应。例如：

```
const state = reactive({
  foo: 1,
  bar: 2,
})

const stateAsRefs = toRefs(state)
/*
stateAsRefs 的类型如下:
{
  foo: Ref<number>,
  bar: Ref<number>
}
*/

// ref对象与原属性的引用是“链接”上的
state.foo++
console.log(stateAsRefs.foo.value)      // 输出显示值为2

stateAsRefs.foo.value++
console.log(state.foo)                   // 输出显示值为3
```

当想要从一个组合逻辑函数中返回响应式对象时，用toRefs是很有效的，该API让组件可以解构/扩展（使用…操作符）返回的对象，并不会丢失响应性。例如：

```
<template>
   <p>{{msg}}</p>
</template>

<script>
import { reactive, toRefs } from 'vue'

export default {
    setup () {
        const state = reactive({
            msg: 'Hello Vue 3.0 World!'
        })

        return {
            ...toRefs(state)
        }
    }
}
</script>
```

9.2 Provide/Inject

通常，当需要将数据从父组件传递到子组件时使用 props属性。但想象一下这样的结构：有一些嵌套几层的组件，而需要将某一层的组件数据内容传递给下面几层之后的子组件时，如果仍然使用props属性将数据传递到整个组件链中，就可能会很烦琐。

对于这种情况，可以使用Provide（提供）和Inject（注入）进行数据传递，如图9-3所示。父组件可以作为其所有子组件的依赖项提供数据，而不管组件层次结构有多深。这个特性有两个部分：父组件有一个 Provide选项用于提供数据；子组件有一个Inject选项用于接收这个数据。

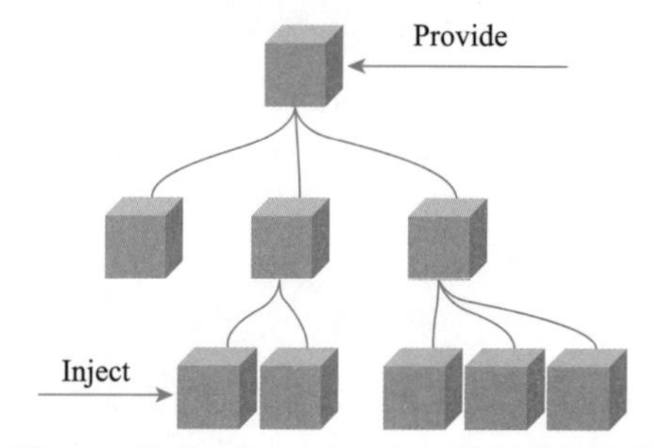

图 9-3　使用 Provide 和 Inject 进行数据传递

9.2.1　Provide 与 Inject

1. 使用Provide

在父级组件setup函数中使用Provide方法时，首先要从Vue中导入Provide方法，然后在调用Provide方法时定义每个属性。Provide方法有两个参数：

- 属性名(<String> 类型)。
- 属性值。

例如：

```
provide('studentName', '刘艺丹')
```

其中，定义的属性名是studentName；属性值是刘艺丹。

2. 使用Inject

在子组件setup函数中使用Inject方法时，首先要从Vue中导入Inject方法，然后就可以调用Inject方法定义接收父级组件传递过来的数据。Inject方法有两个参数：

- 要注入的属性名称。
- 一个默认的值（可选）。

例如：

```
const studentName = inject('studentName', '张二')
```

其中，接收注入的数据为studentName，如果没有接收到studentName，则使用“张二”作为默认值填充studentName。

【例9-3】Provide与Inject的使用

说明：在例9-3（example9-3）中实现由父级组件通过Provide传递一个字符串和一个对象数据给子组件，子组件通过Inject接收数据，并把其展示到模板中。其在浏览器中的显示结果如图9-4所示。

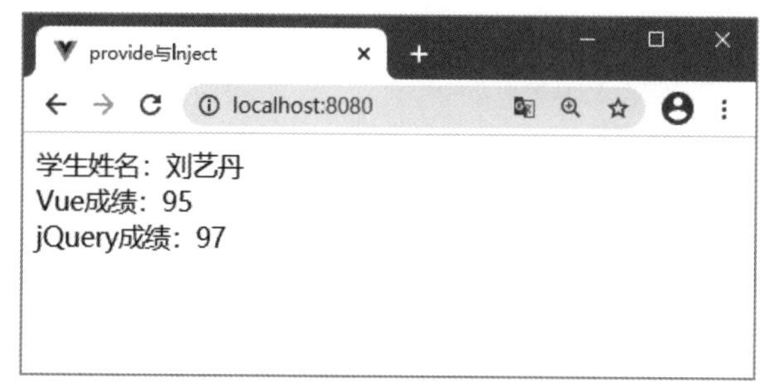

图 9-4　Provide 与 Inject

程序实现步骤及相关代码如下：

（1）父组件Provide.vue。

扫一扫，看视频

```
<template>
  <myInject />
</template>

<script>
import { reactive, toRefs, provide } from 'vue'
import myInject from './Inject.vue'
export default {
  components: {
    myInject
  },
  setup () {
    const state = reactive({
      msg: 'Hello Vue World!'
    })
    provide('studentName', '刘艺丹')
    provide('grode', {
      Vue: 95,
      jQuery: 97
    })
    return {
      ...toRefs(state)
    }
  }
}
</script>
```

（2）子组件Inject.vue。

```
<template>
  学生姓名：{{studentName}}<br>
  Vue成绩：{{grode.Vue}}<br>
  jQuery成绩：{{grode.jQuery}}
</template>

<script>
```

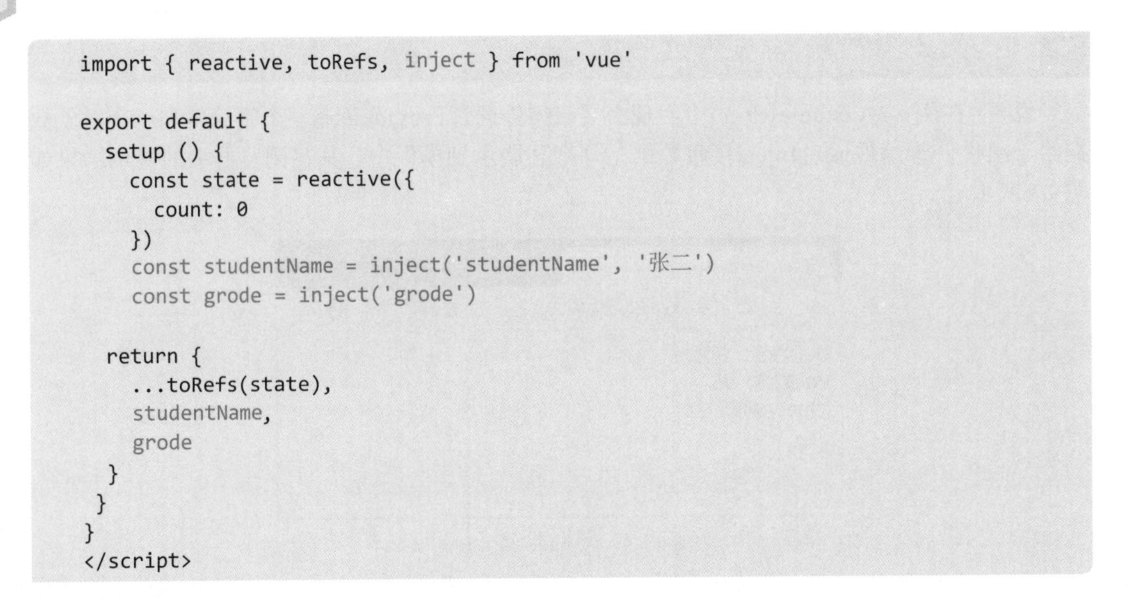

```
import { reactive, toRefs, inject } from 'vue'

export default {
  setup () {
    const state = reactive({
      count: 0
    })
    const studentName = inject('studentName', '张二')
    const grode = inject('grode')

  return {
    ...toRefs(state),
    studentName,
    grode
  }
 }
}
</script>
```

9.2.2 响应式修改 Provide 与 Inject

为了增加Provide值和Inject值之间的响应性，可以在Provide值时使用ref或reactive。当使用响应式修改Provide/Inject值时，建议尽可能在Provide者内进行响应式属性的更改。

如果需要在Inject数据的子组件更新Inject数据时，通过调用Provide者给出的方法进行改变响应式属性。

如果需要保证通过Provide传递的数据不会被Inject的组件所更改，建议对Provide属性使用readonly方法保护数据。

【例9-4】响应式的Provide与Inject

说明：在例9-4（example9-4）中，由父组件通过Provide传递响应式的一个字符串和一个对象数据给子组件，子组件通过Inject接收数据并把其展示到模板中。当响应式数据在父组件文本框中发生变化时，子组件页面中的展示数据也会跟着发生变化。其在浏览器中的显示结果如图9-5所示。

扫一扫，看视频

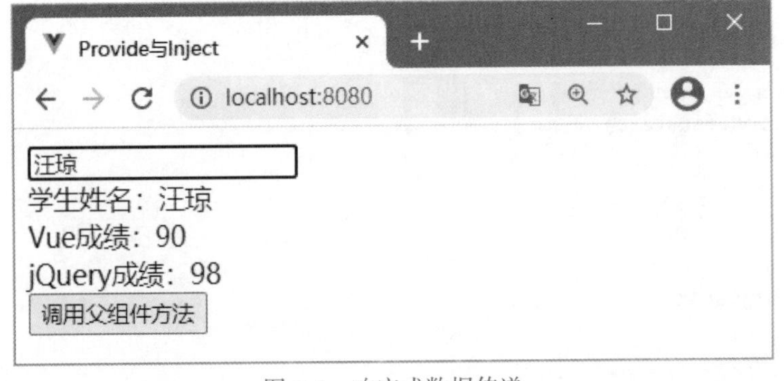

图 9-5　响应式数据传递

程序实现步骤及相关代码如下：

（1）父组件Father1.vue。

```
<template>
```

```
    <input type="text" v-model="studentName">
    <br>
    <children></children>
  </template>

  <script>
  import { reactive, readonly, ref, provide } from 'vue'
  import children from './child1.vue'
  export default {
       components: {
          children
      },
       setup () {
          const studentName= ref("刘艺丹")
          const grode = reactive({
           Vue: 90,
           jQuery: 98,
          })
          const updateLocation = () => {
            studentName.value = "张二"
            grode.Vue = 99
          }

          provide("studentName", readonly(studentName))
          provide("grode", readonly(grode))
          provide("updateLocation", updateLocation)
          return {
            studentName
         }
      }
  }
  </script>
```

(2)子组件child1.vue。

```
<template>
    学生姓名：{{studentName}}<br>
    Vue成绩：{{grode.Vue}}<br>
    jQuery成绩：{{grode.jQuery}}<br>
    <button @click="updateLocation">调用父组件方法</button>
</template>

<script>
import { inject } from 'vue'

export default {
    setup() {
          const studentName = inject("studentName", "The Universe")
          const grode = inject("grode")
          const updateLocation = inject("updateLocation")

          return {
            studentName,
            grode,
            updateLocation,
          }
        }
```

```
}
</script>
```

9.3 本章小结

本章详细讲解了组合式API的基础和组件之间的Provide与Inject。本章9.1节重点讲解组合式API中如何实现响应式、setup函数、响应式API的几种定义数据方法和计算属性应用、响应式系统的工具集；通过props属性在有多层包含关系的组件之间进行数据传递会非常麻烦，此时可以采用本章9.2节所讲解的Provide与Inject会使数据传递显得简单明了。

9.4 习题九

一、选择题

1. setup函数将接受两个参数，分别是________和context。

   A. create　　B. update　　C. mount　　D. props

2. 关于props参数的说明，以下选项中描述错误的是________。

   A. props参数是setup函数的第一个参数
   B. props参数是响应式参数
   C. props参数可以使用ES6进行解构不影响响应性
   D. props参数使用setup函数中的toRefs方法实现解构

3. setup函数的第二个参数是context的一个普通________。

   A. 对象　　B. 函数　　C. 命令　　D. JavaScript对象

4. emit主要用于________传递数据。

   A. 父组件向子组件
   B. 子组件向父组件
   C. 父组件向孙子子组件
   D. 子组件向其他子组件

5. 关于ref的说明，以下选项中描述错误的是________。

   A. 在模板内使用时要加上value属性
   B. 返回一个响应式且可改变的ref对象
   C. 接受一个参数值
   D. ref必须要从Vue中引用才能使用

6. 关于reactive的说明，以下选项中描述错误的是________。

   A. 在其他函数内使用时要加上value属性　　B. 将数据变成响应式
   C. 参数是复杂数据类型　　D. reactive要从Vue中引用后才能使用

7. 关于watchEffect的说明，以下选项中描述错误的是________。

   A. 其依赖数据变化与否都可以运行该方法
   B. watchEffect方法的参数是一个函数
   C. 该方法可以响应式追踪其依赖

D. watchEffect要从Vue中引用后才能使用

二、程序分析

1. 写出下面组件运行后单击2次按钮在网页上的运行结果。

```
<template>
  <button @click="increment">
     {{ state.count }}- {{ state.double }}
  </button>
</template>

<script>
import { reactive, computed } from 'vue'

export default {
  setup() {
    const state = reactive({
      count: 0,
      double: computed(() => state.count + 2)
    })

    function increment() {
      state.count++
    }

    return {
      state,
      increment
    }
  }
}
</script>
```

2. 写出下面组件运行后页面的显示结果

父组件代码：

```
<template>
  父组件：提供数据<br>
  <childa></childa>
</template>
<script>
import {provide} from 'vue'
import childa from './childrenA'

export default {
    components : {
      childa
    },
    setup() {
        const obj= {
          name: '小红书',
          age: 18
        }
        // 向子组件以及孙子组件传递名为info的数据
        provide('info', obj)
    }
}
```

```
</script>
```

子组件childA.vue的代码如下：

```
<template>
    子组件A: {{student.name}}<br>
    <childb></childb>
</template>
<script>
import { inject } from 'vue'
import childb from './childreB'
export default {
    components:{
        childb
    },
    setup() {
       const student=inject('info')
       return{
           student
       }
    }
}
</script>
```

孙子组件childB.vue的代码如下：

```
<template>
    孙子组件B: {{student.age}}<br>
</template>
<script>
import { inject } from 'vue'

export default {
    setup() {
       const student=inject('info')
       return{
           student
       }
    }
}
</script>
```

9.5 实验九　响应式数据

一、实验目的及要求

1. 掌握ref函数。
2. 掌握reactive函数。
3. 掌握响应式API的基本使用。

二、实验要求

数据定义要求如下：

```
const state = reactive({
  message: 'Hello Vue3 World!'
})
```

```
const count = ref(0);
```

实现结果如实验图9-1（a）所示，使用isRef判断计数器数据count是否为响应式数据；当用户单击“测试”按钮后字符串内容反转，计数器值加1，显示结果如实验图9-1（b）所示。

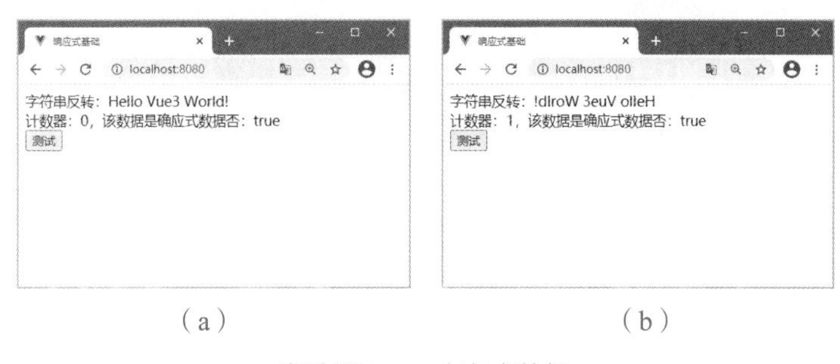

（a）　　（b）

实验图9-1　响应式数据

第 10 章

第三方插件

学习目标

由其他厂商或个人根据 Vue 3.0 规范针对某一特殊要求编写的程序称为第三方插件。本章主要讲解向服务器端请求数据的 Axios 和用于页面 UI 设计的 Element Plus。通过本章的学习，读者应该掌握以下主要内容：

- Axios 的基本概念和使用方法。
- Element Plus 的引入及使用方法。

思维导图（用手机扫描右边的二维码可以查看详细内容）

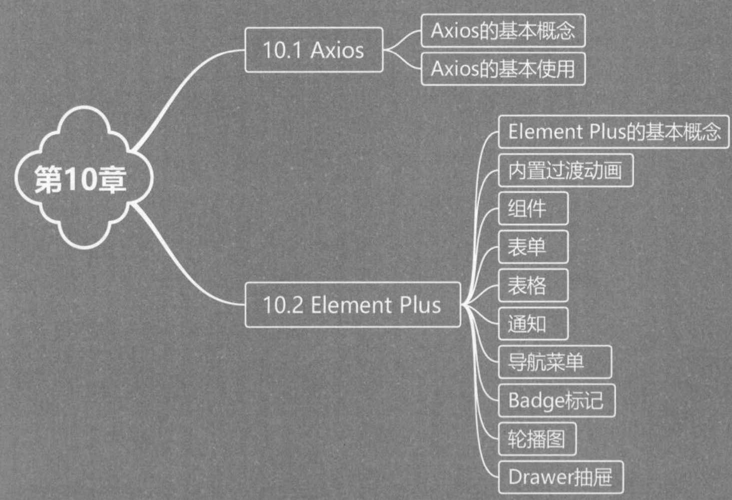

10.1 Axios

10.1.1 Axios 的基本概念

Axios是一个基于promise的HTTP库，其主要作用是用于向服务器端后台发起Ajax请求，并在请求的过程中可以进行很多控制。其主要特性如下：

- 可以在浏览器中发送XMLHttpRequests。
- 可以在Node.js中发送http请求。
- 支持Promise API。
- 拦截请求和响应。
- 转换请求数据和响应数据。
- 能够取消请求。
- 自动转换JSON数据。
- 客户端可以防止XSRF（伪造站点请求方式）攻击。

1. 安装

Axios的安装语句如下：

```
npm install axios  --save
```

2. 引入

安装之后，在入口文件main.js中使用下面的语句将Axios文件引入：

```
import axios from 'axios'      // 引入axios
```

3. API方法

Axios的请求方法主要有以下几种：

- axios.request(config)
- axios.get(url[, config])
- axios.delete(url[, config])
- axios.head(url[, config])
- axios.options(url[, config])
- axios.post(url[, data[, config]])
- axios.put(url[, data[, config]])
- axios.patch(url[, data[, config]])

例如，发起get请求，使用以下代码实现：

```
// 为给定 ID 的 user 创建请求
axios.get('/user?ID=12345')
  .then(function(response){     // 请求成功时执行的方法，参数response是响应的数据
    console.log(response);
  })
  .catch(function (error) {     // 请求失败时执行的方法，参数error是错误码
    console.log(error);
```

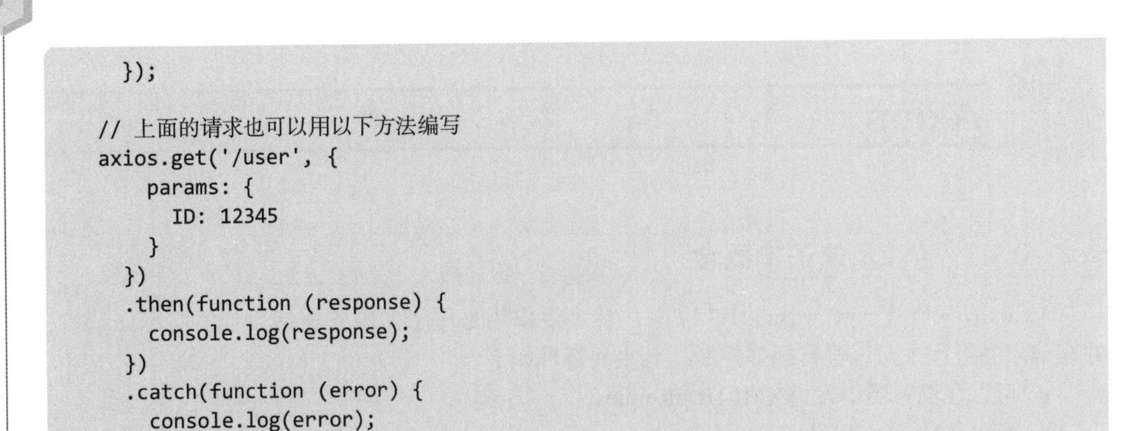

```
  });

// 上面的请求也可以用以下方法编写
axios.get('/user', {
    params: {
      ID: 12345
    }
  })
  .then(function (response) {
    console.log(response);
  })
  .catch(function (error) {
    console.log(error);
  });
```

上例中请求的地址是'/user'，其所带的请求参数是'ID=12345'。当请求成功时，返回的数据在response参数变量中，如果请求错误，错误的原因在error参数变量中。

下面是发起post请求并携带参数的方法，其使用语句代码如下：

```
axios.post('/user', {
    firstName: 'Fred',            // 请求参数
    lastName: 'Flintstone'
  })
  .then(function (response) {
    console.log(response);     // 请求成功时执行的语句
  })
  .catch(function (error) {
    console.log(error);        // 请求失败时执行的语句
  }
)
```

4. 请求配置

以下列出了一些在请求时常用的配置选项，只有url是必需的，如果没有指明method，则默认的请求方法是get。常用配置选项说明如下：

```
{
  // url是用于请求服务器的统一资源定位符URL
  url: '/user',

  // method是创建请求时使用的方法，有两种，分别是post、get
  method: 'get', // 默认是get

  // baseURL将自动加在url前面，除非url是一个绝对 URL
  // 可以通过设置一个baseURL以便于为axios实例的方法传递相对URL
  baseURL: 'https://some-domain.com/api/',

  // transformRequest允许在向服务器发送前，修改请求数据
  // 只能用在put、post和patch这几个请求方法中
  // 后面数组中的函数必须返回一个字符串、ArrayBuffer或Stream
  transformRequest: [function (data, headers) {
    // 对data进行任意转换处理
    return data;
  }],

  // transformResponse在传递给then/catch前，允许修改响应数据
  transformResponse: [function (data) {
```

```
  // 对 data 进行任意转换处理
  return data;
}],

// headers是即将被发送的自定义请求头
headers: {'X-Requested-With': 'XMLHttpRequest'},

// params 是即将与请求一起发送的 URL 参数
// 必须是一个无格式对象(plain object)或URLSearchParams对象
params: {
  ID: 12345
},

// paramsSerializer是一个负责params序列化的函数
// (e.g. https://www.npmjs.com/package/qs,
//       http://api.jquery.com/jquery.param/)
paramsSerializer: function(params) {
  return Qs.stringify(params, {arrayFormat: 'brackets'})
},

// data是作为请求主体被发送的数据
// 只适用于这些请求方法 put、post和patch
// 在没有设置transformRequest时，必须是以下类型之一
// - string、plain object、ArrayBuffer、ArrayBufferView、URLSearchParams
// - 浏览器专属：FormData、File、Blob
// - Node专属：Stream
data: {
  firstName: 'Fred'
},

// timeout指定请求超时的毫秒数(0 表示无超时时间)
// 如果请求超过timeout的时间，请求将被中断
timeout: 1000,

// withCredentials 表示跨域请求时是否需要使用凭证
withCredentials: false, // default

// adapter 允许自定义处理请求，以使测试更轻松
adapter: function (config) {
  // ...
},

// auth表示应该使用 HTTP 基础验证，并提供凭据
// 设置一个Authorization头，覆盖掉现有的使用headers设置的自定义 Authorization头
auth: {
  username: 'janedoe',
  password: 's00pers3cret'
},

// responseType表示服务器响应的数据类型
// 可以是ArrayBuffer、Blob、Document、Json、Text、Stream
responseType: 'json',      // default

// 响应字符集
responseEncoding: 'utf8', // default

//xsrfCookieName是用作xsrf token的值的cookie的名称
```

```
  xsrfCookieName: 'XSRF-TOKEN', // default

  // `xsrfHeaderName` is the name of the http header that carries the xsrf token value
  xsrfHeaderName: 'X-XSRF-TOKEN', // default

  // onUploadProgress允许为上传处理进度事件
  onUploadProgress: function (progressEvent) {
  // Do whatever you want with the native progress event
  },

  // onDownloadProgress允许为下载处理进度事件
  onDownloadProgress: function (progressEvent) {
  // 对原生进度事件的处理
  },

  // maxContentLength定义允许的响应内容的最大尺寸
  maxContentLength: 2000,

  // validateStatus 定义对于给定的HTTP 响应状态码是 resolve 或 reject  promise
  // 如果validateStatus返回true，则promise将被resolve; 否则，promise将被 reject
  validateStatus: function (status) {
    return status >= 200 && status < 300; // default
  },

  // maxRedirects定义在Node.js中follow的最大重定向数目
  // 如果设置为0，则将不会 follow 任何重定向
  maxRedirects: 5, // default

  // httpAgent和httpsAgent分别在Node.js中用于定义在执行http和https时使用的自定义代理。允
  // 许像这样配置选项
  // keepAlive：默认没有启用
  httpAgent: new http.Agent({ keepAlive: true }),
  httpsAgent: new https.Agent({ keepAlive: true }),

  // proxy用来定义代理服务器的主机名称和端口
  // auth 表示HTTP基础验证应当用于连接代理，并提供凭据
  // 这将会设置一个Proxy-Authorization头
  // 覆写掉已有的通过header设置的自定义Proxy-Authorization头
  proxy: {
    host: '127.0.0.1',
    port: 9000,
    auth: {
      username: 'mikeymike',
      password: 'rapunz3l'
    }
  },
}
```

下面以axios.request(config)最基础的请求方法为例来说明Axios中config的配置方法。其使用语句如下：

```
axios.request({
  method: 'post',
  url: '/user',
  data: {
    firstName: 'Fred',
    lastName: 'Flintstone'
```

```
    }
  })
  .then(function (response) {
    console.log(response);
  })
  .catch(function (error) {
    console.log(error);
  })
}
```

5. Axios跨域处理

跨域是指浏览器不能执行其他网站的脚本，是由浏览器的同源策略造成的，是浏览器施加的安全限制。所谓同源，是指域名、协议、端口均相同。

非跨域的调用方法，例如：

```
http://www.123.com/index.html调用http://www.123.com/server.php
```

以下几种都是跨域的调用方法。

（1）主域名不同

```
http://www.123.com/index.html调用http://www.456.com/server.php
```

（2）子域名不同

```
http://abc.123.com/index.html调用http://def.123.com/server.php
```

（3）端口不同

```
http://www.123.com:8080/index.html调用http://www.123.com:8081/server.php
```

（4）协议不同

```
http://www.123.com/index.html调用https://www.123.com/server.php
```

需要说明的是localhost和127.0.0.1虽然都指向本机，但也属于跨域。

浏览器执行JavaScript脚本时，会检查这个脚本属于哪个页面，如果不是同源页面，就不会被执行。

Vue 3.0的跨域解决方法有两种：第一种是在服务器端进行跨域处理；第二种是在Vue-cli脚手架中进行跨域处理。此处讲解第二种跨域解决方法。

使用Axios直接进行跨域访问是不可行的，需要配置代理来解决跨域，代理可以解决的原因是因为客户端请求服务端的数据是存在跨域问题的，而服务器和服务器之间可以相互请求数据是没有跨域的概念（前提是服务器没有设置禁止跨域的权限问题），也就是说，可以配置一个代理的服务器请求另一个服务器中的数据，然后把请求的数据返回到代理服务器中，代理服务器再返回数据给客户端，这样就可以实现跨域访问数据。

在Vue-cli脚手架中进行跨域处理的步骤如下。

（1）在Vue-cli脚手架的根目录下创建vue.config.js文件。

（2）在vue.config.js文件中添加以下内容：

```
module.exports = {
  publicPath: '/',
  devServer: {
    proxy: {
      '/api': {
        target: 'https://www.lb.com/',       //接口域名
        changeOrigin: true,                  //是否跨域
```

```
        ws: true,                               //是否代理 websockets
        secure: true,                           //是否https接口

        pathRewrite: {                          //路径重置
          //请求http://www.lb.com/login.php这个地址时直接写成/api/login.php
          '^/api': ''                           //替换target中的请求地址
        }
      }
    }
  }
```

需要特别说明的是，每次修改vue.config.js文件内容后，Vue 3.0的整个项目都要重新启动，否则新的项目配置将不会起作用。

(3)具体使用Axios的示例如下：

```
const themeList = ref()
axios.get('/api/user/reg.php').then((res) => {
  res = res.data
  if (res.errno === ERR_OK) {
    state.themeList=res.data;
  }
}).catch((error) => {
  console.warn(error)
})
```

此处的“/api/user/reg.php”访问地址相当于服务器的“http://www.lb.com/user.reg.php”。

10.1.2　Axios 的基本使用

【例 10–1】使用Axios从服务器端获取数据

说明：在例10-1（example10-1）中，将在Apache服务器（地址:http://localhost/）上创建一个服务器端程序，用于给客户端程序提供相应数据。在客户端（地址：http://localhost:8080/）上单击按钮，Axios将发起向服务器端的异步请求，然后把响应的数据显示在屏幕上。其在浏览器中的显示结果如图10-1所示。

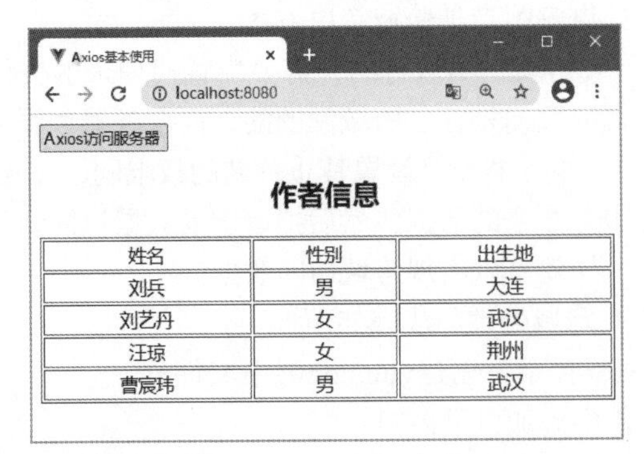

图 10-1　Axios 的基本使用

程序实现步骤及相关代码如下。

1. 服务器端程序

本例中的跨域处理方式是通过在服务器端进行设置跨域的，服务器端程序使用PHP语言编

写，其程序代码如下：

```
<?php
  // 定义内容类型：application/json，字符集utf-8
  header('Content-Type:application/json; charset=utf-8');
  // 允许所有地址跨域请求
  header('Access-Control-Allow-Origin:*');
  // 允许所有POST、GET请求
  header('Access-Control-Allow-Method:POST,GET');
  // 定义authors数组
  $authors = array(
    array('name' => '刘兵', 'sex' => '男', 'city' => '大连', 'check' => 'true'),
    array('name' => '刘艺丹', 'sex' => '女', 'city' => '武汉', 'check' => 'true'),
    array('name' => '汪琼', 'sex' => '女', 'city' => '荆州', 'check' => 'true'),
    array('name' => '曹宸玮', 'sex' => '男', 'city' => '武汉', 'check' => 'true'),
  );
  // 返回authors数组
  echo json_encode($authors);
?>
```

2. 客户端程序

客户端使用Axios向服务器端发起请求，并把响应回来的数据以表格的形式呈现在网页页面中。请读者仔细阅读下面主要程序代码的注释，体会Axios的用法：

```
<template>
  <button @click="handleClick">test</button>
  <table border="1" width="500">
    <tr>
      <td>姓名</td>
      <td>性别</td>
      <td>出生地</td>
    </tr>
    <tr v-for="(item, index) in lists" :key="index">
      <td>{{item.name}}</td>
      <td>{{item.sex}}</td>
      <td>{{item.city}}</td>
    </tr>
  </table>
</template>

<script>
import { reactive, toRefs } from 'vue'
import axios from 'axios'                           // 导入axios

export default {
  setup () {
    const state = reactive({
      lists: []                                     // 定义响应式数据
    })
    const handleClick = () => {                     // 按钮的单击事件处理方法
      axios({
        method:'get',                               // axios使用get方法发起请求
        url:'http://localhost/'                     // 发起请求的地址
      }).then(res =>{                               // 当请求成功后，返回的数据在res中
        if(res.status == '200'){                    // 返回状态值是200，表示完成获取数据
          if(res.data && res.data.length>0)         // 返回数据和返回数据长度不为0
```

```
          state.lists=res.data                    // 把返回数据赋值响应式数据
        }
      }).catch(function(error){
      console.log(error)
      })
    }
    return {
      ...toRefs(state),
      handleClick
    }
  }
}
</script>
```

10.2 Element Plus

10.2.1 Element Plus 的基本概念

Element Plus是基于Vue 3.0实现的一套不依赖业务的UI组件库，提供了丰富的PC端组件，减少用户对常用组件的封装，降低了开发者对页面样式的开发难度，帮助Web前端开发者的网站快速成型。

1. 安装

使用npm的方式安装，使其能更好地和webpack打包工具配合使用。其使用的代码如下：

```
npm install element-plus --save
```

2. 引入Element Plus

要想使用Element Plus，必须先把其引入到Vue-cli脚手架中。引入的方法是在脚手架的src目录下的main.js文件中加入以下代码：

```
import { createApp } from 'vue'
import App from './App'
import router from './router'
import store from './store'
import ElementPlus from 'element-plus'
import 'element-plus/lib/theme-chalk/index.css'

createApp(App).use(ElementPlus).use(store).use(router).mount('#app')
```

3. 在页面中使用Element Plus

【例10-2】Element Plus的引入和使用方法

说明：在例10-2（example10-2）中使用Element Plus的按钮，并在按钮中显示数据“Hello Element Plus World!”。其在浏览器中的显示结果如图10-2所示。

扫一扫，看视频

图 10-2　Element Plus 的基本使用

程序实现步骤及相关代码如下：

```
<template>
  <el-button>{{msg}}</el-button>
  <el-button type="success">成功按钮</el-button>
  <el-button type="primary" round>主要按钮</el-button>
</template>

<script>
import { reactive, toRefs } from 'vue'

export default {
  setup () {
    const state = reactive({
      msg: 'Hello Element Plus World!'
    })

    return {
      ...toRefs(state)
    }
  }
}
</script>
```

10.2.2　内置过渡动画

Element Plus用于定义内置过渡动画，包括淡入淡出、缩放和展开折叠。具体说明如下。

（1）元素淡入方式有两种：el-fade-in-linear和el-fade-in。

（2）元素缩放有三种：el-zoom-in-center（中心缩放）、el-zoom-in-top（往上缩放）和el-zoom-in-bottom（往下缩放）。

（3）使用el-collapse-transition组件实现展开折叠效果。

需要说明的是，要使用内置过渡动画的标签外层必须使用嵌套<transition>标签，并添加name属性，属性值为进行某种过渡动画的样式类名，如el-fade-in-linear。

【例 10-3】基于Element Plus的过渡效果验证

说明：在例 10-3（example10-3）中实现<div>块的几种不同的过渡方法，读者着重体会内置过渡动画的使用方法。其在浏览器中的显示结果如图 10-3 所示。

扫一扫，看视频

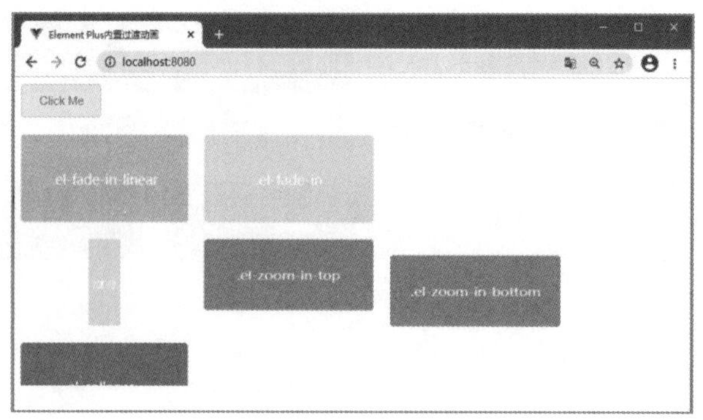

图 10-3　<div> 块在过渡期间

程序相关代码如下：

```
<template>
  <el-button @click="handleClick">Click Me</el-button>
    <!--内置过渡动画：淡入淡出-->
    <div style="display: flex; margin-top: 20px; height: 100px;">
      <transition name="el-fade-in-linear">
        <div v-show="show" class="transition-box">.el-fade-in-linear</div>
      </transition>
      <transition name="el-fade-in">
        <div v-show="show" class="transition-box">.el-fade-in</div>
      </transition>
    </div>
    <!--内置过渡动画：缩放-->
    <div style="display: flex; margin-top: 20px; height: 100px;">
      <transition name="el-zoom-in-center">
        <div v-show="show" class="transition-box">.el-zoom-in-center</div>
      </transition>
      <transition name="el-zoom-in-top">
        <div v-show="show" class="transition-box">.el-zoom-in-top</div>
      </transition>
      <transition name="el-zoom-in-bottom">
        <div v-show="show" class="transition-box">.el-zoom-in-bottom</div>
      </transition>
    </div>
    <!--内置过渡动画：展开折叠-->
     <div style="margin-top: 20px; height: 200px;">
      <el-collapse-transition>
        <div v-show="show">
          <div class="transition-box">el-collapse-transition</div>
          <div class="transition-box">el-collapse-transition</div>
        </div>
      </el-collapse-transition>
    </div>
</template>

<script>
import { reactive, toRefs } from 'vue'

export default {
  setup () {
    const state = reactive({
      show: true
```

```
    })
    const handleClick = () => {
      state.show = !state.show
    }
    return {
      ...toRefs(state),
      handleClick
    }
  }
}
</script>
<style scoped>
.transition-box {
    margin-bottom: 10px;
    width: 200px;
    height: 100px;
    border-radius: 4px;
    background-color: #409EFF;
    text-align: center;
    color: #fff;
    padding: 40px 20px;
    box-sizing: border-box;
    margin-right: 20px;
  }
</style>
```

10.2.3 组件

1. 布局

Element Plus随着屏幕或视口（viewport）尺寸的增加，系统会自动把浏览器窗口分为最多24栏，结合媒体查询，就可以制作出强大的响应式栅格系统。

可以通过row和col组件，并通过col组件的span属性就可以自由地组合布局。当分栏之间需要添加一定间隔时，row组件提供gutter属性来指定每栏之间的间隔，默认间隔为0。例如，把整行分为2个分栏，每个分栏之间间隔20像素，其使用语句如下：

```
<el-row :gutter="20">
  <el-col :span="12">
    <div class="grid-content bg-purple-dark"></div>
  </el-col>
  <el-col :span="12">
    <div class="grid-content bg-purple-dark"></div>
  </el-col>
</el-row>
```

Element Plus参照Bootstrap的响应式设计，预设了5个响应尺寸：xs（<768px）、sm（≥768px）、md（≥992px）、lg（≥1200px）和xl（≥1920px）。

【例10-4】基于Element Plus的布局验证

说明：在例10-4（example10-4）中，通过一个响应式布局针对不同的分辨率进行动态调整其显示分栏。其在浏览器中的显示结果如图10-4所示。

扫一扫，看视频

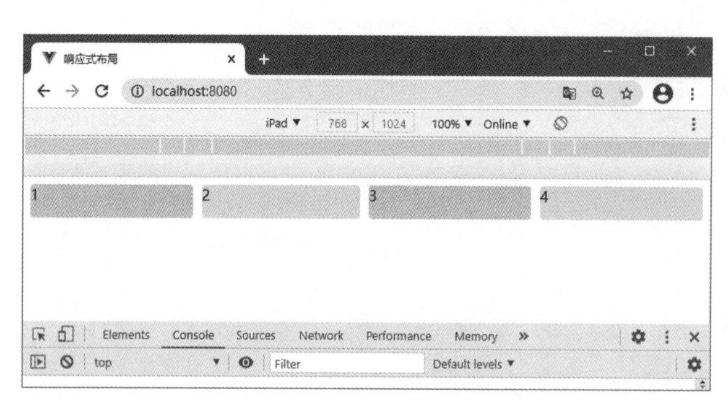

图 10-4　响应式布局的 sm 和 xs 状态页面的显示效果

程序实现步骤及相关代码如下：

```
<template>
  <el-row :gutter="10">
      <el-col :xs="8" :sm="6" :md="4" :lg="3" :xl="1"><div class="grid-content bg-purple">1</div></el-col>
     <el-col :xs="4" :sm="6" :md="8" :lg="9" :xl="12"><div class="grid-content bg-purple-light">2</div></el-col>
     <el-col :xs="4" :sm="6" :md="8" :lg="9" :xl="12"><div class="grid-content bg-purple">3</div></el-col>
      <el-col :xs="8" :sm="6" :md="4" :lg="3" :xl="1"><div class="grid-content bg-purple-light">4</div></el-col>
  </el-row>
</template>

<style scoped>
  .el-col {
    border-radius: 4px;
  }
  .bg-purple-dark {
    background: #99a9bf;
  }
  .bg-purple {
    background: #d3dce6;
  }
  .bg-purple-light {
    background: #e5e9f2;
  }
  .grid-content {
    border-radius: 4px;
    min-height: 36px;
  }
</style>
```

2. 图标与按钮

Element Plus提供了一套常用的图标集合。直接通过设置类名为el-icon-iconName即可使用。例如，编写具有编辑、共享、删除和带有搜索图标的按钮所使用的语句如下：

```
<i class="el-icon-edit"></i>
<i class="el-icon-share"></i>
<i class="el-icon-delete"></i>
<el-button type="primary" icon="el-icon-search">搜索</el-button>
```

Element Plus提供的图标样式参见网址https://element.eleme.cn/#/zh-CN/component/icon。

Element Plus还提供常用的操作按钮，主要包括plain（朴素按钮）、round（圆角按钮）和circle（圆形按钮），可以通过属性来定义 Button 的样式。其中，type属性取值主要包括primary（主要按钮）、success（成功按钮）、info（信息按钮）、warning（警告按钮）和danger（危险按钮）。

【例10-5】基于Element Plus的图标与按钮验证

说明：在例10-5（example10-5）中实现各种图标或按钮的显示或隐藏。其在浏览器中的显示结果如图10-5所示。

图 10-5　图标与按钮

程序相关代码如下：

```
<template>
  <el-button type="primary" @click="handleClick">主要按钮</el-button><br><br>
  <el-row v-if="show">
    <el-button type="success">成功按钮</el-button>
    <el-button type="info" plain>信息按钮</el-button>
    <el-button type="warning" round>警告按钮</el-button>
    <el-button type="danger" round>危险按钮</el-button>
    <el-button type="primary" plain disabled>主要按钮,禁用</el-button>
    <el-button type="primary" :loading="true">加载中</el-button>
  </el-row>
  <br><br>
  <el-row v-if="show">
    <el-button-group>
      <el-button type="primary" icon="el-icon-arrow-left">上一页</el-button>
      <el-button type="primary">下一页<i class="el-icon-arrow-right "></i> </el-button>
    </el-button-group>
    <el-button-group>
      <el-button type="primary" icon="el-icon-edit"></el-button>
      <el-button type="primary" icon="el-icon-share"></el-button>
      <el-button type="primary" icon="el-icon-delete"></el-button>
    </el-button-group>
    <el-button type="primary" icon="el-icon-search">搜索</el-button>
    <el-button type="primary">上传<i class="el-icon-upload el-icon--right"></i></el-
button>
  </el-row>
</template>

<script>
import { reactive, toRefs } from 'vue'

export default {
```

```
    setup () {
      const state = reactive({
        show: true
      })
      const handleClick = () => {
        state.show = !state.show
      }
      return {
        ...toRefs(state),
        handleClick
      }
    }
  }
</script>
```

10.2.4 表单

Element Plus提供了许多表单元素样式，主要包括Radio（单选按钮）、Checkbox（复选框）、Input（输入框）、InputNumber（计数器）、Select（选择器）、Cascader（级联选择器）、Switch（开关）、Slider（滑块）、TimePicker（时间选择器）、DatePicker（日期选择器）、DateTimePicker（日期时间选择器）、Upload（上传）、Rate（评分）和ColorPicker（颜色选择器），同时还可以对表单元素进行验证。

【例10-6】基于Element Plus的表单制作

说明：在例10-6（example10-6）中制作了一个申请活动表单，注意各种表单元素的用法。其在浏览器中的显示结果如图10-6所示。

扫一扫，看视频

图10-6　申请活动表单

程序相关代码如下：

```
<template>
   <el-form :model="form"  label-width="100px">
    <el-form-item label="用户" prop="username">
      <el-input v-model="form.username"></el-input>
    </el-form-item>
    <el-form-item label="活动区域">
      <el-select v-model="form.region" placeholder="请选择活动区域">
        <el-option label="常青校区" value="changqing"></el-option>
```

```
        <el-option label="金银湖校区" value="jinyinhu"></el-option>
      </el-select>
    </el-form-item>
    <el-form-item label="活动时间">
      <el-col :span="11">
        <el-date-picker type="date" placeholder="选择日期" v-model="form.date1" style="width:
100%;"></el-date-picker>
      </el-col>
      <el-col class="line" :span="2">-</el-col>
      <el-col :span="11">
        <el-time-picker placeholder="选择时间" v-model="form.date2" style="width:100%;"></el-
time-picker>
      </el-col>
    </el-form-item>
    <el-form-item label="即时配送">
      <el-switch v-model="form.delivery"></el-switch>
    </el-form-item>
    <el-form-item label="活动性质">
      <el-checkbox-group v-model="form.type">
        <el-checkbox label="美食/餐厅线上活动" name="type"></el-checkbox>
        <el-checkbox label="地推活动" name="type"></el-checkbox>
        <el-checkbox label="线下主题活动" name="type"></el-checkbox>
        <el-checkbox label="单纯品牌曝光" name="type"></el-checkbox>
      </el-checkbox-group>
      </el-form-item>
      <el-form-item label="特殊资源">
        <el-radio-group v-model="form.resource">
          <el-radio label="线上品牌商赞助"></el-radio>
          <el-radio label="线下场地免费"></el-radio>
        </el-radio-group>
      </el-form-item>
      <el-form-item label="活动形式">
        <el-input type="textarea" v-model="form.desc"></el-input>
      </el-form-item>
      <el-form-item>
        <el-button type="primary" @click="onSubmit">立即创建</el-button>
        <el-button>取消</el-button>
      </el-form-item>
    </el-form>
</template>

<script>
import { reactive } from 'vue'

export default {
  setup () {
    // 定义变量
    const form = reactive({
      username: '',
      region: '',
      date1: '',
      date2: '',
      delivery: false,
      type: [],
      resource: '',
      desc: ''
    })
```

```
      const onSubmit = () => {
        alert('提交表单')
      }
      return {
        form,
        onSubmit
      }
    }
  }
</script>
```

需要特别说明的是，在例10-6中，表单元素一定要绑定响应式数据，否则数据将不能输入到表单元素中。

10.2.5 表格

当需要展示多条结构类似的数据时，可以使用表格进行展示。在Element Plus中提供了丰富的表格样式及其相关处理，表格样式包括数据进行排序、筛选、对比和其他自定义操作。

基础表格使用的语句如下：

```
<el-table :data="对象数组" stripe="true" style="width: 100%">
  <el-table-column prop="数组元素" label="表头展示文字"  width="180">
  </el-table-column>
</el-table>
```

当在el-table元素中注入data对象数组后，在el-table-column中使用prop属性对应对象中的键名即可填入数据，使用label属性定义表格的列名，可以使用width属性定义列宽。另外用stripe属性可以创建是否带斑马纹的表格，其是一个Boolean值（默认为false），当设置为true时，启用带斑马纹的表格。

默认情况下，Table组件是不具有竖直方向的边框的，如果需要，则可以使用border属性，其是一个Boolean值（默认为false），当设置为true时，启用带竖直方向的边框的表格。

【例10-7】基于Element Plus的表格验证

说明：在例10-7（example10-7）中制作了一个带有复选框的表格，读者应着重体会表格的用法。其在浏览器中的显示结果如图10-7所示。

	日期	姓名	地址
☑		刘兵	武汉市
☑		汪琼	荆州市
☐		刘艺丹	多伦多
☑		李四	北京市

图 10-7 表格

程序相关代码如下：

```
<template>
  <el-table stripe="true" :data="tableData" style="width:100%;">
```

```
      <el-table-column type="selection" width="55"></el-table-column>
      <el-table-column prop="date" label="日期" width="180"></el-table-column>
      <el-table-column prop="name" label="姓名" width="180"></el-table-column>
      <el-table-column prop="address" label="地址"></el-table-column>
    </el-table>
  </template>

  <script>
  import { reactive, toRefs } from 'vue'

  export default {
    setup () {
      const state = reactive({
        tableData: [{
          id: '1',
          name: '刘兵',
          address: '武汉市'
        }, {
          id: '2',
          name: '汪琼',
          address: '荆州市'
        }, {
          id: '3',
          name: '刘艺丹',
          address: '多伦多'
        }, {
          id: '4',
          name: '李四',
          address: '北京市'
        }],
      })

      return {
        ...toRefs(state)
      }
    }
  }
  </script>
```

10.2.6 通知

Notification组件提供通知功能，即悬浮出现在页面角落，显示全局的通知提醒消息。Element Plus使用$notify方法接收options操作参数，在最简单的情况下，仅设置title字段和message字段，用于设置通知的标题和正文。在默认情况下，Notification组件会在4500毫秒自动关闭，也可以设置duration属性值在指定的时间间隔控制关闭，需要特别说明的是，如果将duration设置为0，则不会自动关闭。duration是一个Number型变量，单位为毫秒，默认值为4500。

Notification 组件有4种通知类型，分别是success（成功）、warning（警告）、info（信息）和error（错误），通过type字段进行设置。

另外，还可以使用position属性定义Notification组件的弹出位置，支持4种位置弹出，分别是top-right、top-left、bottom-right和bottom-left，默认为top-right。

Notification组件还可以通过设置offset字段来设置偏移量，可以指定弹出的消息距屏幕边

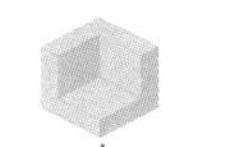

缘偏移的距离。注意在同一时刻所有的Notification实例应当具有一个相同的偏移量。

将dangerouslyUseHTMLString属性设置为true，message就会被当作HTML片段处理，也就是可以使用HTML标签设置message 信息。

【例10-8】基于Element Plus的通知制作

说明：在例10-8（example10-8）中制作了几种通知，读者应着重体会这几种通知的用法。其在浏览器中的显示结果如图10-7所示。

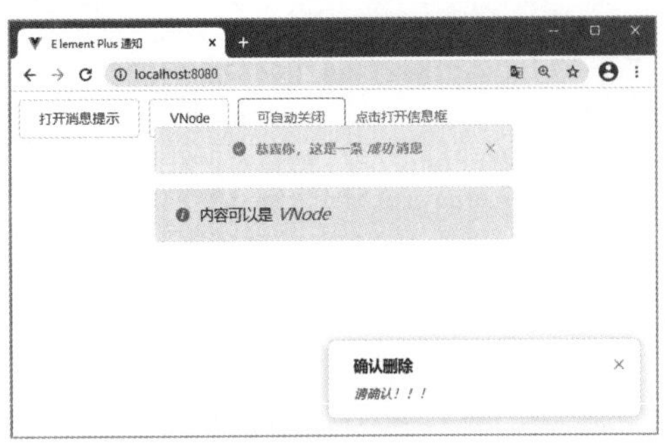

图 10-8　通知的几种状态

程序相关代码如下：

扫一扫，看视频

```
<template>
  <el-button :plain="true" @click="openMsg">打开消息提示</el-button>
  <el-button :plain="true" @click="openVn">VNode</el-button>
  <el-button plain @click="open1" >可自动关闭</el-button>
  <el-button type="text" @click="openMsgBox">单击打开信息框</el-button>
</template>

<script>
import { reactive, toRefs, getCurrentInstance, h } from 'vue'

export default {
  setup () {
    const { ctx } = getCurrentInstance()
    const state = reactive({
      count: 0
    })
    const openMsg = () => {
      ctx.$message({
        dangerouslyUseHTMLString: true,   // message 就会被当作 HTML 片段处理
        message: '<strong>恭喜你，这是一条 <i>成功</i> 消息</strong>',
        type: 'success',
        showClose: true,                  // 设置为可关闭警告框
        center: true                      // 文字居中
      })
    }
    const openVn = () => {
      ctx.$message({
        message: h('p', null, [
          h('span', null, '内容可以是 '),
          h('i', { style: 'color: teal' }, 'VNode')
        ])
      })
    }
```

```
    const openMsgBox = () => {
      ctx.$alert('这是一段内容', '标题名称', {
        confirmButtonText: '确定',
        callback: action => {
          ctx.$message({
            type: 'info',
            message: `action: ${action}`
          })
        }
      })
    }
    const open1 = () => {
      ctx.$notify({
        title: '确认删除',
        message: h('i', { style: 'color: teal' }, '请确认！！！'),
        position: 'bottom-right'            // 定义弹出位置
      })
    }
    return {
      ...toRefs(state),
      openMsg,
      openVn,
      openMsgBox,
      open1
    }
  }
}
</script>
```

10.2.7 导航菜单

1. 水平导航菜单

导航菜单默认为垂直模式，通过mode属性可以使导航菜单变成水平模式。另外，在菜单中通过submenu组件可以生成二级菜单。Menu还提供了background-color、text-color和active-text-color，分别用于设置菜单的背景色、菜单的文字颜色和当前激活菜单的文字颜色。

【例10-9】基于Element Plus的水平导航菜单制作

说明：在例10-9（example10-9）中制作了水平导航菜单，读者应着重体会水平导航菜单的制作方法。其在浏览器中的显示结果如图10-9所示。

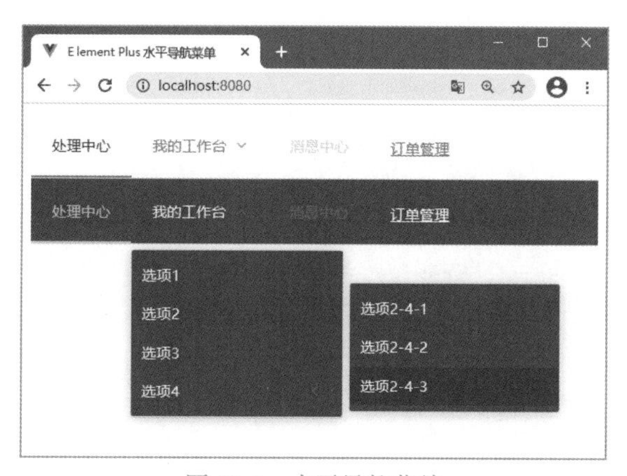

图10-9　水平导航菜单

程序相关代码如下：

扫一扫，看视频

```
<template>
  <el-menu  :default-active="activeIndex"  class="el-menu-demo"
mode="horizontal" @select="handleSelect">
    <el-menu-item index="1">处理中心</el-menu-item>
    <el-submenu index="2">
      <template v-slot:title>我的工作台</template>
      <el-menu-item index="2-1">选项1</el-menu-item>
      <el-menu-item index="2-2">选项2</el-menu-item>
      <el-menu-item index="2-3">选项3</el-menu-item>
      <el-submenu index="2-4">
        <template v-slot:title>选项4</template>
        <el-menu-item index="2-4-1">选项2-4-1</el-menu-item>
        <el-menu-item index="2-4-2">选项2-4-2</el-menu-item>
        <el-menu-item index="2-4-3">选项2-4-3</el-menu-item>
      </el-submenu>
    </el-submenu>
    <el-menu-item index="3" disabled>消息中心</el-menu-item>
    <el-menu-item  index="4"><a  href="https://www.ele.me"  target="_blank">订单管理</
a></el-menu-item>
  </el-menu>
  <div class="line"></div>
  <el-menu
    :default-active="activeIndex2"
    class="el-menu-demo"
    mode="horizontal"
    @select="handleSelect"
    background-color="#545c64"
    text-color="#fff"
    active-text-color="#ffd04b">
    <el-menu-item index="1">处理中心</el-menu-item>
    <el-submenu index="2">
      <template v-slot:title>我的工作台</template>
      <el-menu-item index="2-1">选项1</el-menu-item>
      <el-menu-item index="2-2">选项2</el-menu-item>
      <el-menu-item index="2-3">选项3</el-menu-item>
      <el-submenu index="2-4">
        <template v-slot:title>选项4</template>
        <el-menu-item index="2-4-1">选项2-4-1</el-menu-item>
        <el-menu-item index="2-4-2">选项2-4-2</el-menu-item>
        <el-menu-item index="2-4-3">选项2-4-3</el-menu-item>
      </el-submenu>
    </el-submenu>
    <el-menu-item index="3" disabled>消息中心</el-menu-item>
    <el-menu-item index="4"><a href="https://www.whpu.edu.cn" target="_blank">订单管理
</a></el-menu-item>
  </el-menu>
</template>

<script>
import { reactive, toRefs } from 'vue'

export default {
  setup () {
    const state = reactive({
      activeIndex: '1',
      activeIndex2: '1'
```

```
    })
    const handleSelect = (key, keyPath) => {
      console.log(key, keyPath)
    }
    return {
      ...toRefs(state),
      handleSelect
    }
  }
}
</script>
```

2. 侧边导航菜单

通过el-menu-item-group组件可以实现菜单分组。

【例10-10】基于Element Plus的侧边导航菜单制作

说明：在例10-10（example10-10）中制作了侧边导航菜单，读者应着重体会侧边导航菜单的用法。其在浏览器中的显示结果如图10-10所示。

图 10-10　侧边导航菜单

程序相关代码如下：

```
<template>
 <el-row class="tac">
  <el-col :span="12">
    <h5>默认颜色</h5>
    <el-menu
      default-active="2"
      class="el-menu-vertical-demo"
      @open="handleOpen"
      @close="handleClose">
      <el-submenu index="1">
        <template v-slot:title>
          <i class="el-icon-location"></i>
          <span>导航一</span>
        </template>
        <el-menu-item-group>
          <template v-slot:title>分组1</template>
          <el-menu-item index="1-1">选项1-1</el-menu-item>
          <el-menu-item index="1-2">选项1-2</el-menu-item>
        </el-menu-item-group>
        <el-menu-item-group title="分组2">
```

扫一扫，看视频

```
          <el-menu-item index="1-3">选项1-3</el-menu-item>
        </el-menu-item-group>
        <el-submenu index="1-4">
          <template v-slot:title>选项4</template>
          <el-menu-item index="1-4-1">选项1-4-1</el-menu-item>
        </el-submenu>
      </el-submenu>
      <el-menu-item index="2">
        <i class="el-icon-menu"></i>
        <span>导航二</span>
      </el-menu-item>
      <el-menu-item index="3" disabled>
        <i class="el-icon-document"></i>
        <span >导航三</span>
      </el-menu-item>
      <el-menu-item index="4">
        <i class="el-icon-setting"></i>
        <span >导航四</span>
      </el-menu-item>
    </el-menu>
  </el-col>
  <el-col :span="12">
    <h5>自定义颜色</h5>
    <el-menu
      default-active="2"
      class="el-menu-vertical-demo"
      @open="handleOpen"
      @close="handleClose"
      background-color="#545c64"
      text-color="#fff"
      active-text-color="#ffd04b">
      <el-submenu index="1">
        <template v-slot:title>
          <i class="el-icon-location"></i>
          <span>导航一</span>
        </template>
        <el-menu-item-group>
          <template v-slot:title>分组1</template>
          <el-menu-item index="1-1">选项1-1</el-menu-item>
          <el-menu-item index="1-2">选项1-2</el-menu-item>
        </el-menu-item-group>
        <el-menu-item-group title="分组2">
          <el-menu-item index="1-2">选项1-2</el-menu-item>
        </el-menu-item-group>
        <el-submenu index="1-3">
          <template v-slot:title>选项4</template>
          <el-menu-item index="1-3-1">选项1-3-1</el-menu-item>
        </el-submenu>
      </el-submenu>
      <el-menu-item index="2">
        <i class="el-icon-menu"></i>
        <span>导航二</span>
      </el-menu-item>
      <el-menu-item index="3" disabled>
        <i class="el-icon-document"></i>
        <span >导航三</span>
      </el-menu-item>
```

```
        <el-menu-item index="4">
          <i class="el-icon-setting"></i>
          <span >导航四</span>
        </el-menu-item>
      </el-menu>
    </el-col>
  </el-row>
</template>

<script>
import { reactive, toRefs } from 'vue'

export default {
  setup () {
    const state = reactive({
      activeIndex: '1',
      activeIndex2: '1'
    })
    const handleOpen = (key, keyPath) => {
      console.log(key, keyPath)
    }
    const handleClose = (key, keyPath) => {
      console.log(key, keyPath)
    }
    return {
      ...toRefs(state),
      handleClose,
      handleOpen
    }
  }
}
</script>
```

10.2.8 Badge 标记

Badge标记是出现在按钮、图标旁的数字或状态标记。

1. 展示新消息数量

定义value属性，该属性值可以是Number或String，其使用语句如下：

```
<el-badge :value="12">
// 或者
<el-badge value="new">
```

2. 自定义最大值

由max属性自定义最大值，该属性是Number型，需要说明的是，只有当value取值为Number型时，该属性才会生效。

```
<el-badge :value="200" :max="99">
```

3. 小红点

设置is-dot属性可以以小红点的形式标注需要关注的内容，该属性是个布尔值。

```
<el-badge is-dot class="item">数据查询</el-badge>
```

【例10-11】基于Element Plus的状态标记使用

说明：在例10-11（example10-11）中制作几种状态标记，读者应着重体会这几种状态标记的用法。其在浏览器中的显示结果如图10-11所示。

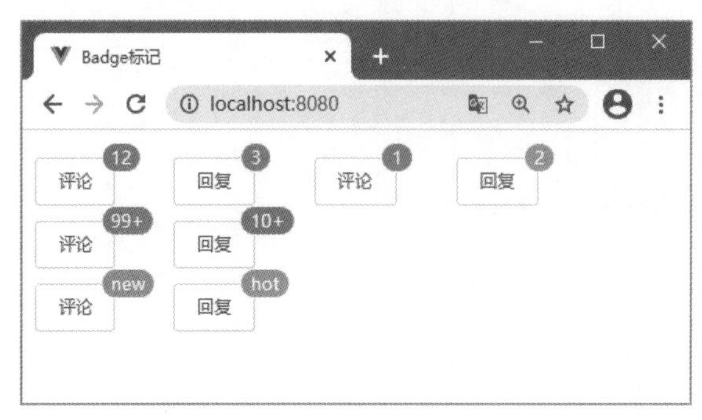

图 10-11　状态标记

程序相关代码如下：

扫一扫，看视频

```
<template>
<el-badge :value="12" class="item">
  <el-button size="small">评论</el-button>
</el-badge>
<el-badge :value="3" class="item">
  <el-button size="small">回复</el-button>
</el-badge>
<el-badge :value="1" class="item" type="primary">
  <el-button size="small">评论</el-button>
</el-badge>
<el-badge :value="2" class="item" type="warning">
  <el-button size="small">回复</el-button>
</el-badge>
<br>
<el-badge :value="200" :max="99" class="item" type="danger">
  <el-button size="small">评论</el-button>
</el-badge>
<el-badge :value="100" :max="10" class="item" type="info">
  <el-button size="small">回复</el-button>
</el-badge>
<br>
<el-badge value="new" class="item" type="success">
  <el-button size="small">评论</el-button>
</el-badge>
<el-badge value="hot" class="item" type="warning">
  <el-button size="small">回复</el-button>
</el-badge>
</template>

<style scoped>
.item {
  margin-top: 10px;
  margin-right: 40px;
}
</style>
```

10.2.9 轮播图

轮播图是在页面的指定区间内循环播放的同一类型的图片、文字等内容。Element Plus使用el-carousel和el-carousel-item标签定义轮播图效果，并且轮播图的内容是任意的，需要放在el-carousel-item标签中。默认情况下，是鼠标指针移动到底部图片指示器时就会触发切换，也可以通过设置trigger属性为click达到单击触发的效果；通过height属性可以设置轮播图的高度。例如，定义单击切换高度350像素的程序代码如下：

```
<el-carousel height="350px" trigger="click" ></el-carousel>
```

indicator-position属性用于定义指示器的位置。默认情况下，指示器会显示在轮播图内部，如果设置为outside，则指示器会显示在轮播图外部；如果设置为none，则不会显示指示器。程序代码如下：

```
<el-carousel indicator-position="outside"></el-carousel>
```

arrow属性用于定义切换箭头的显示时机。默认情况下，切换箭头只有在鼠标指针移到轮播图上时才会显示；若将arrow设置为always，则会一直显示；若设置为never，则会一直隐藏。其程序代码如下：

```
<el-carousel arrow="always"></el-carousel>
```

interval属性可以设置轮播图的图片自动切换的时间间隔，默认值3000（单位为毫秒）。例如，设置4秒进行切换。其程序代码如下：

```
<el-carousel :interval="4000"  ></el-carousel>
```

【例10-12】基于Element Plus的轮播图

说明：在例10-12（example10-12）中制作一个轮播图，读者应着重体会轮播图的用法及控制方法。其在浏览器中的显示结果如图10-12所示。

图10-12 轮播图

程序相关代码如下：

```
<template>
  <div class="block">
    <el-carousel height="350px" :interval="4000" >
      <el-carousel-item v-for="item in 4" :key="item" >
```

```
          <h3>
            <img :src="imgArray[item]">
          </h3>
        </el-carousel-item>
      </el-carousel>
    </div>

  </template>

  <script>
  import { reactive, toRefs } from 'vue'

  export default {
    setup () {
      const state = reactive({
        imgArray: [
          require('../assets/0.jpg'),
          require('../assets/1.jpg'),
          require('../assets/2.jpg'),
          require('../assets/3.jpg'),
          require('../assets/4.jpg')
        ]
      })

      return {
        ...toRefs(state)
      }
    }
  }
  </script>

  <style scoped>
   .el-carousel__item h3 {
      color: #475669;
      font-size: 18px;
      opacity: 0.75;
      line-height: 300px;
      margin: 0;
    }
  .el-carousel{
    width:500px;
  }
    .el-carousel__item:nth-child(2n) {
      background-color: #99a9bf;
    }

    .el-carousel__item:nth-child(2n+1) {
      background-color: #d3dce6;
    }
  </style>
```

10.2.10 Drawer 抽屉

Drawer抽屉有很多用法，在例10-13（example10-13）中展示打开一个临时的侧边栏，可以从多个方向打开。打开时需要设置visible属性（boolean类型），当visible属性为true时显示

Drawer。Drawer分为两个部分:title 和 body，title需要具名为title的插槽, 也可以通过title属性来定义，默认值为空。需要注意的是，Drawer默认是从右往左打开, 也可以通过direction属性设置其弹出方向。

【例 10-13】基于Element Plus的Drawer抽屉

说明：在例10-13（example10-13）中实现从4个方向打开侧边栏，分别是从左往右开、从右往左开、从上往下开和从下往上开。其在浏览器中的显示结果如图10-13所示。

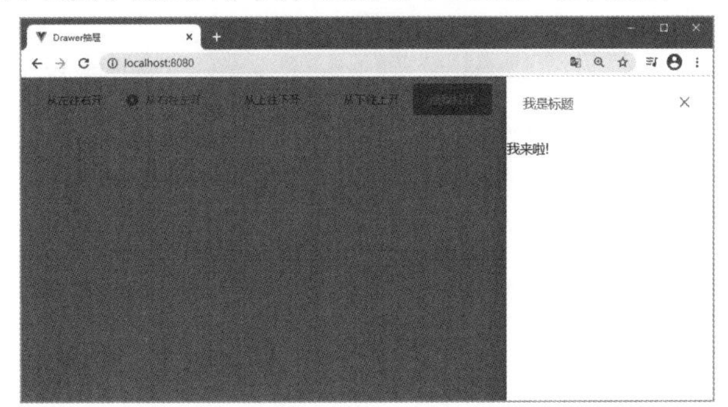

图 10-13　Drawer 抽屉

程序相关代码如下：

```
<template>
    <el-radio-group v-model="direction">
        <el-radio label="ltr">从左往右开</el-radio>
        <el-radio label="rtl">从右往左开</el-radio>
        <el-radio label="ttb">从上往下开</el-radio>
        <el-radio label="btt">从下往上开</el-radio>
    </el-radio-group>
    <el-button @click="handleClick" type="primary" style="margin-left: 16px;">
        点我打开
    </el-button>
    <el-drawer title="我是标题" v-model="drawer" :direction="direction" >
    </el-drawer>
</template>

<script>
import { reactive, toRefs } from 'vue'
export default {
   setup () {
        const state = reactive({
            drawer: false,
            direction: 'rtl'
        })
        const handleClick=()=>{
            state.drawer=true;
            setTimeout(()=>state.drawer=false,2000)
        }
        return {
            ...toRefs(state),
            handleClick
        }
    }
}
</script>
```

扫一扫，看视频

10.3 本章小结

本章详细讲解了从服务器端异步获取数据的Axios插件和用于支持Vue 3.0并能在网页中进行UI设计的插件Element Plus。Axios是一个基于promise的HTTP库，其主要作用是用于向服务器端后台发起Ajax请求，并在请求的过程中可以进行很多控制。本章10.1节重点讲解Axios安装、引入和调用方法，同时还对引用前如何配置Axios进行了说明；本章10.2节讲解了Element Plus的常用知识，分为7个主要部分说明，分别是Element Plus基本概念、内置过渡动画、布局与图标组件、表单及其验证、表格、通知、导航菜单、Badge标记、轮播图和Drawer抽屉组件。由于篇幅限制还有很多内容没有讲解到，读者在用到时再去查找官方文档，不利之处是其官方文档的程序控制部分写法还不是完全按照Vue 3.0的写法完成。

10.4 习题十

一、简答题

1. Axios的特点有哪些?
2. Axios有哪些常用方法?
3. 在Vue-cli脚手架中如何进行跨域请求?
4. Element Plus的安装方法是什么?
5. Vue 3.0引入Element Plus的方法是什么?

二、程序分析

1. 阅读下面配置程序vue.config.js，说明每一条语句的作用。

```
module.exports = {
  publicPath: '/',
  outputDir: 'dist',
  devServer: {
    open: true,
    host: 'localhost',
    port: '8080',
    proxy: {
      '/api': {
        target: 'http://localhost',
        ws: true,
        changeOrigin: true,
        pathRewrite: {
          '^/api': ''
        }
      }
    }
  }
}
```

2. 运行组件程序，说明其功能。

```
<template>
  <div class="container">
```

```
    <!--form表单容器-->
    <div class="forms-container">
          <el-form :model="form" ref="lbLogin" label-width="80px"  :rules="rules"
class="loginForm">
          <el-form-item label="用户名" prop="name">
            <el-input v-model="form.name" placeholder="请输入用户名..."></el-input>
          </el-form-item>
          <el-form-item label="密   码" prop="password">
             <el-input v-model="form.password" type="password" placeholder="请输入密
码..."></el-input>
          </el-form-item>
          <el-form-item>
                <el-button type="success" class="submit-btn" @
click="onSubmit('lbLogin')">登录</el-button>
          </el-form-item>
        </el-form>
        <div class="tiparea">
          <p>忘记密码？<a href="#">立即找回</a>
          <a href="/register">注册</a></p>
        </div>
      </div>
  </div>
</template>

<script>
import { reactive, toRefs, getCurrentInstance } from 'vue'

export default {

  setup () {
    const state = reactive({
      form: {
        name: '',
        password: ''
      },
      rules: {
        name: [
          {
            required: true,
            message: '请输入用户名',
            trigger: 'blur'
          }
        ],
        password: [
          {
            required: true,
            message: '请输入密码',
            trigger: 'blur'
          }
        ]
      }
    })
    const { ctx } = getCurrentInstance()
    const onSubmit = (formName) => {
      ctx.$refs[formName].validate((valid) => {
        if (valid) {
          if (state.form.name === state.form.password) {
```

第三方插件

```
            console.log('login success!!')
          } else {
            console.log('username and password is error!!')
          }
        } else {
          console.log('error submit!!')
          return false
        }
      })
    }
    return {
      ...toRefs(state),
      onSubmit
    }
  }
}
</script>
<style scoped>
.logo{
    width: 70%;
    margin-top:75px;
}
.container{
  position: relative;
  width: 100%;
  background-color: #fff;
  min-height: 300px;
  overflow: hidden;
}
.forms-container{
  width: 100%;
  margin:50px auto;
  padding: 20px;
  /* border:1px solid #dcdfe6;
  border-radius: 6px;
  box-shadow: 5px 5px 30px #dcdfe6; */
}
.login-title{
  text-align: center;
  font-weight: bolder;
  margin-bottom: 30px;
}
.submit-btn{
  width: 100%;
}
.tiparea{
  text-align: right;
  font-size: 12px;
  color: #333;
}
.tiparea p a{
  color: #409eff;
  text-decoration: none;
}
</style>
```

10.5 实验十　数据交互

一、实验目的及要求

1. 掌握用Axios获取服务器端数据的用法。

2. 掌握Element Plus插件的用法。

二、实验要求

在服务器端定义数据格式如下：

```
<?php
  $authors = array(
    array(
      'date' => '2021-05-02',
      'name' => '刘兵1',
      'province' => '湖北',
      'city' => '武汉市',
      'address' => '武汉解放大道717号',
      'zip' => 420104
    ),
    array(
      'date' => '2021-08-13',
      'name' => '汪琼1',
      'province' => '湖北',
      'city' => '荆州市',
      'address' => '荆州市武德路世纪佳园520号',
      'zip' => 430000
    ),
    array(
      'date' => '2021-05-02',
      'name' => '刘兵2',
      'province' => '湖北',
      'city' => '武汉市',
      'address' => '武汉解放大道717号',
      'zip' => 420104
    ),
    array(
      'date' => '2021-08-13',
      'name' => '汪琼2',
      'province' => '湖北',
      'city' => '荆州市',
      'address' => '荆州市武德路世纪佳园520号',
      'zip' => 430000
    ),
    array(
      'date' => '2021-05-02',
      'name' => '刘兵3',
      'province' => '湖北',
      'city' => '武汉市',
      'address' => '武汉解放大道717号',
      'zip' => 420104
    ),
    array(
      'date' => '2021-08-13',
      'name' => '汪琼3',
      'province' => '湖北',
      'city' => '荆州市',
      'address' => '荆州市武德路世纪佳园520号',
```

```
        'zip' => 430000
      )
    );
    echo json_encode($authors);
?>
```

使用Axios插件从服务器端获取数据，然后将数据显示在浏览器中。显示的结果如实验图10-1所示。要求导航、表格、按钮、字符图标等使用Element Plus所提供的组件完成。

实验图 10-1　Axios 与 Element plus 实验

4 实操综合项目 提升开发技能

第 11 章

综合项目实战——制作网上商城前端页面

学习目标

本章通过讲解制作网上商城前端页面，让读者对本书所学习的内容进行综合实训，另外需要了解在完成一个项目时应该如何进行项目准备和分析。通过本章的学习，读者应该掌握以下主要内容：

- Vue 3.0 前端项目的准备。
- Vue 3.0 项目的配置。
- 综合运用 Vue 3.0 的基础知识。
- Element Plus 的页面布局和相关组件的运用能力。

思维导图（用手机扫描右边的二维码可以查看详细内容）

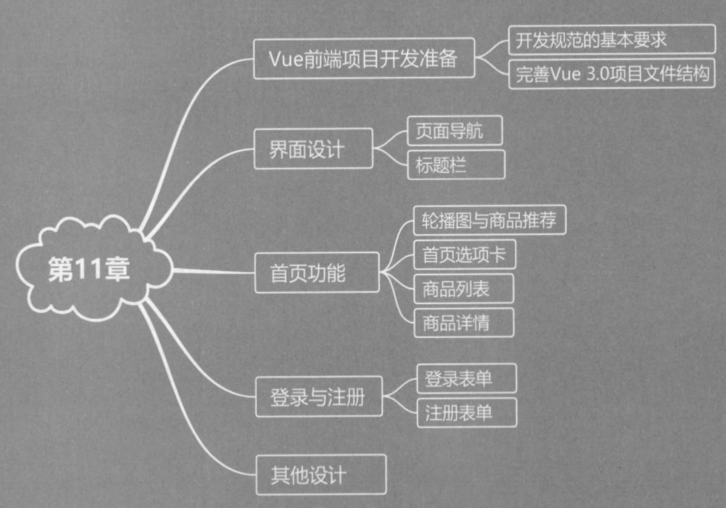

11.1 Vue前端项目开发准备

本章通过一个移动端的网上商城系统来演示如何运用本书前面所学知识，从而真正做到学以致用。

11.1.1 开发规范的基本要求

在Vue项目开发之前，有必要统一前端的开发规范。在软件开发领域中有一个原则叫作“约定大于配置”，因为在业界没有统一的标准，只有一些约定俗成的或默认的规范。在实际开发过程中，可以根据团队的习惯制定统一的开发规范，而规范一旦制定就应当严格遵守。

扫一扫，看视频

1. 统一开发工具

开发工具统一使用Visual Studio Code（VS Code），在使用VS Code进行代码编写过程中有以下约定。

（1）代码提交前使用VS Code进行格式化。

（2）规定Tab键的大小为两个空格，保证在所有环境下获得一致展现。

（3）安装插件Vetur（Vue开发扩展及Vue文件代码格式化）。

（4）安装插件Prettier - Code formatter（ CSS / Less / JavaScrip 等其他文件代码格式化；Vetur 的格式化基于此插件实现，因此可以在所有文件实现统一的格式化）。

（5）安装插件 Chinese (Simplified) Language Pack for Visual Studio Code（ VS Code 简体中文语言包）。

2. 技术框架选择

Web前端一般所选用的技术框架如下。

（1）前端框架：Vue 3.0。

（2）Vue项目UI框架：Element Plus。

（3）脚手架：Vue-cli 4。

（4）网络请求：Axios。

（5）屏幕适配布局：px。

3. 命名规范

（1）项目命名：全部采用小写方式，以下划线分隔，如my_project_name。

（2）目录命名：参照项目命名规则；有复数结构时要采用复数命名法，如scripts、styles、images和data_models。

（3）文件命名：components组件命名使用大驼峰方式，如TodoItem.vue；views视图页面命名使用连接符，如user-info.vue。

11.1.2 完善 Vue 3.0 项目文件结构

参见1.2节创建Vue 3.0项目，项目中要求安装路由、Axios、Element Plus UI框架。现在项目的基础结构已经搭建起来，还需要对这个基础项目结构进行进一步的初始化。

1. 设置浏览器图标

当访问网站时，在浏览器的标题栏中会显示一个本项目应用所使用的图标（一般是公司的logo），其文件名是favicon.ico。该文件一般是存放在“/public”文件夹下。然后在“/public/index.html”中进行引用。使用语句如下：

```
<link rel="icon" href="<%= BASE_URL %>favicon.ico">
```

2. 创建及约定目录

在创建的脚手架文件目录assets中创建放置图片的images目录，并把相应的图片文件放入该目录，创建放置样式文件的css目录并把相应的样式文件放入该目录。

脚手架views文件目录用于存放页面级别组件，最好是为每一个页面在views中创建一个文件夹目录并把相应的组件放入其中。例如，主页组件就在views中创建home文件夹，如果主页组件需要包含其他的子组件，可以在home文件夹下创建新的子组件文件夹，这样便于管理且能提高开发效率。

脚手架components文件目录用于存放通用级别组件，也就是在项目的各个不同组件中都可能会使用的组件。一般在此文件夹中会创建两个子文件夹，一个是用于公用的且与项目依赖关系不是很强的common文件夹，该文件夹可以直接复制到其他项目中使用；另一个是用于与项目依赖较紧密的公用文件夹content。

3. Vue设置配置项

Vue-cli 4中默认没有vue.config.js文件，所以需要手动来创建配置。vue.config.js是在项目的根目录下，是打包的一些配置。例如，在Vue组件中需要根据相对路径获取图片时，是相当烦琐的，这时可以通过在vue.config.js文件中进行别名配置。其文件内容如下：

```
module.exports = {
    configureWebpack:{
        resolve:{
            alias: {
                'assets': '@/assets',
                'img': '@/assets/images'      // 别名img代表'@/assets/images'
            }
        }
    },
    // 公共路径(必须有的)
    publicPath: "./"
}
```

如果希望vue.config.js文件起作用，必须保存修改后的vue.config.js文件，并重新启动服务器，再次打开网页才行。

在组件内使用别名有两种不同的方式。例如，下面的代码通过打开图片来说明如何使用别名：

```
<template>
    <div id="box"></div>
    <img :src="imgsrc">
    <img src="~img/logo.png">
</template>

<script>
import { reactive, toRefs } from 'vue'
```

```
export default {
    setup () {
        const state = reactive({
            msg: 'Hello Vue1 World!',
            imgsrc: require('img/logo.png')
        })

        return {
            ...toRefs(state)
        }
    }
}
</script>

<style scoped>
#box{
    height:100px;
    width:100px;
    background: url('~img/logo.png');
}
</style>
```

如果在<style>样式和<img>标签中使用别名img时，则别名img的前面要加上波浪线；如果在状态数据中使用别名，则不需要加波浪线，直接使用。在<img :src="imgsrc">语句中要绑定src，否则imgsrc会被当作字符串而不是响应状态变量。

4. 初始化公共样式

浏览器的种类很多，每个浏览器的默认样式也是不同的。例如，button标签在IE浏览器、Firefox浏览器及Safari浏览器中的样式都是不同的，所以，通过重置button标签的CSS属性，然后再将它统一定义，就可以产生相同的显示效果。统一的方法是在assets文件夹下新建CSS文件夹，在此文件夹中放入由normalize.css初始化的样式文件，该文件可以从网址https://github.com/necolas/normalize.css进行下载，也可以直接在百度中搜索reset.css文件进行样式初始化。通用的normalize.css样式文件的摘要如下：

```
html {
  line-height: 1.15;
  -webkit-text-size-adjust: 100%;
}
body {
  margin: 0;
}
main {
  display: block;
}
h1 {
  font-size: 2em;
  margin: 0.67em 0;
}
hr {
  box-sizing: content-box;
  height: 0;
  overflow: visible;
}
```

```
pre {
  font-family: monospace, monospace;
  font-size: 1em;
}

a {
  background-color: transparent;
}

abbr[title] {
  border-bottom: none;
  text-decoration: underline;
}
// normalize.css文件后面内容由于篇幅原因省略
```

然后在assets/css文件夹下建立本项目特定的样式初始化文件base.css，在其中引入normalize.css样式文件，并进行一些特定的设置。其文件内容如下：

```
@import './normalize.css';          // 引入样式的初始化文件normalize.css
// 定义一些CSS公共变量
:root{
   --color-text: #666;               // 文本颜色
   --color-height-text: #42bbaa;     // 高亮文本颜色
   --color-tint: #42b983;            // 标准颜色
   --font-size:14px;                 // 文字大小
   --line-height:1.5;
}
*,*::before,*::after{
    margin: 0;
    padding: 0;
    box-sizing: border-box;
}
body{
    user-select: none;               // 禁止用户选择文本和图片
    background: var(--color-background);
    color: var(--color-text);        // 使用公共变量--color-text定义文本颜色
    width: 100vw;                    // 整个手机屏幕的宽度

}
a{
    text-decoration: none;
}
a:hover{
    color:var(--color-height-text);  // 使用公共变量--color-height-text
}
```

最后在App组件中进行引用，App组件文件的完整内容如下：

```
<template>
  <div id="nav">
    <router-link to="/">Home</router-link> |
    <router-link to="/about">About</router-link>
  </div>
  <router-view/>
</template>

<style lang="scss">
```

```
@import url('./assets/css/base.css');
#app {
  font-family: Avenir, Helvetica, Arial, sans-serif;
  -webkit-font-smoothing: antialiased;
  -moz-osx-font-smoothing: grayscale;
  text-align: center;
  color: #2c3e50;
}

#nav {
  padding: 30px;

  a {
    font-weight: bold;
    color: #2c3e50;

    &.router-link-exact-active {
      color: #42b983;
    }
  }
}
</style>
```

5. 设置404页面

当在浏览器的地址栏中输入的网址找不到时，默认的项目会给浏览器返回一个空白页面。如果找不到需要的页面，则可以设置项目自动打开特殊定义的404.vue文件。设置的步骤如下。

（1）在view文件夹下创建一个404.vue文件。其文件内容如下：

```
<template>
  <div class="not-found">
    <img src="../assets/404.gif">
  </div>
</template>

<style scoped>
.not-found{
  width: 100%;
  height: 100%;
  overflow: hidden;
}
.not-found img{
  width: 100%;
  height: 100%;
}
</style>
```

（2）在router/index.js文件中设置路由，如果在路由中能找到合适的路由，就直接跳转；如果是其他，就直接跳转到找不到网页的页面。router/index.js文件内容如下：

```
import { createRouter, createWebHistory } from 'vue-router'

const routes = [
  {
    path: '/',
    name: 'Index',
```

```
    component: () => import('../views/index.vue')
  },
  {
    path: '/:catchAll(.*)',       // 找不到文件时，打开404页面
    name: '404',
    component: () => import('../views/404.vue')
  }
]
const router = createRouter({
  history: createWebHistory(process.env.BASE_URL),
  routes
})

export default router
```

当访问不到页面时，打开如图11-1所示的页面。

图 11-1　路由错误页面

6. 安装必要的插件

安装Element Plus UI框架，使用语句如下：

```
npm install --save element-plus
```

考虑到项目中大多数组件都将使用Element Plus，为了方便起见，采用完整引入方式。在main.js文件中的内容如下：

```
import { createApp } from 'vue'
import App from './App.vue'
import router from './router'
import store from './store'
import ElementPlus from 'element-plus'
import 'element-plus/lib/theme-chalk/index.css'

createApp(App).use(ElementPlus).use(store).use(router).mount('#app')
```

另外还需要安装Axios，用于向服务器请求一些数据。其安装语句如下：

```
npm install axios --save
```

11.2 界面设计

11.2.1 页面导航

本例完成的是手机端的页面导航，其导航位置在手机的最下方。

扫一扫，看视频

1. 创建各页面对应的文件

针对不同的页面在views文件夹下创建不同的子文件夹，并在不同的子文件夹下创建不同的组件文件。本例根据需求创建以下几个文件夹及文件。

（1）views/home文件夹：用于存放主页的文件夹，创建Home.vue组件用于显示主页内容。在目前状态下该组件内容仅有一个结构。其代码如下。

```
<template>
  首页
</template>

<script>
import { reactive, toRefs } from 'vue'

export default {
    setup () {
        const state = reactive({
            count: 0
        })

        return {
            ...toRefs(state)
        }
    }
}
</script>

<style lang="scss" scoped>

</style>
```

（2）views/category文件夹：用于存放商品分类的文件夹。创建文件内容同Home.vue。

（3）views/profile文件夹：用于存放个人信息的文件夹。创建文件内容同Home.vue。

（4）views/shopcart文件夹：用于存放购物车信息的文件夹。创建文件内容同Home.vue。

（5）views/detail文件夹：用于存放商品详情信息的文件夹。创建文件内容同Home.vue。

2. 设置路由

```
import { createRouter, createWebHistory } from 'vue-router'

const routes = [
  {
    path: '/',
    redirect: '/home'
  },
```

```
    {
      path: '/:catchAll(.*)',
      name: '404',
      component: () => import('../views/404.vue')
    },
    {
      path: '/home',
      name: 'Home',
      component: () => import('../views/home/Home.vue')
    },
    {
      path: '/profile',
      name: 'Profile',
      component: () => import('../views/profile/Profile.vue')
    },
    {
      path: '/detail',
      name: 'Detail',
      component: () => import('../views/detail/Detail.vue')
    },
    {
      path: '/category',
      name: 'Category',
      component: () => import('../views/category/Category.vue')
    },
    {
      path: '/login',
      name: 'Login',
      component: () => import('../views/login/Login.vue')
    },
    {
      path: '/shopcart',
      name: 'Shopcart',
      component: () => import('../views/shopcart/Shopcart.vue')
    }
  ]

const router = createRouter({
  history: createWebHistory(process.env.BASE_URL),
  routes
})

export default router
```

3. 页面导航

页面导航中使用了Element Plus图标，所以在此之前必须要先安装Element Plus插件。页面导航的代码如下（单击页面底部不同导航显示的结果如图11-2所示）。

```
<template>
  <router-view />
  <div id="nav">
    <router-link class="tab-bar-item" to="/">
      <div class="icon">
        <i class="el-icon-s-home"></i>
      </div>
      <div>首页</div>
```

```
    </router-link>
    <router-link class="tab-bar-item" to="/category">
      <div class="icon">
        <i class="el-icon-present"></i>
      </div>
      <div>分类</div>
    </router-link>
    <router-link class="tab-bar-item" to="/shopcart">
      <div class="icon">
        <i class="el-icon-shopping-cart-2"></i>
      </div>
      <div>购物车</div>
    </router-link>
    <router-link class="tab-bar-item" to="/profile">
      <div class="icon">
        <i class="el-icon-user-solid"></i>
      </div>
      <div>我的</div>
    </router-link>
  </div>
</template>

<style lang="scss">
@import url("./assets/css/base.css");
#app {
  font-family: Avenir, Helvetica, Arial, sans-serif;
  -webkit-font-smoothing: antialiased;
  -moz-osx-font-smoothing: grayscale;
  text-align: center;
  color: #2c3e50;
}

#nav {
  background-color: #f6f6f6;
  display: flex;
  position: fixed;
  left: 0;
  right: 0;
  bottom: 0;
  a {
    &.router-link-exact-active {
      color: #42b983;
    }
  }
  .tab-bar-item {
    flex: 1;
    text-align: center;
    height: 50px;
    font-size: 14px;
  }
  .tab-bar-item .icon {
    width: 24px;
    height: 24px;
    margin-top: 3px;
    display: inline-block;
    vertical-align: middle;
  }
}
</style>
```

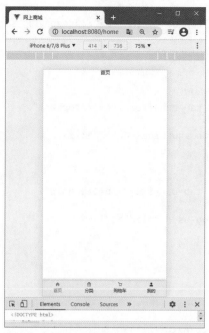

图 11-2　手机底部页面导航

11.2.2　标题栏

1. 手机标题栏

由于手机页面顶部的样式是固定的，即当用户单击图 11-2 底部的“首页”或“我的”等按钮时，其上方显示的标题样式都是相同的，如图 11-3 所示。

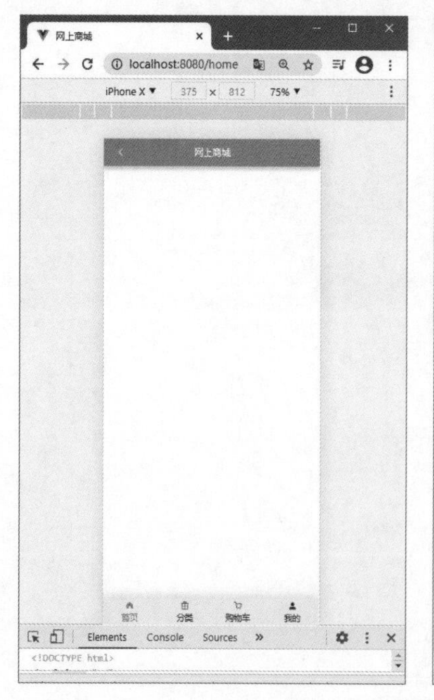

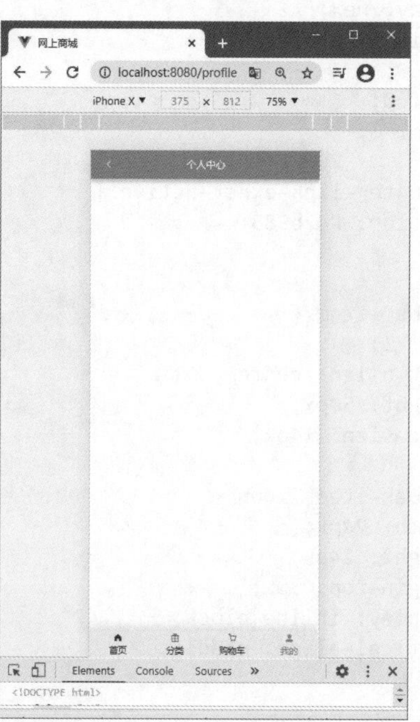

图 11-3　页面的两种状态

（1）在components/common/navbar文件夹下创建通用导航组件NavBar.vue，其文件内容如下：

```
<template>
    <div class="nav-bar">
        <div class="left" @click="goBack">
            <slot name="left">
                <i class="el-icon-arrow-left"></i>
            </slot>
        </div>
        <div class="center"><slot ></slot></div>
        <div class="right"><slot name="right"></slot></div>

    </div>
</template>

<script>
import { reactive, toRefs } from 'vue'
import { useRouter } from 'vue-router'
export default {
    setup () {
        const state = reactive({
            count: 0
        })
        const router =useRouter()
        const goBack = () => {   // 返回触发事件
            router.go(-1)
        }
        return {
            ...toRefs(state),
            goBack
        }
    }
}
</script>

<style lang="scss" scoped>
.nav-bar{
    background-color: #42b983 ;
    color:#ffffff;
    position: fixed;
    left: 0;
    right: 0;
    top: 0;
    z-index: 9;
    height: 45px;
    line-height: 45px;
    box-shadow: 0 5px 5px rgba(100, 100, 100 , 0.2);
    display: flex;
    .left,.right{
        width: 60px;
    }
    .center{
        flex:1;
    }
}
</style>
```

（2）在“首页”“分类”“购物车”“我的”组件内调用导航组件NavBar.vue，其组件内容类似，此处仅列出“首页”组件内容。具体代码如下：

```
<template>
  <nav-bar>
      <template v-slot:default>网上商城</template>
  </nav-bar>
</template>

<script>
import { reactive, toRefs } from 'vue'
import NavBar from '../../components/common/navbar/NavBar.vue'
export default {
  components:{
    NavBar
  }
}
</script>
```

2. 浏览器标题栏

浏览器标题栏通过路由守卫来实现，即在router/index.js文件中加上meta元素。其文件内容如下：

```
import { createRouter, createWebHistory } from 'vue-router'

const routes = [
  {
    path: '/',
    redirect: '/home'
  },
  {
    path: '/:catchAll(.*)',
    name: '404',
    component: () => import('../views/404.vue')
  },
  {
    path: '/home',
    name: 'Home',
    component: () => import('../views/home/Home.vue'),
    meta: {
      title: '网上商城'
    }
  },
  {
    path: '/profile',
    name: 'Profile',
    component: () => import('../views/profile/Profile.vue'),
    meta: {
      title: '个人中心'
    }
  },
  {
    path: '/detail',
    name: 'Detail',
    component: () => import('../views/detail/Detail.vue'),
    meta: {
```

```
      title: '订单详情'
    }
  },
  {
    path: '/category',
    name: 'Category',
    component: () => import('../views/category/Category.vue'),
    meta: {
      title: '商品分类'
    }
  },
  {
    path: '/shopcart',
    name: 'Shopcart',
    component: () => import('../views/shopcart/Shopcart.vue'),
    meta: {
      title: '购物车'
    }
  }
]

const router = createRouter({
  history: createWebHistory(process.env.BASE_URL),
  routes
})
router.beforeEach((to, from, next) => {   // 路由守卫
  next()
  document.title = to.meta.title            // 修改浏览器的标题栏
})

export default router
```

11.3 首页功能

11.3.1 轮播图与商品推荐

1. 轮播图子组件

扫一扫，看视频

在首页一般都需要一个轮播图，本例采用Element Plus提供的轮播图进行播放。其使用的图片由src/home/Home.vue父组件来定义，而在src/home/Banner.vue子组件中进行轮播。Banner.vue子组件的文件内容如下：

```
<template>
  <div class="block">
    <el-carousel :interval="3000" >
      <el-carousel-item v-for="(item,index) in bannerdata" :key="index" >
        <h3>
          <img :src="bannerdata[index]">
        </h3>
      </el-carousel-item>
    </el-carousel>
```

```
    </div>

</template>

<script>
import { reactive, toRefs } from 'vue'

export default {
     props: {
        bannerdata: {
            type: Array,
            default(){
                return[]
            }
        }
    },
  setup () {
    const state = reactive({
      imgArray: []
    })

    return {
      ...toRefs(state)
    }
  }
}
</script>

<style scoped>
 .el-carousel__item h3 {
    color: #475669;
    font-size: 18px;
    opacity: 0.75;
    line-height: 300px;
    margin: 0;
  }
.el-carousel{
  width: 100%;
  height: 200px;
  margin-top: 45px;
}
  .el-carousel__item:nth-child(2n) {
    background-color: #99a9bf;
  }

  .el-carousel__item:nth-child(2n+1) {
    background-color: #d3dce6;
  }
</style>
```

2. 商品推荐子组件

在手机网上商城的首页一般会有商品推荐栏，这一栏会显示四个商品图片，并对这个商品性能进行简单说明。展示的图片及说明由src/home/Home.vue父组件来定义，而通过src/home/Recommend.vue子组件进行展示。Recommend.vue子组件的文件内容如下：

```
<template>
    <div class="recommend">
          <div class="recommend-item" v-for="(item,index) in recommends.slice(0,4)"
:key="index">
            <a href="/detail" @click.prevent="goDetail(index)">
                <img :src=item.url alt="">
                <div>{{item.title}}</div>
            </a>
        </div>
    </div>
</template>

<script>
import { reactive, toRefs } from 'vue'
import { useRouter } from 'vue-router'
export default {
    props: {
        recommends: {
            type: Array,
            default(){
                return[]
            }
        }
    },
    setup () {
        const state = reactive({
            count: 0
        })
        const router = useRouter();
        const goDetail = (id) => {
            router.push({
                path:'/detail',
                query: {id}
            })
        }
        return {
            ...toRefs(state),
            goDetail
        }
    }
}
</script>

<style lang="scss" scoped>
.recommend{
    display: flex;
    width: 100%;
    text-align: center;
    padding: 15px 0 30px;
    border-bottom: 8px solid #eee;
    font-size: 12px;
}
.recommend-item{
    flex: 1;
    img{
        width: 80px;
        height: 80px;
```

```
        margin-bottom: 10px;
    }
}
</style>
```

3. Home.vue父组件

在src/home/Home.vue父组件中定义相关数据并调用轮播图和推荐商品子组件。其文件内容如下：

```
<template>
  <nav-bar>
      <template v-slot:default>网上商城</template>
  </nav-bar>
  <banner :bannerdata="banners"></banner>
  <recommend :recommends="recommends"></recommend>
</template>

<script>
import { reactive, toRefs } from 'vue'
import NavBar from '../../components/common/navbar/NavBar.vue'
import recommend from '../home/Recommend.vue'
import banner from './Banner.vue';
export default {
  components:{
    NavBar,
    recommend,
    banner
  },
    setup () {
        const state = reactive({
            banners: [         // 显示轮播图所用到的图片URL
              require('img/0.jpg'),
              require('img/1.jpg'),
              require('img/2.jpg'),
              require('img/3.jpg')
            ],
            recommends: [      // 推荐商品的数据
              {
                url: require('../../assets/images/book.jpg'),
                title: '轻松学Web'
              },
              {
                url: require('../../assets/images/book1.jpg'),
                title: 'CSS+Html5'
              },
              {
                url: require('../../assets/images/book2.png'),
                title: 'Node.js'
              },
              {
                url: require('../../assets/images/book3.jpg'),
                title: '轻松学Python'
              },
              {
                url: require('../../assets/images/book4.jpg'),
                title: 'CSS+HTML5'
```

```
            },
          ]
        })

        return {
            ...toRefs(state)
        }
    }
}
</script>

<style scoped>
.banners{
  width: 100%;
  height: auto;
  margin-top: 45px;
}
</style>
```

需要说明的是，数组banners和数组recommends在此例中是固定的，这两个数组可以使用Axios插件从服务器中获取。

11.3.2　首页选项卡

本例中使用的选项卡是利用Element Plus提供的选项卡组件实现的，但选项卡标题数据是由父组件Home.vue提供的。选项卡子组件TabControl.vue文件的内容如下：

扫一扫，看视频

```
<template>
  <el-tabs v-model="activeName" stretch="true" @tab-click="tabClick">
      <el-tab-pane v-for="(item,index) in titles" :key="index"
:label="item.title" :name="item.tname" class="tabpane">
        {{item.title}}
    </el-tab-pane>

  </el-tabs>

</template>

<script>
import { onMounted, reactive, toRefs } from 'vue'

export default {
     props: {
        titles: {
            type: Array,
            default(){
                return[]
            }
        }
    },
    setup (props, { emit}) {
        const state = reactive({
            activeName: ''
        })
        onMounted(() => {              // 起始让标签在第一个选项卡上
            state.activeName = props.titles[0].tname
```

```
        })
        const tabClick = (tab) => {
            emit('tabclick',tab.index)
        }
        return {
            ...toRefs(state),
            tabClick
        }
    }
}
</script>

<style lang="scss" scoped>
el-tabs{
    width: 100%;
}
</style>
```

在父组件Home.vue文件内添加相关代码，目前Home.vue的内容如下所示（其在浏览器中的几种状态的显示结果如图11-4所示）。

图 11-4　选项卡的几种选中状态

```
<template>
  <nav-bar>
      <template v-slot:default>网上商城</template>
  </nav-bar>
  <banner :bannerdata="banners"></banner>
  <recommend :recommends="recommends"></recommend>
  <tab-control @tabclick="tabclick" :titles="titles"></tab-control>
 {{tempid}}
</template>

<script>
import { reactive, toRefs } from 'vue'
import NavBar from '../../components/common/navbar/NavBar.vue'
import recommend from '../home/Recommend.vue'
```

```
import banner from './Banner.vue'
import TabControl from '../../components/content/TabControl.vue'
export default {
  components:{
    NavBar,
    recommend,
    banner,
    TabControl
  },
    setup () {
      const state = reactive({
          banners: [
            // 此处省略，参见11.3.1小节
          ],
          recommends: [
            // 此处省略，参见11.3.1小节
          ],
          titles: [
            {
              tname: 'first',
              title: '图书音像'
            },
            {
              tname: 'second',
              title: '数码产品'
            },
            {
              tname: 'third',
              title: '运动设备'
            },
          ],
          tempid: 0

      })
      const tabclick = (index) =>{
        state.tempid = index
      }
      return {
          ...toRefs(state),
          tabclick
      }
    }
}
</script>

<style scoped>
.banners{
  width: 100%;
  height: auto;
  margin-top: 45px;
}
</style>
```

11.3.3 商品列表

单击图11-4中不同的选项卡，能够显示出不同的商品列表，默认显示图书音像商品列表。在这个商品列表呈现过程中，把页面分成两个组件：一个是控制商品每行显示几个的商品列表组件GoodsList.vue；另一个是每个商品显示什么信息和显示样式的商品列表元素组件GoodsListItem.vue。在主页Home.vue组件中调用商品列表组件GoodsList.vue并通过props下发数据，该数据在本例中为了简便起见是固定的，也可以从服务器端下载；然后在商品列表组件GoodsList.vue中调用商品列表元素组件GoodsListItem.vue，同样也通过props下发数据，其相关组件的实现代码如下（程序的运行结果如图11-5所示）。

扫一扫，看视频

图 11-5 选中的列表信息

（1）商品列表组件GoodsList.vue的代码如下。

```
<template>
  <div class="goods">
      <goods-list-item v-for="(item,index) in goods.list" :product="item"
:key="index">
    </goods-list-item>

   </div>
</template>

<script>
import { reactive, toRefs } from 'vue'
import GoodsListItem from './GoodsListItem.vue'


export default {
    components: {
        GoodsListItem
    },
```

```
    props:{
        goods:{
            type:Array,
            default(){
                return []
            }
        }
    }
}
</script>

<style lang="scss" scoped>
.goods{
    display: flex;
    flex-wrap: wrap;
    justify-content: space-around;
    padding: 5px;
}
</style>
```

（2）商品列表元素组件GoodsListItem.vue的代码如下。

```
<template>
    <div class="goods-item">
        <img :src="product.url" alt="">
        <div class="goods-info">
            <p>{{product.title}}</p>
            <span class="price"><small>￥</small>{{product.price}}</span>
            <span class="collect">
                <i class="el-icon-star-off"></i>
                <span>{{product.collectcount}}</span>
            </span>
        </div>
    </div>
</template>

<script>
import { reactive, toRefs } from 'vue'

export default {
    props:{
        product: Object,
        default () {
            return {}
        }
    }
}
</script>

<style lang="scss" scoped>
.goods-item{
    width: 46%;
    padding-bottom: 40px;
    position: relative;
    img{
        width:100%;
        border-radius: 5px;
```

```
    }
    .goods-info{
        font-size: 12px;
        position: absolute;
        bottom: 5px;
        left: 0;
        right: 0;
        overflow: hidden;
        text-align: center;
        p{
            overflow: hidden;
            text-overflow: ellipsis;
            white-space: nowrap;
            margin-bottom: 3px;
        }
        .price{
            color: red;
            margin-right: 20px;

        }
        .collect{
            position: relative;

        }
    }
}
</style>
```

(3)在Home.vue组件中调用商品列表，在其代码中加入以下主要内容。

```
<template>
  <nav-bar>
      <template v-slot:default>网上商城</template>
  </nav-bar>
  <banner :bannerdata="banners"></banner>
  <recommend :recommends="recommends"></recommend>
  <tab-control @tabclick="tabclick" :titles="titles"></tab-control>
  <good-list :goods="showGoods"></good-list>
</template>

<script>
import { reactive, toRefs, ref, computed } from 'vue'
import NavBar from '../../components/common/navbar/NavBar.vue'
import recommend from '../home/Recommend.vue'
import banner from './Banner.vue'
import TabControl from '../../components/content/TabControl.vue'
import GoodList from '../../components/content/GoodsList.vue'
export default {
  components:{
    NavBar,
    recommend,
    banner,
    TabControl,
    GoodList
  },
    setup () {
      const state = reactive({
```

```
      banners: [
        // 此处省略，见11.3.1小节
      ],
      recommends: [
        // 此处省略，见11.3.1小节
      ],
      titles: [
        // 此处省略，见11.3.2小节
      ],
  })
  const goods = reactive({
    sales:{
      list: [
        {
          url: require('../../assets/images/book.jpg'),
          title: '轻松学Web',
          price: 88,
          collectcount: 58

        },
        {
          url: require('../../assets/images/book1.jpg'),
          title: 'CSS+Html5',
          price: 68,
          collectcount: 10
        },
        {
          url: require('../../assets/images/book2.png'),
          title: 'Node.js',
          price: 45,
          collectcount: 8
        },
        {
          url: require('../../assets/images/book3.jpg'),
          title: '轻松学Python',
          price: 73,
          collectcount: 24
        },
        {
          url: require('../../assets/images/book4.jpg'),
          title: 'CSS+HTML5',
          price: 66,
          collectcount: 34
        }
      ]
    },
    new:{
     list: [
        {
          url: require('../../assets/images/book3.jpg'),
          title: '轻松学Python',
          price: 73,
          collectcount: 24
        },
        {
          url: require('../../assets/images/book4.jpg'),
          title: 'CSS+HTML5',
```

```
          price: 66,
          collectcount: 34
        },
         {
          url: require('../../assets/images/book.jpg'),
          title: '轻松学Web',
          price: 88,
          collectcount: 58

        },
        {
          url: require('../../assets/images/book1.jpg'),
          title: 'CSS+Html5',
          price: 68,
          collectcount: 10
        },
        {
          url: require('../../assets/images/book2.png'),
          title: 'Node.js',
          price: 45,
          collectcount: 8
        },
      ]
    },
    recommend:{
       list: [
        {
          url: require('../../assets/images/book3.jpg'),
          title: '轻松学Python',
          price: 73,
          collectcount: 24
        },
        {
          url: require('../../assets/images/book4.jpg'),
          title: 'CSS+HTML5',
          price: 66,
          collectcount: 34
        },
         {
          url: require('../../assets/images/book.jpg'),
          title: '轻松学Web',
          price: 88,
          collectcount: 58

        },
        {
          url: require('../../assets/images/book1.jpg'),
          title: 'CSS+Html5',
          price: 68,
          collectcount: 10
        },
        {
          url: require('../../assets/images/book2.png'),
          title: 'Node.js',
          price: 45,
          collectcount: 8
        },
      ]
```

```
          }
        })
        let currentType = ref('sales')          // 表示默认选择的选项卡
        const showGoods = computed(() => {      // 通过计算属性响应选项卡的变化
          return goods[currentType.value]
        })
        const tabclick = (index) =>{            // 选项卡变化响应
          let types =['sales','new','recommend']
          currentType.value =types[index]
        }
        return {
            ...toRefs(state),
            ...toRefs(goods),
            tabclick,
            showGoods

        }
    }
}
</script>

<style scoped>
.banners{
  width: 100%;
  height: auto;
  margin-top: 45px;
}
</style>
```

11.3.4 商品详情

这一部分在本例中进行了简化，商品的详细信息只给出了标题、图片和价格。商品详情组件Detail.vue的代码如下（其在浏览器中的显示结果如图11-6所示）。

扫一扫，看视频

图 11-6　商品详情

```
<template>
    <nav-bar>
      <template v-slot:default>商品详情</template>
    </nav-bar>
    <div class="detailList">
       <h3 class="title">书名：{{list[id].title}}</h3>
       <img :src="list[id].url" alt="">
       <h4 class="price">单价：<span>￥{{list[id].price}}</span></h4>
       <el-button type="primary">加入购物车</el-button>
        <el-button type="success">下单直接购买</el-button>
    </div>
</template>

<script>
import { reactive, toRefs } from 'vue'
import { useRoute } from 'vue-router'
import NavBar from '../../components/common/navbar/NavBar.vue'
export default {
    components:{
        NavBar
    },
    setup () {
        const route =useRoute();
        const state = reactive({
            id: 0,
            list: [
              {
                id: 1,
                url: require('../../assets/images/book.jpg'),
                title: '轻松学Web',
                price: 88,
                collectcount: 58
              },
              {
                id: 2,
                url: require('../../assets/images/book1.jpg'),
                title: 'CSS+Html5',
                price: 68,
                collectcount: 10
              },
              {
                id: 3,
                url: require('../../assets/images/book2.png'),
                title: 'Node.js',
                price: 45,
                collectcount: 8
              },
              {
                id: 4,
                url: require('../../assets/images/book3.jpg'),
                title: '轻松学Python',
                price: 73,
                collectcount: 24
              },
              {
                id: 5,
                url: require('../../assets/images/book4.jpg'),
                title: 'CSS+HTML5',
```

```
                price: 66,
                collectcount: 34
            }
          ]
        })
        state.id=route.query.id

        return {
            ...toRefs(state)
        }
    }
}
</script>

<style lang="scss" scoped>

.title,.price{
    text-align: left;
    margin: 10px;
}
.price span{
    color: red;
}
.detailList{
    margin-top: 60px;
}
</style>
```

在主页中通过商品列表组件GoodsList.vue调用商品详情组件Detail.vue，在商品列表组件GoodsList.vue中加上以下代码：

```
<template>
  <div class="goods">
     <goods-list-item v-for="(item,index) in goods.list" @click="goDetail(item.id)"
:product="item" :key="index">
    </goods-list-item>

   </div>
</template>

<script>
import { reactive, toRefs } from 'vue'
import GoodsListItem from './GoodsListItem.vue'
import { useRouter } from 'vue-router'

export default {
    components: {
        GoodsListItem
    },
    props:{
        goods:{
            type:Array,
            default(){
                return []
            }
        }
    },
    setup () {
```

```
        const state = reactive({
            count: 0
        })
        const router =useRouter()
        const goDetail = (id) => {
            router.push({path:'/detail',query:{id}})
        }
        return {
            ...toRefs(state),
            goDetail
        }
    }
}
</script>

<style lang="scss" scoped>
.goods{
    display: flex;
    flex-wrap: wrap;
    justify-content: space-around;
    padding: 5px;
}
</style>
```

11.4 登录与注册

11.4.1 登录表单

扫一扫，看视频

用户在登录页面输入用户名、密码，系统根据用户账号自动识别用户角色，根据不同角色及权限信息，进入角色对应的系统页面。其运行的结果如图11-7所示。

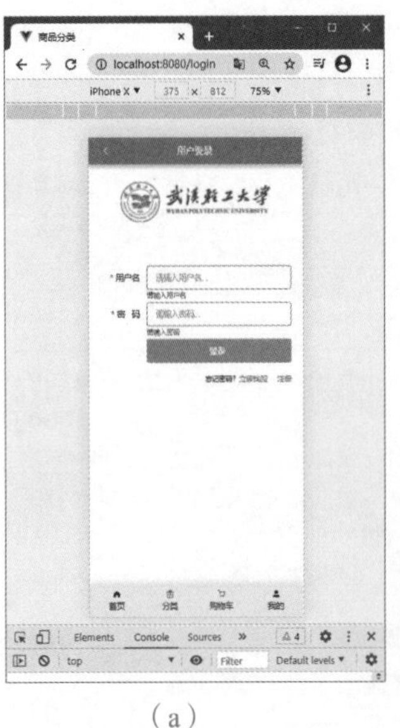

（a）

（b）

（c）

图11-7　登录页面的验证

Login.vue的代码如下：

```
<template>
  <img src="~img/whpu.png" class="logo">
  <nav-bar>
    <template v-slot:default>用户登录</template>
  </nav-bar>
  <div class="container">
    <!--form表单容器-->
    <div class="forms-container">
      <el-form :model="form" ref="lbLogin" label-width="80px"  :rules="rules" class="loginForm">
        <el-form-item label="用户名" prop="name">
          <el-input v-model="form.name" placeholder="请输入用户名..."></el-input>
        </el-form-item>
        <el-form-item label="密   码" prop="password">
          <el-input v-model="form.password" type="password" placeholder="请输入密码...">
</el-input>
        </el-form-item>
        <el-form-item>
          <el-button type="success" class="submit-btn" @click="onSubmit('lbLogin')">
登录</el-button>
        </el-form-item>
      </el-form>
      <!--找回密码-->
      <div class="tiparea">
        <p>忘记密码？<a href="#">立即找回</a>    
 <a href="/register">注册</a></p>
      </div>
    </div>
  </div>
</template>

<script>
import { reactive, toRefs, getCurrentInstance } from 'vue'
import { useRouter } from 'vue-router'
import { ElMessage } from 'element-plus'
import axios from 'axios'
import NavBar from '../../components/common/navbar/NavBar.vue'
export default {
  components:{
    NavBar
  },
  setup () {
    const state = reactive({
      form: {                         // 数据form用于绑定登录表单的用户名和密码
        name: '',
        password: ''
      },
      rules: {                        // 校验规则
        name: [
          {
            required: true,           // 表单元素不能为空
            message: '请输入用户名',  // 验证错误，在页面上显示错误信息
```

```
          trigger: 'blur'           // 失去焦点时触发
        }
      ],
      password: [
        {
          required: true,
          message: '请输入密码',
          trigger: 'blur'
        }
      ]
    }
  })
  const { ctx } = getCurrentInstance()
  const router = useRouter()
  // 用户单击提交按钮的触发方法
  const onSubmit = (formName) => {                // 提交按钮
    ctx.$refs[formName].validate((valid) => { // 测试表单验证有效性
      if (valid) {                              // 如果通过所有表单验证
        axios.get('/api/login.php',{            // 请求服务器login.php
            params: {                           // 其中api是跨域处理
              username: state.form.name,        // 用户名username
              password: state.form.password,  // 密码password
            }
          }).then(res =>{                       // 服务器请求成功，数据返回在res中
            if (res.data) {                     // 返回值是true或者false
            // 登录成功，把用户名写到本地存储中
            // 其他页面可根据username是否存在来判断用户是否登录过
      localStorage.setItem('username',state.form.name)
              router.go(-1)                     // 返回需要登录的页面
            } else {                            // 用户名和密码不正确
              ElMessage({                       // Element Plus的信息提示框
                message: '用户名和密码错误，重新输入',
                center: true,
                type: 'error',
                offset: 100,
                showClose: true,
                duration: 5000
              });
            }
          }).catch(
            error => {
              window.console.log("失败"+error)
          })

      } else {
        console.log('error submit!!')
        return false
      }
    })
  }
  return {
    ...toRefs(state),
    onSubmit
  }
}
```

```
}
</script>

<style scoped>
.logo{
   width: 70%;
   margin-top:75px;
}
.container{
  position: relative;
  width: 100%;
  background-color: #fff;
  min-height: 300px;
  overflow: hidden;
}
.forms-container{
  width: 100%;
  margin:50px auto;
  padding: 20px;
}
.login-title{
  text-align: center;
  font-weight: bolder;
  margin-bottom: 30px;
}
.submit-btn{
  width: 100%;
}
.tiparea{
  text-align: right;
  font-size: 12px;
  color: #333;
}
.tiparea p a{
  color: #409eff;
  text-decoration: none;
}
</style>
```

在用户登录组件之前，需要跨域访问服务器已验证用户名和密码的正确性，此处使用Axios插件实现，所以需要在项目根目录下创建的vue.config.js文件中加入以下代码：

```
module.exports = {
    configureWebpack:{
        resolve:{
            alias: {
                'assets': '@/assets',
                'img': '@/assets/images'
            }
        }
    },
    // 公共路径(必须有的)
    publicPath: "./",
    outputDir: 'dist',
    devServer: {                              // 跨域处理
```

```
        open: true,
        host: 'localhost',
        port: '8080',
        proxy: {
            '/api': {
                target: 'http://localhost',    // 要请求的地址
                ws: true,
                changeOrigin: true,
                pathRewrite: {
                    '^/api': ''
                }
            }
        }
    }
}
```

当用户没有输入任何内容就直接单击“登录”按钮时，页面上显示的错误提示结果如图11-7（a）所示，当用户名和密码输入符合规则但不正确时，显示错误提示如图11-7（c）所示。

进行过跨域处理后，读者可以安装服务器xampp（Apache+MySQL+PHP+PERL），其默认安装目录在C盘，可把用于测试的PHP服务器端文件放在C:\xampp\htdocs目录中（其主页文件是index.php）。用于测试的服务器端文件login.php应该是读取用户传送过来的数据，然后查找数据库查看用户名和密码是否正确，此处为简便起见，只要用户输入的用户名和密码相同，就认为用户登录成功并返回true，否则返回false。login.php源文件如下：

```
<?php
  $username =$_GET["username"];        // 读取用户名
  $password =$_GET["password"];        // 读取密码
  if ($username == $password)          // 判断用户名与密码是否相同
  {
      echo 'true';                     // 相同，返回true
  }
  else
  {
      echo 'false';                    // 不相同，返回false
  }
?>
```

11.4.2 注册表单

注册表单与登录表单的制作形式基本相同，但其校验方式略为复杂。也就是用户单击图11-7下面的“注册”链接，打开如图11-8（a）所示的页面。其中，用户名的验证规则有三个：不能为空、长度在2~15位之间、用户名不能重复。密码的验证规则是：不能为空、长度在6~15位之间。确认密码的验证规则是：不能为空、长度在6~15位之间、与密码框中所输入的值必须相同。选择角色的验证规则不能为空，如图11-8（b）所示。当所有都按规则正确输入后，单击“注册”按钮，会提示用户“确定注册，是否继续？”，单击“确定”按钮进行注册，否则取消注册，如图11-8（c）所示。注册成功后返回如图11-7所示的登录页面。

扫一扫，看视频

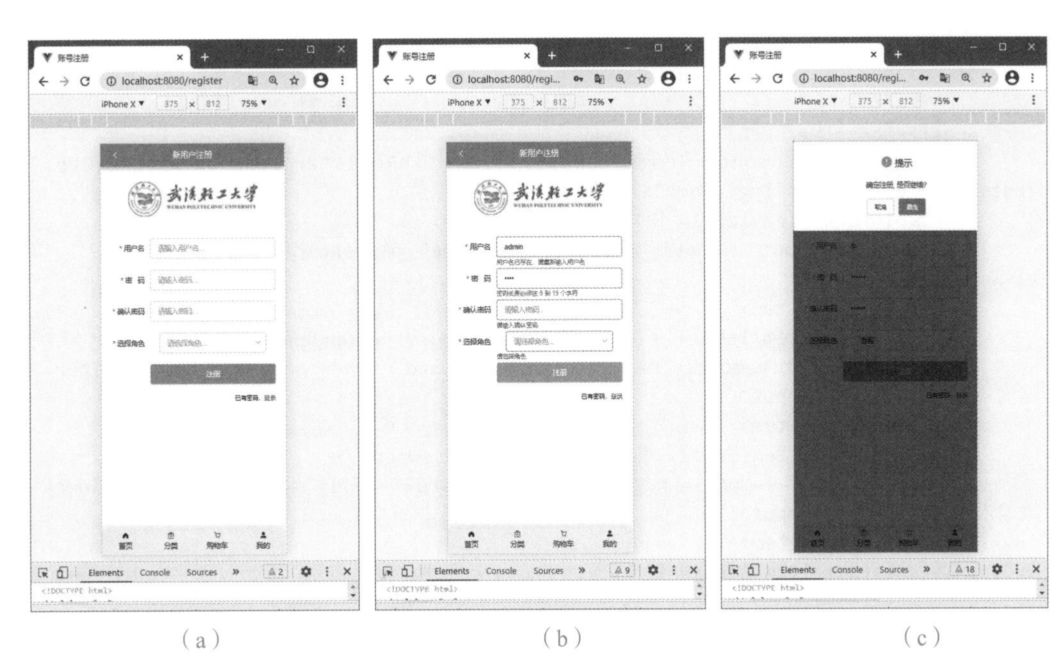

（a）　　　　　　（b）　　　　　　（c）

图 11-8　注册页面

但要完成这个操作，首先要设定路由，也就是要修改“/router/index.js”文件。在其文件内容中增加以下代码：

```
import { createRouter, createWebHistory } from 'vue-router'

const routes = [
  {
    path: '/',
    name: 'Index',
    component: () => import('../views/index.vue')
  },
 // 此处省略其他路由
  {
    path: '/register',
    name: 'Register',
    component: () => import('../views/Register.vue')
  }

]
const router = createRouter({
  history: createWebHistory(process.env.BASE_URL),
  routes
})

export default router
```

注册文件Register.vue的代码如下：

```
<template>
  <nav-bar>
      <template v-slot:default>新用户注册</template>
  </nav-bar>
  <img src="~img/whpu.png" class="logo">
  <div class="container">
```

```
    <!--form表单容器-->
    <div class="forms-container">

        <!--登录-->
          <el-form :model="registerUser" ref="lbRegister" label-width="80px"
:rules="rules" class="loginForm">
          <el-form-item label="用户名" prop="name">
              <el-input v-model="registerUser.name" placeholder="请输入用户名..."></
el-input>
          </el-form-item>
          <el-form-item label="密   码" prop="password">
            <el-input v-model="registerUser.password" type="password" placeholder="
请输入密码..."></el-input>
          </el-form-item>
           <el-form-item label="确认密码" prop="password2">
            <el-input v-model="registerUser.password2" type="password" placeholder="
请输入密码..."></el-input>
          </el-form-item>
          <el-form-item label="选择角色" prop="role">
            <el-select v-model="registerUser.role"  placeholder="请选择角色...">
              <el-option label="管理员" value="admin"></el-option>
              <el-option label="用户" value="user"></el-option>
              <el-option label="游客" value="visitor"></el-option>
            </el-select>
          </el-form-item>
          <el-form-item>
                <el-button type="success" class="submit-btn" @click="onSubmit
('lbRegister')">注册</el-button>
          </el-form-item>
        </el-form>
         <div class="tiparea">
  <p>已有密码，<a href="/login">登录</a></p>
        </div>
      </div>
  </div>
</template>

<script>
import { reactive, toRefs, getCurrentInstance } from 'vue'
import { useRouter } from 'vue-router'
import NavBar from '../../components/common/navbar/NavBar.vue'
import axios from 'axios'
export default {
  name: 'LoginRegister',
  components:{
    NavBar
  },
  setup () {
    const validatePass = (rule, value, callback) => {
      if (value === '') {
        callback(new Error('请再次输入密码'))
      } else if (value !== state.registerUser.password) {
        callback(new Error('两次输入密码不一致!'))
      } else {
        callback()
      }
    }
```

```
const checkName= (rule, value, callback) => {
 axios.get('/api/findname.php',{
   params: {
     username: value
   }
 }).then(res =>{
   if (res.data) {              // 返回true或false
     callback(new Error('用户名已存在，请重新输入用户名'))
   } else {
     callback()
   }

 }).catch(
     error => {
       window.console.log("失败"+error)
 })
}
const state = reactive({
 registerUser: {
   name: '',
   password: '',
   password2: '',
   role: ''
 },
 flag: 'true',
 rules: {                       // 校验规则
   name: [
     {
       required: true,          // 不能为空
       message: '请输入用户名',
       trigger: 'blur'
   },
     {
       min: 2,                  // 用户名为2~15个字符
       max: 25,
       message: '用户名长度必须为 2 ~ 15 个字符',
       trigger: 'blur'
     },
     {
       validator: checkName,    // 自定义验证规则checkName，检查服务是否有重名
       trigger: 'blur'
     }
   ],
   password: [
     {
       required: true,
       message: '请输入密码',
       trigger: 'blur'
     },
     {
       min: 6,
       max: 15,
       message: '密码长度必须为 6 ~ 15 个字符',
       trigger: 'blur'
     }
   ],
   password2: [
```

```
        {
          required: true,
          message: '请输入确认密码',
          trigger: 'blur'
        },
        {
          min: 6,
          max: 15,
          message: '确认密码长度必须为 6 ~ 15 个字符',
          trigger: 'blur'
        },
        {
          validator: validatePass,
          trigger: 'blur'
        }
      ],
      role: [
        {
          required: true,
          message: '请选择角色',
          trigger: 'blur'
        }
      ]
    }
  })
  const { ctx } = getCurrentInstance()
  const router = useRouter()
  // 触发方法
  const onSubmit = (formName) => {
    ctx.$refs[formName].validate((valid) => {
      if (valid) {
        ctx.$confirm('确定注册, 是否继续?', '提示', {   // 验证规则全部通过
          confirmButtonText: '确定',
          cancelButtonText: '取消',
          type: 'warning',
          center: true
        }).then(() => {
          ctx.$message({
            type: 'success',
            message: '注册成功!'
          });
          axios.get('/api/register.php',{              // 提交用户数据组合服务器
            params: {
              username: state.registerUser.name,
              password: state.registerUser.password,
              role: state.registerUser.role
              }
          }).then(res =>{
            if (res.data) {                            // 返回true表示注册成功
              router.push('/login')
            }
          }).catch(
            error => {
              window.console.log("失败"+error)
          })
        }).catch(() => {
          ctx.$message({
```

```
                type: 'info',
                message: '已取消注册'
              });
            });
          } else {
            console.log('error submit!!')
            return false
          }
        })
      }
      return {
        ...toRefs(state),
        onSubmit,
      }
    }
  }
  </script>

  <style scoped>
  .logo{
      width: 70%;
      margin-top:75px;
  }
  .container{
    position: relative;
    width: 100%;
    background-color: #fff;
    min-height: 300px;
    overflow: hidden;
  }
  .forms-container{
    width:100%;
    margin:20px auto;
    padding: 20px;
  }
  .login-title{
    text-align: center;
    font-weight: bolder;
    margin-bottom: 30px;
  }
  .submit-btn{
    width: 100%;
  }
  .tiparea{
    text-align: right;
    font-size: 12px;
    color: #333;
  }
  .tiparea p a{
    color: #409eff;
    text-decoration: none;
  }
  </style>
```

11.5 其他设计

“首页”和“分类”页面是不需要登录也可以进行访问的，但“购物车”和“我的”页面是在登录的基础上才能访问的。由于篇幅原因，“购物车”和“我的”页面在此只简单判断在进入页面之前是否登录，在“我的”页面中显示“退出登录”按钮，如图11-9所示，当用户单击该按钮之后，立即退出“我的”页面并进入“登录”页面。用户的登录与退出是使用localStorage对象的setItem、getItem和removeItem方法在本地存储器中进行操作。“个人中心”页面的代码如下：

扫一扫，看视频

```
<template>
  <nav-bar>
      <template v-slot:default>个人中心</template>
  </nav-bar>
  <button @click="loginOut">退出登录</button>
</template>

<script>
import { onMounted, reactive, toRefs } from 'vue'
import { useRouter} from 'vue-router'
import NavBar from '../../components/common/navbar/NavBar.vue'
export default {
  components:{
    NavBar
  },
  setup () {
      const state = reactive({
          count: 0
      })
       const router = useRouter()
      const loginOut = () => {
        localStorage.removeItem('username')
        router.push('/login')
      }

      onMounted(() =>{
        if(localStorage.getItem("username") == null){
          router.push('/login')
        }
      })
      return {
          ...toRefs(state),
          loginOut
      }
  }
}
</script>

<style lang="scss" scoped>
button{
  margin-top: 60px;
}
</style>
```

图 11-9 “我的”页面

11.6 本章小结

本章通过项目实战——网上商城详细讲解使用Vue 3.0实现一个项目应该有哪些步骤。第一步需要有一些准备，包括项目分析、选定技术框架、统一开发工具、进行命名规范；第二步完善Vue 3.0的项目文件结构，包括设置浏览器页面标题图标、为各个页面所抽离出的组件建立文件目录、对Vue-cli脚手架进行公共环境配置、初始化全局样式、安装必要的插件(如Element Plus、Axios等)；第三步进行各页面和组件的详细设计，在此过程中的原则是把各页面公共需要使用的组件放到一个共享的指定目录，把与页面内容密切相关的组件放到专为该页面服务的指定文件目录中。要想学好Vue 3.0，需要反复学习和制作一些较综合的项目以巩固所学知识，最终达到灵活应用的程度。

11.7 实验十一 实现网上商城

一、实验目的及要求

1. Vue 3.0项目的配置。
2. 综合运用Vue 3.0的基础知识。
3. Element Plus的页面布局和相关组件的运用能力。

二、实验要求

实现网上商城，显示页面如本章所有实例图所示。要求具有以下主要功能：

1. 页面导航，包括首选、分类、购物车、我的。
2. 首页中包括轮播图、选项卡、推荐商品的展示等。
3. 页面的登录与注册。
4. 商品的详情列表。

参 考 文 献

[1] 刘兵. 轻松学Web前端开发入门与实战—— HTML5+ CSS3+JavaScript+Vue.js+jQuery（视频·彩色版）[M]. 北京：中国水利水电出版社，2020.

[2] 王金柱. ECMAScript从零开始学[M]. 北京：清华大学出版社，2018.

[3] 阮一峰. ES6标准入门[M]. 3版. 北京：电子工业出版社，2017.

[4] 肖睿. Vue企业开发实战[M]. 北京：人民邮电出版社，2018.

[5] 张耀春. Vue.js权威指南[M]. 北京：电子工业出版社，2016.

[6] 申思维. Vue.js快速入门[M]. 北京：清华大学出版社，2019.